ArcGIS for Desktop 基础操作实践教程

张淑花　周利军　主编

黄 河 水 利 出 版 社

· 郑州 ·

图书在版编目(CIP)数据

ArcGIS for Desktop 基础操作实践教程/张淑花,周利军主编.—郑州:黄河水利出版社,2019.2
ISBN 978-7-5509-2276-1

Ⅰ.①A… Ⅱ.①张…②周… Ⅲ.①地理信息系统-应用软件-教材 Ⅳ.①P208

中国版本图书馆 CIP 数据核字(2019)第 031347 号

组稿编辑:李洪良 电话:0371-66026352 E-mail:hongliang0013@163.com

出 版 社:黄河水利出版社

地址:河南省郑州市顺河路黄委会综合楼 14 层 邮政编码:450003

发行单位:黄河水利出版社

发行部电话:0371-66026940、66020550、66028024、66022620(传真)

E-mail:hhslcbs@126.com

承印单位:河南承创印务有限公司

开本:787 mm×1 092 mm 1/16

印张:11.5

字数:266 千字 印数:1—1 000

版次:2019 年 2 月第 1 版 印次:2019 年 2 月第 1 次印刷

定价:36.00 元

前　言

地理信息系统(GIS)是对地理空间信息进行描述、采集、处理、存储、管理、分析和显示的一门交叉技术学科。随着空间信息技术的发展,GIS 技术也广泛应用于城乡规划、资源普查与管理、自然灾害监测与灾害损失评估、环境保护及国防建设的各个领域,并逐步深入涉及地理信息的社会生产、生活各个方面。在众多的 GIS 软件平台中,美国 ESRI 公司研发的 ArcGIS 软件平台是目前应用最为广泛、最具有代表性的地理信息系统软件平台。

本书以 ArcGIS10.0 为平台,以项目为导向,以任务驱动的方式构建教材内容。全书内容共分为 11 章,其中第 1 章 ~ 第 3 章简要介绍了 ArcGIS 软件平台、ArcMap 用户界面及其基本操作、ArcCatalog 及 ArcToolbox 用户界面和基本操作;第 4 章主要介绍空间数据及其属性数据的录入与编辑、属性表的基本操作;第 5 章主要介绍地图的制作、输出与显示;第 6 章主要介绍空间数据的处理,具体为空间校正与栅格配准、投影变换、数据结构转换等内容;第 7 章主要介绍矢量数据的空间分析,重点介绍数据提取、统计分析、叠加分析和缓冲区分析;第 8 章主要介绍栅格数据的空间分析,主要包括栅格数据的分割与拼接、栅格数据提取、条件分析、叠加分析、算数运算、重分类和距离分析等内容;第 9 章主要介绍矢量栅格数据的综合分析;第 10 章主要介绍空间模型分析,以学校选址模型和商场选址模型为例进行说明;第 11 章简要介绍了空间数据库的建立和修改。

本书由绥化学院张淑花、周利军共同完成,其中第 1 章 ~ 第 6 章由张淑花编写,第 7 章 ~ 第 11 章由周利军编写,张淑花负责全书的统编定稿工作。

本书在编写过程中,查阅和参考了大量的书籍,在此对其作者表示衷心的感谢! 由于编者水平有限,不妥之处在所难免,还望各位读者批评指正。

作　者

2018 年 10 月

目　录

第 1 章　ArcGIS 介绍

ArcGIS 作为一个可伸缩的 GIS 平台,它的产品涉及桌面 GIS、服务器 GIS、移动 GIS 和在线 GIS 应用等多个方面。桌面 GIS 是用户在桌面系统上创建、编辑和分析地理信息的平台,包括 ArcReader、ArcGIS Desktop、ArcGIS Engine 和 ArcGIS Explorer;服务器 GIS 在服务器端集中管理 GIS 数据并提供应用服务,它为建立用于数据采集管理、分析、可视化及分发地理信息的跨部门的大型系统奠定基础,包括 ArcGIS Sever 和 ArcIMS;移动 GIS 能将 GIS 用于现场,使用移动设备完成现场地图浏览、观测和数据采集的任务,在现场与办公室之间同步数据,具体包括 ArcPad、ArcGIS Mobile、ArcGIS for IOS、ArcGIS for Android 等;在线 GIS 为使用者的 GIS 系统提供了丰富的即拿即用内容,通过互联网,使用者可以获得 2D 地图、3D 球体和定制好的各种功能,快速开始自己的 GIS 项目,具体包括 ArcGIS Online 和 ArcGIS. com。本书只介绍 ArcGIS Desktop,其他产品请参阅相关教材及网站。

桌面 GIS 中的 ArcGIS Desktop 是一个集成了众多高级 GIS 应用的软件套件,它包含一套带有用户界面组件的 Windows 桌面应用(ArcMap、ArcCatalog、ArcToolbox、ArcGlobe 及 ArcScene 等)。ArcGIS Desktop 具有三种功能级别——ArcView、ArcEditor 和 ArcInfo,每个产品的功能依次增强,都可以使用各自软件包中包含的 ArcGIS Desktop 开发包进行客户化和扩展。通过通用的应用界面 ArcGIS Desktop 可以实现任何从简单到复杂的 GIS 任务。ArcGIS Desktop 是 GIS 用户工作的主要平台,可用于管理复杂的 GIS 流程和应用工程,创建数据、地图、模型和应用等。

第 2 章　ArcMap 简介

ArcMap 是一个桌面程序,用来完成所有基于地图的任务,包括地图制图、地图编辑和分析等。使用 ArcMap 我们可以进行数据的浏览、符号化、查询、分析和输出等。

启动 ArcMap 的方式有:运行"启动\程序\ArcGIS\ArcMap",或者运行桌面上的快捷方式。

2.1　ArcMap 用户界面

2.1.1　缺省用户界面

当 ArcMap 启动之后,缺省方式的用户界面包括主菜单和"标准工具"工具条和"工具"工具条(见图 2-1)。

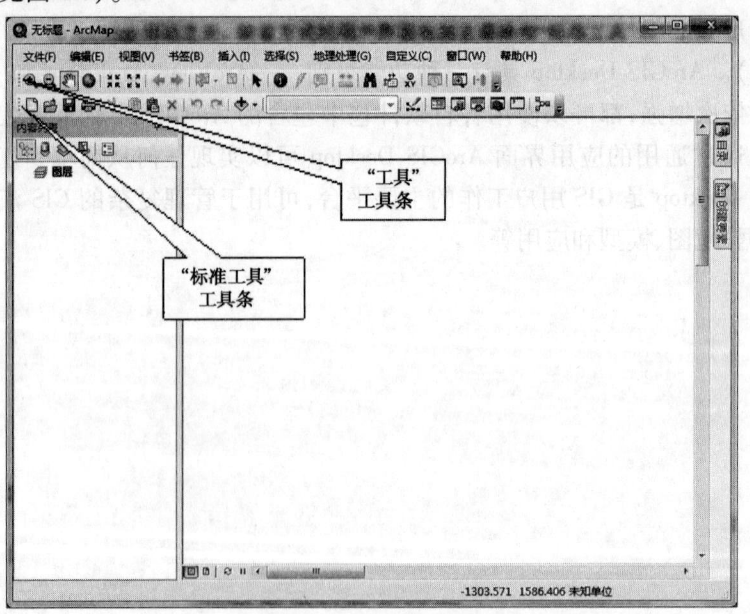

图 2-1　ArcMap 用户界面

2.1.2　用户自定义界面的定制

我们可以通过菜单"工具—自定义"或者在菜单区或者工具条空白处按鼠标右键进行用户自定义界面的定制(见图 2-2)。这些开启的工具条均具有浮动性(见图 2-3),可以停靠在窗口的任意位置,并且按照用户自己的要求,随时打开或关闭。

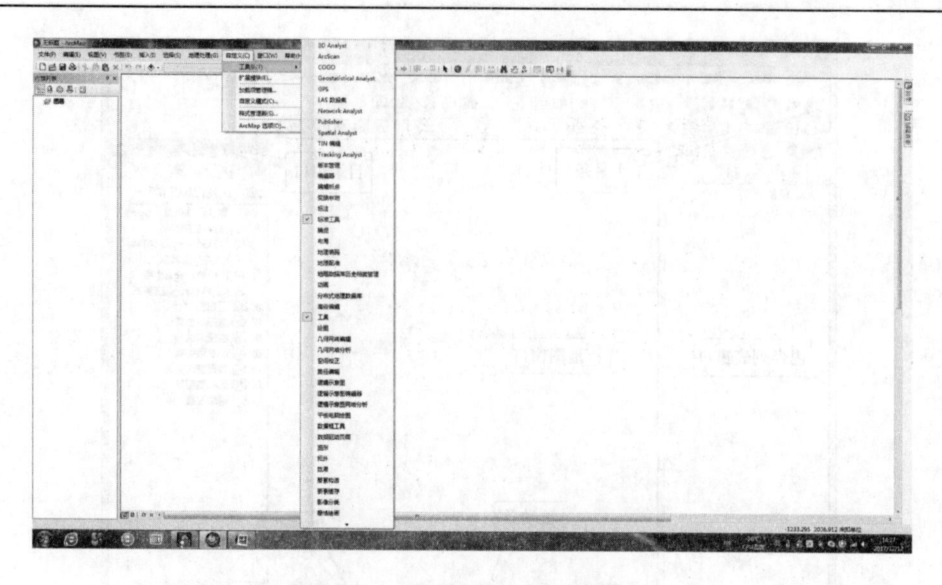

图 2-2　用户自定义界面的定制

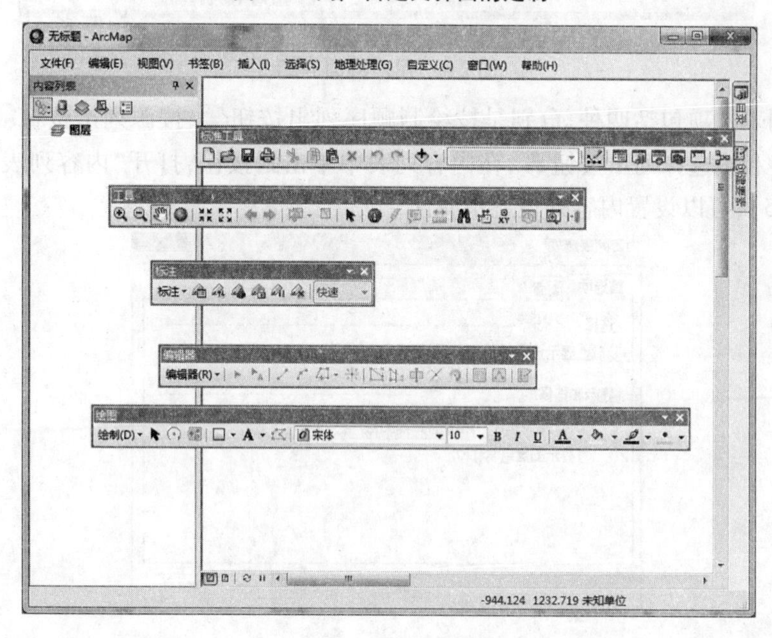

图 2-3　浮动工具条

2.1.3　用户界面介绍

用户界面介绍具体见图 2-4。

(1)地图窗口:用来显示数据和数据的表达(地图、图表等)。

(2)内容列表窗口:用来显示地图文档所包含的数据框、图层、地理要素、地理要素符号、数据源等,双击内容列表窗口顶部空白部分,内容列表停靠在 ArcMap 的左边,单击按钮,内容列表窗口可隐藏在 ArcMap 窗口的左侧,单击内容列表即可打开。

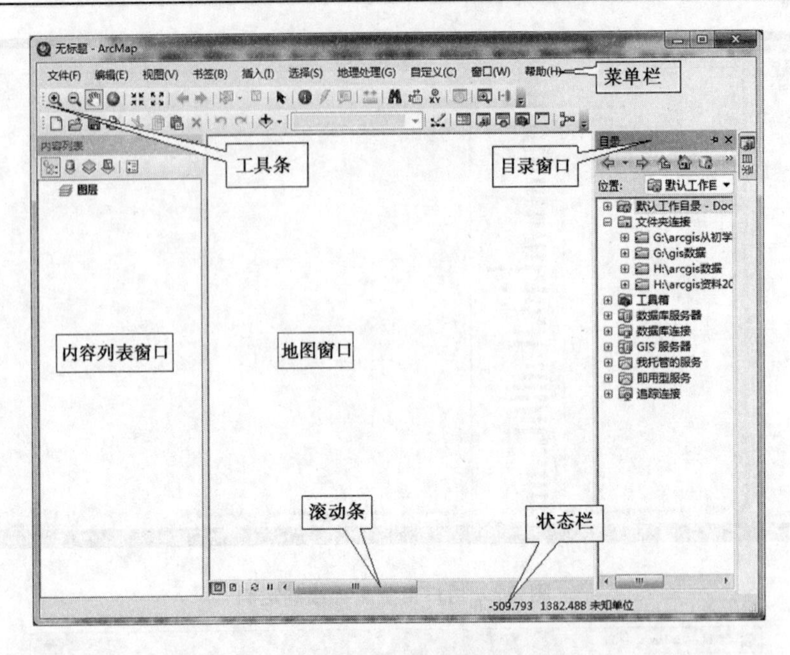

图 2-4 用户界面介绍

内容列表选项包括四种,分别是按绘制顺序列出按钮、按源列出按钮、按可见性列出按钮和按选择列出按钮,在内容列表中单击按钮,打开"内容列表选项"对话框(见图 2-5),可以设置内容列表显示属性。

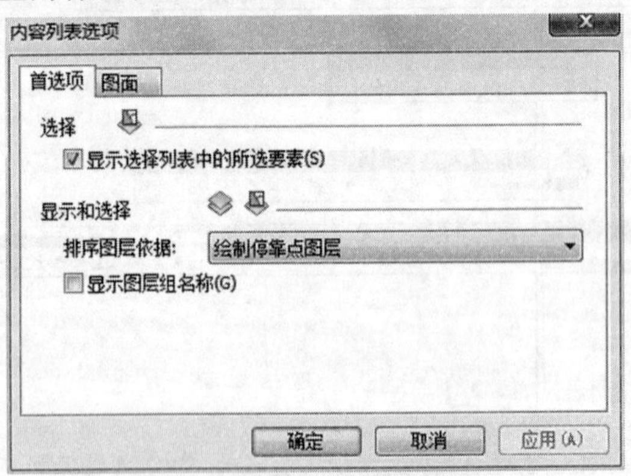

图 2-5 "内容列表选项"对话框

一个地图文档至少包含一个数据框,如果地图文档中包含两个或两个以上的数据框,内容列表中将依次显示所有数据框,但只有一个数据框是当前数据框,其名称以加粗方式显示,要想切换当前数据框,在数据框处单击右键,选择"激活"单击即可。每个数据框由若干图层组成,图层在内容列表中显示的顺序将决定其在地图显示窗口中的叠加顺序,一般以点、线和面自上往下的顺序显示。每个图层前面有两个小方框,其中一个方框为"+"或"-"号,用于设置是否展开图层,另一个方框中标注"☑",用于设置图层在地图显示窗口中是否可见。对于地图文档中的图层,若想删除,在图层处单击鼠标右键,选择"移除"即可,添加的多个数据框也可采用此方法删除。

(3)目录窗口:ArcGIS10.0以上版本将“ArcCatalog”嵌入ArcMap中,双击目录窗口顶部空白部分,目录停靠在ArcMap的右边,单击按钮，可将目录窗口隐藏在ArcMap显示窗口的右侧,单击目录即可将其打开。软件初次使用需要在目录中进行文件夹链接,具体链接方法与ArcCatalog文件夹链接方法相同,具体见3.3.1。

内容列表和目录窗口均为浮动窗口,可点击 ✕ 将其关闭,若想再次打开,在“窗口”下拉菜单相应选项处单击即可。

(4)工具条:除主菜单和标准工具条外,ArcMap包含许多工具条,每个工具条又包含一组完成相关任务的命令(工具),这些工具均可以通过2.1.2中的定制方法显示或隐藏工具条。

(5)状态栏:显示命令提示信息、坐标等内容。

(6)滚动条:当地图超过窗口显示范围时,使用滚动条对显示区域进行移动。状态栏和滚动条均可在视图下拉菜单中通过勾选框进行显示和隐藏。

2.2　打开地图

(1)启动方式为:开始/程序/ArcGIS/ArcMap或双击桌面快捷按钮打开ArcMap。

(2)在出现的对话框中选择“现有地图”,选择需要打开的地图文档hlj.mxd,点击“确定”,或者在电脑中找到存储地图文档的相应文件夹,双击地图文档图标，即可打开已有的地图文档。可以看到如图2-6所示的图形。

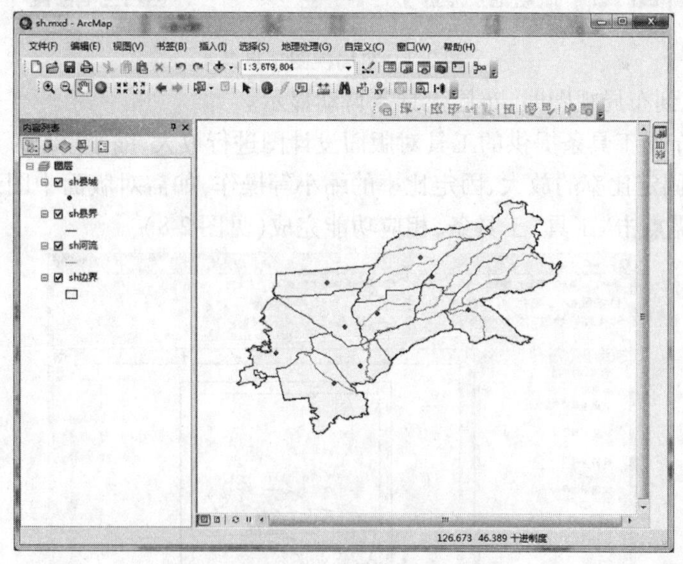

图2-6　打开的地图

在ArcMap中,一个地图存储了数据源的表达方式(地图、图表、表格)以及空间参考。在ArcMap中保存一个地图时,ArcMap将创建与数据的链接,并把这些链接与具体的表达方式保存起来。当打开一个地图时,它会检查数据链接,并且用存储的表达方式显示数据。一个被保存的地图并不真正存储显示的空间数据。

2.3　浏览地图

当操作地图时，经常会用到放大、缩小、漫游及按特定比例尺显示地图等操作。具体功能如下所示：

放大：、，缩小：、，漫游：，全屏显示：，要素选择与清除，元素选择：，识别工具：，测量工具：，查找工具：。

2.4　数据视图与布局视图切换

在 ArcMap 中有两种方式浏览地图：数据视图和布局视图。数据视图用来进行数据的显示和查询等操作。当准备在纸张上输出地图时，布局视图用于地图的版面设计。在布局视图中，我们可以设计地图，增加其他的地图元素，如标题、图例、比例尺、指北针等。

2.4.1　数据视图到布局视图的切换

在主菜单视图下拉菜单中选择"布局视图"，或者在地图窗口的左下角处中选择，显示如图 2-7 所示布局视图工具条。

图 2-7　布局视图工具条

注意：切换到布局视图时，布局工具条自动显示。

可以利用布局工具条提供的工具对版面设计图进行放大、缩小、漫游、缩放整个页面、缩放至 100%、固定比率的放大、固定比率的缩小等操作，如需对版面中图形进行放大、缩小、漫游等，则需点击"工具"工具条，相应功能完成（见图 2-8）。

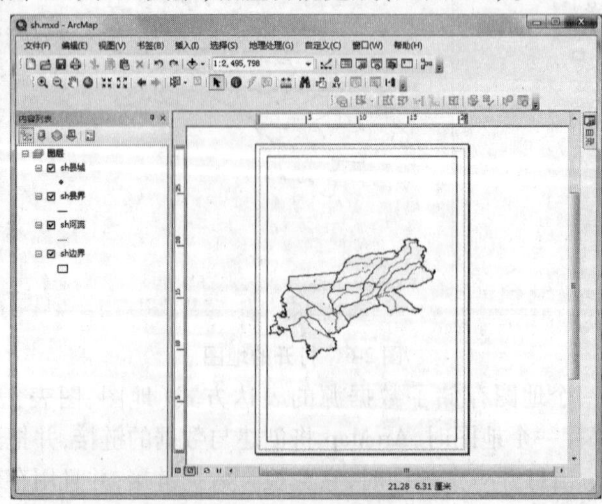

图 2-8　纵向布局的版面

2.4.2　布局视图到数据视图的切换

在视图下拉菜单中选择数据视图或者在地图窗口的左下角处　中选择　按钮按下。

2.5　内容列表窗口操作

内容列表窗口显示了地图的内容及其表达方式，同时在此窗口中可以对这些信息进行编辑。数据分层组织，每层包含不同类型的信息，并且它们可以位于不同的数据库或位置。在图 2-9 所示地图中包含 4 个图层，它们分别是 sh 县城、sh 县界、sh 河流、sh 边界。一般情况下，多边形图层位于最下面，然后是线图层，最后是点图层。

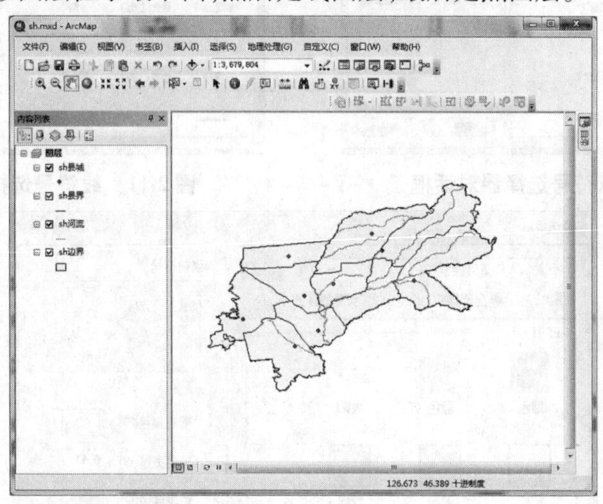

图 2-9　地图内容及图层显示顺序

2.5.1　改变图层的显示顺序

在内容列表窗口的显示标签内，按下鼠标左键选择一个图层名称县界，拖动到省会图层的上面，释放鼠标左键，查看内容列表窗口和地图窗口的变化。

2.5.2　显示/不显示图层

在内容列表的窗口按绘制顺序显示标签或按源显示标签内，勾选图层前面方框进行显示和不显示图层的切换，具体见 2.1.3。

通过上面的操作可以显示或者不显示图层，对于一些图层尽管没有显示，但是相关的信息仍然存储在地图中。

2.5.3　改变图层的符号设置

在同一层中的要素用相同的符号表示，在增加图层时，ArcMap 会用缺省的符号绘制。同一类要素可以用同一符号表达，也可以根据特定的值给以不同的符号表达。

在内容列表中用左键单击要修改的点，出现点符号选择器对话框（见图 2-10），在该对话框中可以设置点的样式、大小和颜色等信息；如果点击线要素则出现线符号选择器（见图 2-11），可以设置线型、粗细和颜色等内容；如点击面符号，则出现面符号选择器对话框（见图 2-12），可以设置面符号的填充方式、填充颜色、外轮廓线样式及粗细等内容。

图 2-10　点符号选择器对话框

图 2-11　线符号选择器对话框

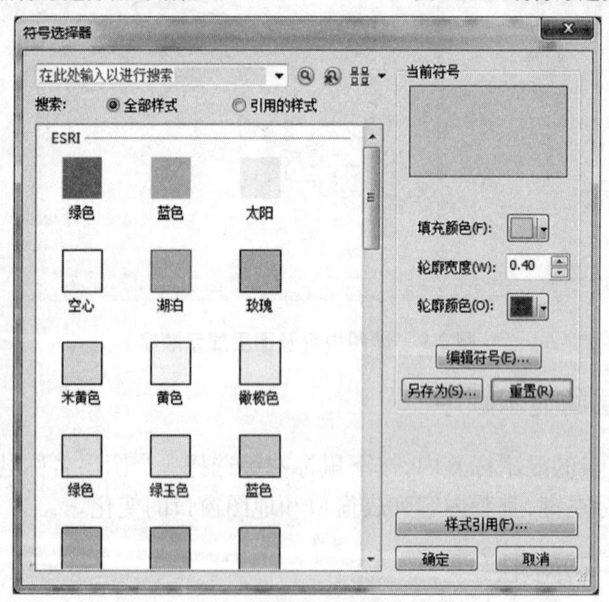

图 2-12　面符号选择器对话框

2.5.4　增加图层

（1）可直接在目录窗口中找到要添加的图层文件，左键按住拖拽至内容列表或地图窗口后松开，即可完成图层的加入；或者在主菜单中选择“文件—添加数据”，或者在标准工具条中选择 ，或者在内容列表窗口的图层文字上点击鼠标右键选择“添加数据...”。

（2）在显示的对话中查找到“ArcGIS 实验指导数据/数据 2”，在列表框中选择一个或多个名称,如“县界”, 选择“Add”。

(3)调整图层的显示顺序,查看结果。

2.5.5 删除图层

在内容窗口用右键选择“县界”,在显示的弹出菜单中选择“移除”。在这里删除图层时,只是删除了图层与地图的链接,并没有实现图层数据的物理删除。

2.6 信息查询

一般情况下不是所有的信息都以地图的方式表达出来,可以借助 ArcMap 提供的工具实现相关信息的查询。

2.6.1 标识目标

(1)显示所有图层;

(2)在“工具”工具条中选择;

(3)在地图显示窗口内,用鼠标点击要标识的目标,查看结果(见图 2-13)。

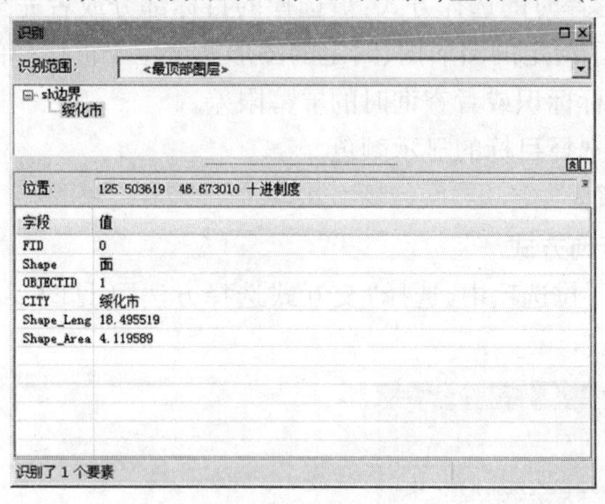

图 2-13 标识目标结果

2.6.2 浏览图层的属性表

在内容列表窗口中的“sh 县城”图层处单击右键,在弹出菜单中选择“打开属性表”,浏览图层详细的属性表信息(见图 2-14)。

2.6.3 查询目标

工作中有时需要查询满足条件的目标,如位于给定矩形之内或者人口大于 100 万的城市等。ArcMap 实现了丰富的查询功能,通过各种查询功能的组合完成复杂的查询任务。本章只是介绍一些简单的查询方法,具体详细方法将在后续的专门实习内容中完成。

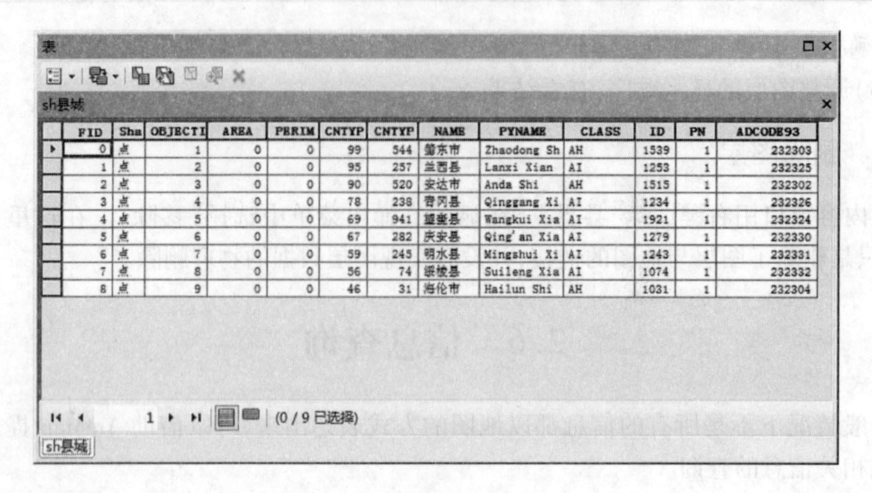

表

sh县城

FID	Sha	OBJECTI	AREA	PERIM	CNTYP	CNTYP	NAME	PYNAME	CLASS	ID	PN	ADCODE93
0	点	1	0	0	99	544	肇东市	Zhaodong Sh	AH	1539	1	232303
1	点	2	0	0	95	257	兰西县	Lanxi Xian	AI	1253	1	232325
2	点	3	0	0	90	520	安达市	Anda Shi	AH	1515	1	232302
3	点	4	0	0	78	238	青冈县	Qinggang Xi	AI	1234	1	232326
4	点	5	0	0	69	941	望奎县	Wangkui Xia	AI	1921	1	232324
5	点	6	0	0	67	282	庆安县	Qing'an Xia	AI	1279	1	232330
6	点	7	0	0	59	245	明水县	Mingshui Xi	AI	1243	1	232331
7	点	8	0	0	56	74	绥棱县	Suileng Xia	AI	1074	1	232332
8	点	9	0	0	46	31	海伦市	Hailun Shi	AH	1031	1	232304

1 (0 / 9 已选择)

sh县城

图 2-14　图层属性表

2.6.3.1　设置查询选项

在主菜单中,选择“选择选项”,设置查询参数(见图 2-15)。

在“选择选项” 对话框中主要包括四项内容:

(1)用面状图形选择时的选择方式:被选择的目标部分或者完全位于给定的图形内、被选择的目标完全位于给定的图形内、给定的图形完全位于被选择的目标内。

(2)选择容差:目标标识或者查询时的屏幕限差。

(3)选择颜色:被选择目标的显示颜色。

(4)极限警告设置。

2.6.3.2　设置交互查询方式

在选择主菜单的下拉选项中,选择“交互式选择方法”(见图 2-16),在列表中选择一项。

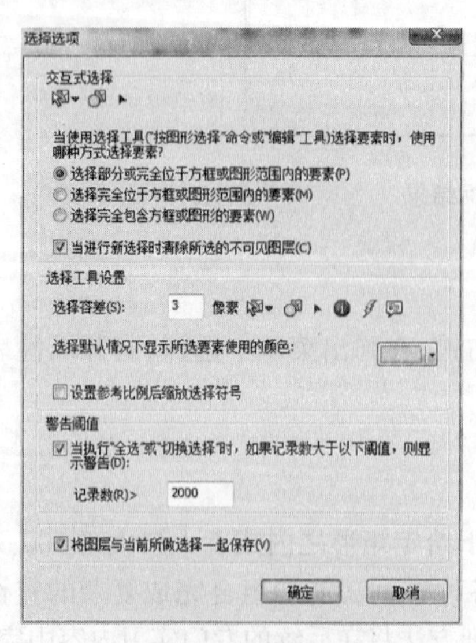

图 2-15　选择选项

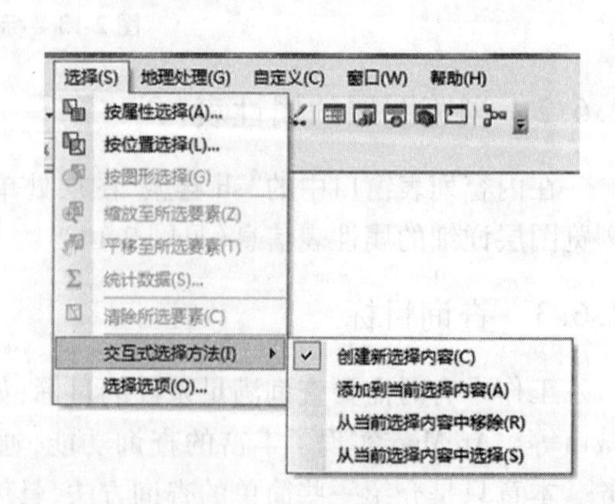

图 2-16　交互式选择方法

在这里 ArcMap 提供了四种交互查询的方法：

(1)创建新选择内容：如果查询之前存在一个结果集，清空结果，加入新的查询结果。

(2)添加到当前选择内容：在原来查询结果集的基础之上，加入新的查询结果。

(3)从当前选择内容中移除：在原来查询结果集的基础之上，删除新的查询结果。

(4)从当前选择内容中选择：在原来查询结果集的基础之上，保留新的查询结果，而删除未选择的。

2.6.3.3　基于图形的查询

设置查询选项：设置可查询图层为所有图层，设置交互查询方法为“创建新的选择内容”，在“工具”工具条中选择，在地图窗口内点击鼠标，或者按下鼠标左键，拖动，释放生成矩形，查看结果，打开属性表，查看属性表的记录状态，选择的目标被加亮显示。

2.6.3.4　基于属性的查询

在内容列表窗口“县城”处单击右键，在显示的弹出菜单中选择“打开属性表”(见图 2-17)；在属性表中，点击记录左边的矩形框，可以看到，地图窗口内与此条记录对应的图形被加亮显示。

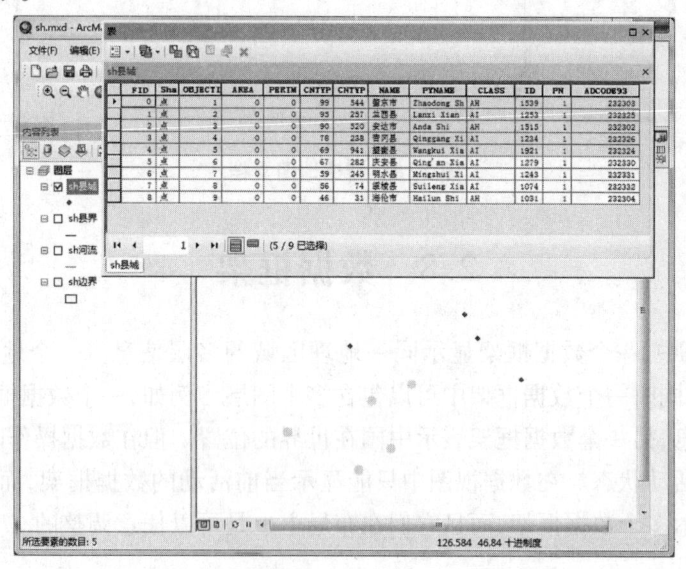

图 2-17　基于属性的查询

按住“Ctrl”键，点击多条记录左边的矩形框，查看属性表和地图窗口的变化。可以看到多条记录被选择，同时在地图窗口内与这些记录对应的图形被加亮显示。

2.6.3.5　缩放到所选择目标的范围

在“工具”工具条中选择；按下鼠标左键，拖动，释放生成矩形；在“选择”主菜单的下拉选项中，点击“缩放到所选要素”或“平移至所选要素”查看地图窗口的变化。

2.6.3.6　清除查询结果

在选择主菜单的下拉选项中，点击“清除所选要素”，或用要素选择工具在地图空白处单击鼠标左键，或点击“清除所选要素”工具按钮来清除选择。

2.7　新建地图

在主菜单中选择“文件—新建”或者在标准工具条上选择按钮，建立新的地图文档（见图 2-18）。

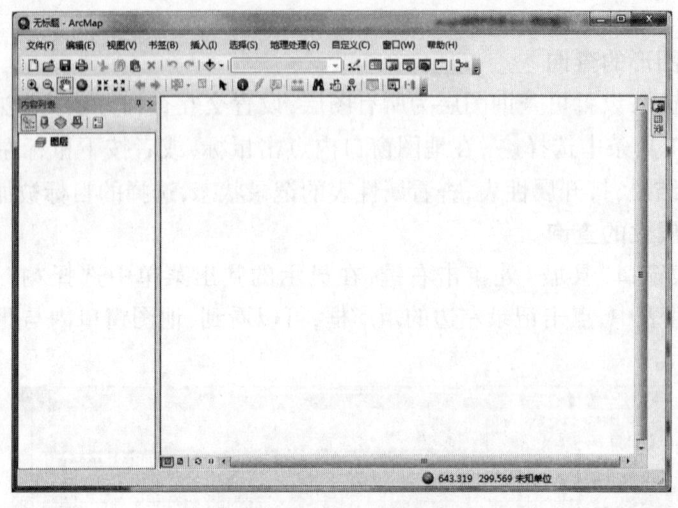

图 2-18　新建地图文档

2.8　数据框架

在 ArcMap 中，一个数据框架显示同一地理区域的多层信息。一个地图中可以包含多个数据框架，同时一个数据框架中可以包含多个图层。例如，一个数据框架包含中国的行政区域等信息，另一个数据框架表示中国在世界的位置。但在数据操作时，只能有一个数据框架处于活动状态。在数据视图中只能显示当前活动的数据框架，而在布局视图中则可以同时显示多个数据框架，而且它们在布局上也是可以任意调整的。

2.8.1　增加数据框架

在“新建地图”操作中，系统自动创建了一个名称为“图层”的数据框架。在“插入”主菜单中选择“插入数据框”，查看内容列表窗口的变化，重复操作，可以看到如图 2-19 所示的界面。

注意，现在内容列表窗口中包含三个数据框架，名称分别为“图层”“新建数据框”和“新建数据框 2”，并且“新建数据框 2”名称加粗显示，表示后加入的自动成为当前活动数据框架。

2.8.2　删除与激活数据框架

在内容列表窗口“新建数据框 2”中单击右键，在显示的弹出菜单中选择“移除”，查

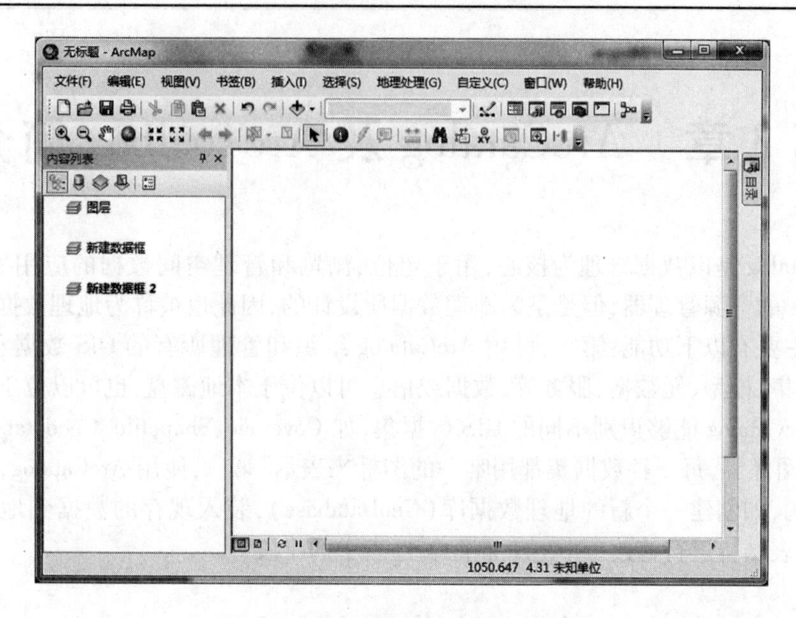

图 2-19　增加数据框架后的界面

看结果。“新建数据框 2”数据框架被删除，同时“图层” 自动成为当前活动数据框架。在内容列表窗口中“新建数据框”处单击右键，在显示的弹出菜单中选择“激活”，查看结果，“新建数据框”为加粗显示，表明将其设为当前活动数据框架。

2.8.3　保存、另存地图

(1)在主菜单中选择“文件—保存”或者在标准工具条中点击“保存”按钮；

(2)在显示的对话中，选择存储路径，输入存储名称，选择“保存”；

(3)在主菜单中选择“文件—另存为”；

(4)在显示的对话中，选择存储路径，输入存储名称，选择“保存”。

第 3 章 ArcCatalog 及 ArcToolbox 简介

ArcCatalog 是以数据管理为核心,用于定位、浏览和管理空间数据的应用模块,类似于 Windows 的资源管理器,但是是为地理数据所设计的,因此也被称为地理数据的资源管理器。它主要有以下功能:第一,可用 ArcCatalog 组织和管理所有的 GIS 数据和信息,如地图、数据集、模型、元数据、服务等,数据或信息可以位于本地磁盘,也可以位于网络的其他位置,ArcCatalog 能够识别不同的 GIS 数据集,如 Coverage、Shapefile、Geodatabase、CAD、Grid、TIN、图像等,每一种数据集都用唯一的图标来表示;第二,使用 ArcCatalog,可以改变数据的结构,如创建一个新的地理数据库(GeoDatabase),装入现存的数据到地理数据库中,对属性表结构进行修改,如增加、删除属性表中的字段等。

3.1 启动 ArcCatalog

运行“开始\程序\ArcGIS\ArcCatalog”,或者运行桌面上的快捷方式。

3.2 ArcCatalog 用户界面

当 ArcCatalog 启动之后,缺省方式的用户界面包括主菜单和“标准”工具条。我们可以通过菜单“工具条→自定义”或者在菜单区或者工具条区按鼠标右键进行界面的定制(见图 3-1)。与 ArcMap 中的菜单和工具条一样,ArcCatalog 中的这些菜单和工具条也可以停靠在窗口的任意位置(见图 3-2)。

图 3-1 ArcCatalog 用户界面的定制

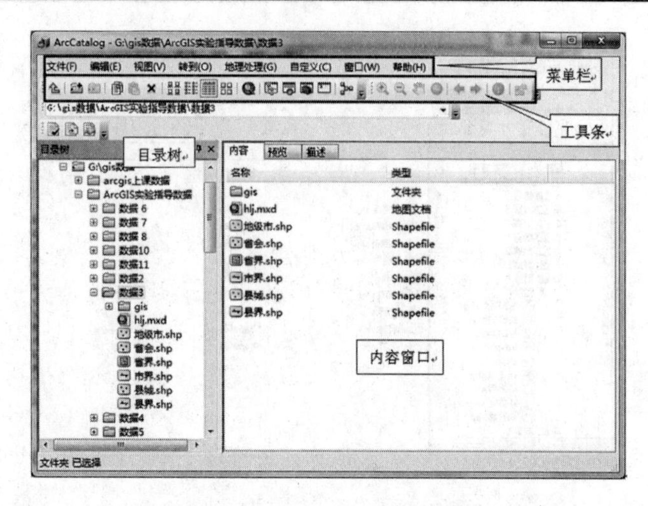

图 3-2　ArcCatalog 用户界面

3.3　ArcCatalog 基本操作

3.3.1　文件夹链接

在 ArcCatalog 中，若要访问本地磁盘的地理数据，可以通过指定链接到文件夹，添加指向该目录的文件夹链接。

在 ArcCatalog 主菜单中“文件→连接到文件夹”（也可以单击“标准”工具条上的链接到文件夹按钮）打开对话框，选择要访问的地理数据所在的文件夹，点击“确定”建立链接。若要删除链接，在需要删除的文件夹上单击右键弹出菜单，选择“断开文件夹链接”。

3.3.2　内容浏览

像 Windows 一样，我们可以在“目录树”标签中查看一个文件夹或者数据库中的内容。可以采用大图标、列表、详细信息以及缩略图的方式查看数据内容。

在目录树中依次展开文件夹 ArcGIS 实验指导数据/数据 2；选择县界，如果“内容”标签没有被选择，则选择“内容”标签，通过更改显示方式，查看相应的结果（详细信息方式见图 3-3，大图标方式见图 3-4）。

3.3.3　数据预览

使用预览标签可以对数据进行预览。在 Catalog 目录树中选择“sh 边界”；选择预览标签。我们可以看到如图 3-5 所示的图形。

进一步，我们可以使用“地理视图”工具条中的相应工具进行放大（见图 3-6）、缩小、漫游、全图显示和查询（见图 3-7）等操作。

在预览标签下进行全图显示，点击“创建缩略图”工具，即可在描述标签（见图 3-8）下进行图形查看，这种功能在数据量较大、生成缩略图速度较慢时适用。缩略图方式

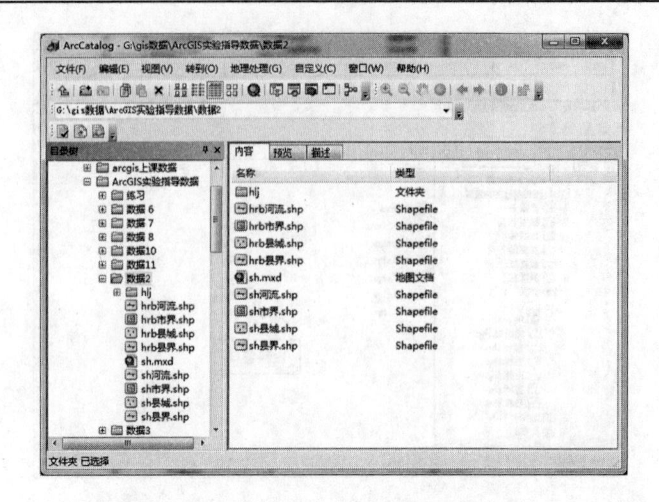

图 3-3　地理数据内容——详细信息方式

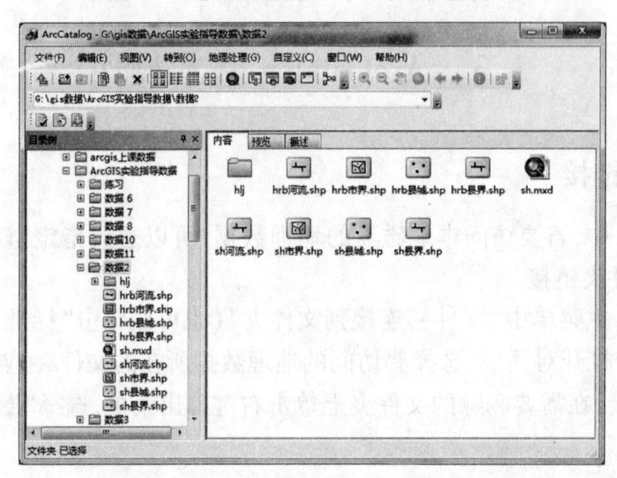

图 3-4　地理数据内容——大图标方式

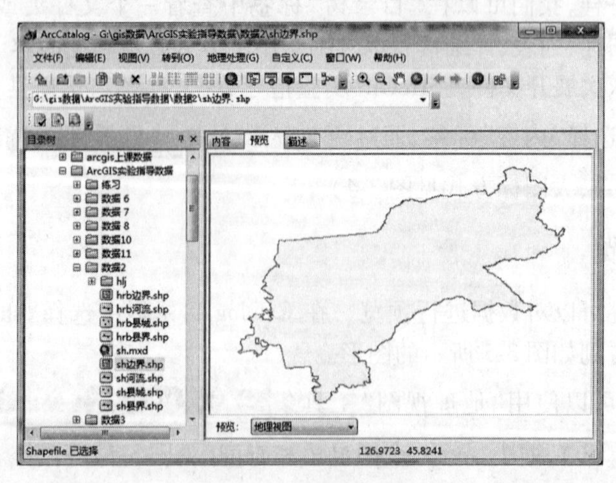

图 3-5　地理数据的预览

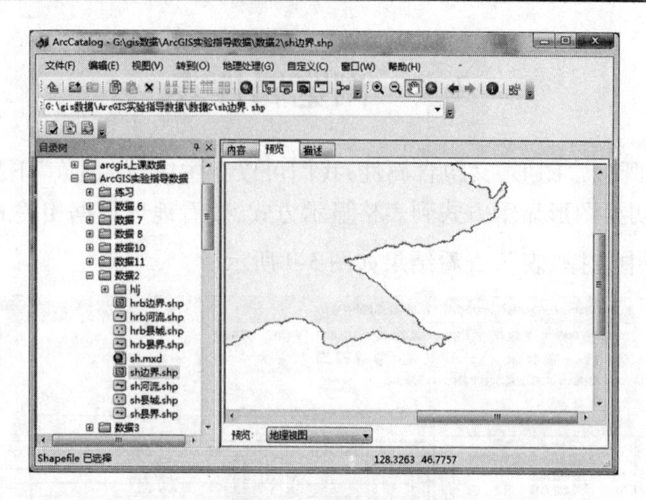

图 3-6　图形放大

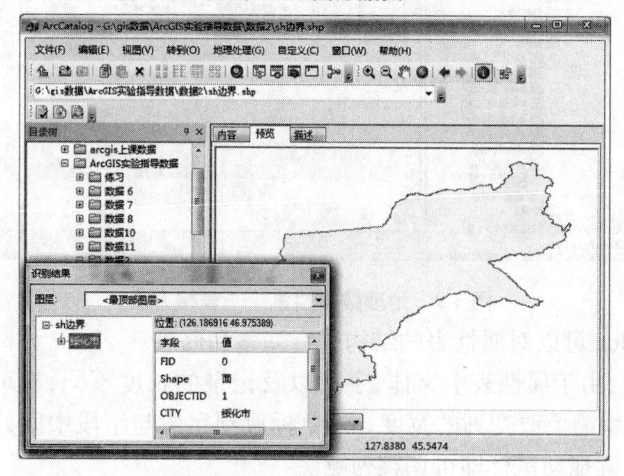

图 3-7　属性查询

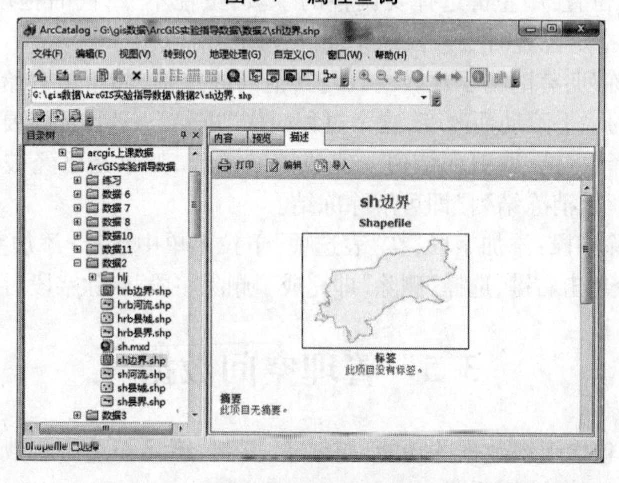

图 3-8　生成缩略图后的描述标签

浏览可以查看到数据的地理范围。然而，为了更仔细地查看数据，我们可以使用预览标签。

3.4　浏览属性表

如果数据中既包含图形,又包含属性,我们可以在主窗口“预览”下拉选项卡中,选择“表”预览方式,切换图形显示方式到表格显示方式,查看地理数据相关的属性信息。

在地理视图中选择“表”,查看结果如图 3-9 所示。

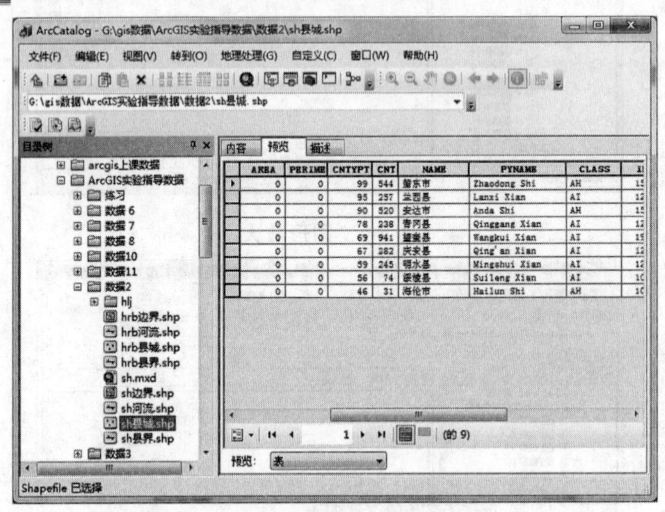

图 3-9　地理数据预览——表格方式

应用 ArcCatalog 可以对属性表的结构进行调整和修改。

(1)改变列宽:由于属性表中字体、字大以及记录的长度不同,有可能不能同时看到所有的信息,这时就需要改变列的宽度。把鼠标放到字段与字段中间处,当鼠标变成“竖线”时按住数据左键拖动鼠标即可调整列宽。

(2)改变字段位置:用左键选择要调整的字段,按住不放,同时拖动鼠标会出现一条红线,当红线到达指定位置时松开鼠标完成位置调整。

(3)冻结/解冻列:有时为了比较一列与其他列的差别,如希望它始终在窗口中显示,位置不随属性表的水平滚动而改变,这个过程叫作“冻结”一列,选择要冻结的字段,在右键下拉菜单中选择“冻结/取消冻结列”,完成冻结操作,如果是已经被冻结的字段,单击右键后选择“冻结/取消冻结列”即可解除冻结。

(4)添加/删除字段:添加字段,在“表选项”下拉菜单中选择“添加字段”可增加字段,在要删除的字段上单击右键,选择“删除”即完成了删除字段,删除字段后操作不可恢复。

3.5　管理空间数据

ArcCatolog 也包含组织数据的功能,如创建、复制、删除和重命名数据源的功能,具体操作类似于 Windows 资源管理器。

(1)创建新文件/文件夹:在 Catalog 目录树中,选择要放置文件/文件夹的目录,点击右键选择新建或在主菜单中选择“文件—新建”,如图 3-10 所示,可以新建文件夹、数据库、图层(组)、Shapefile 等操作。

(2)文件管理,在指定的文件上点击右键,出现浮动菜单,可以对文件进行复制、删除、重命名等操作(见图3-11)。

图3-10 ArcCatalog 新建文件/文件夹

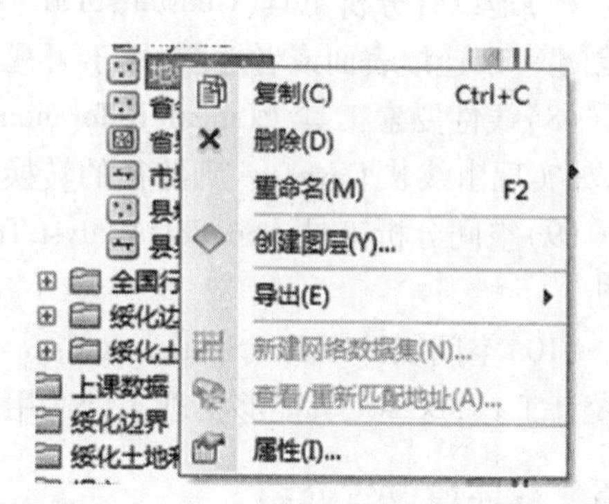

图3-11 ArcCatalog 复制、删除、重命名操作

3.6 ArcToolbox 简介

ArcToolbox 提供了极其丰富的地学数据处理工具。使用 ArcToolbox 中的工具,能够在 GIS 数据库中建立并集成多种数据格式,进行高级 GIS 分析、处理 GIS 数据等;使用 ArcToolbox 可以将所有常用的空间数据格式与 ArcInfo 的 Coverage、Grids、TIN 进行互相转换;在 ArcToolbox 中可进行拓扑处理,可以合并、剪贴、分割图幅,以及使用各种高级的空间分析工具等。

3.6.1 工具集的简要介绍

(1)3D 分析工具(3D Analyst Tools)。使用 3D 分析工具可以创建和修改 TIN 及三维表面,并从中抽象出相关信息和属性。创建表面和三维数据可以帮助看清二维形态中并不明确的信息。

(2)分析工具(Analysis Tools)。对于所有类型的矢量数据,分析工具提供了一整套的方法来运行多种地理处理框架,包括提取、叠加、邻域分析、统计表等工具。主要实现功能有联合、相交、空间连接、分割、剪裁、缓冲区、近邻、点距离、频度、加和统计等。

(3)制图工具 (Cartography Tools)。制图工具主要是掩模工具集,包含了三种掩模工具。制图工具与 ArcGIS 中其他大多数工具有着明显的目的性差异,它是根据特定的制图标准来设计的。

(4)转换工具(Conversion Tools)。包含了一系列不同数据格式之间相互转换的工具,涉及的数据格式主要有栅格数据、Shapefile、Coverage、Geodatabase、表、CAD 等。转换工具主要由从栅格转换为其他格式、转换为 Shapefile、转换为 Coverage、转换为 CAD、转换为 dBase、转换为 Geodatabase、转换为栅格等组成。

(5)数据管理工具 (Data Management Tools)。提供了丰富且种类繁多的工具用来管理和维护要素类、据集、数据层以及栅格数据结构。

(6)地理编码工具(Geocoding Tools)。地理编码又叫地址匹配,是一个建立地理位置坐标与给定地址一致性的过程。使用该工具可以给各个地理要素进行编码操作,建立索引等。

(7)地统计分析工具(Geostatistical Analyst Tools)。提供了广泛、全面的工具,用它可以创建一个连续表面或者地图,用于可视化及分析,并且可以更清晰地了解空间现象。

(8)线性要素工具 (Linear Referencing Tools)。生成和维护线状地理要素的相关关系,如实现由线状 Coverage 到路径的转换、由路径事件属性表到地理要素类的转换等。

(9)空间分析工具 (Spatial Analyst Tools)。提供了很丰富的工具来实现基于栅格的分析。

(10)空间统计工具 (Spatial Statistics Tools)。包含了分析地理要素分布状态的一系列统计工具,这些工具能够实现多种适用于地理数据的统计分析。

3.6.2　环境设置介绍

对于一些有特殊要求的计算或模型,需要对输出数据的范围、格式等进行调整,ArcToolbox 提供了一系列环境设置,可以解决此类问题。在 ArcToolbox 中,任意打开一个工具,在对话框右下方便有一个“环境”按钮,或在 ArcToolbox 窗口中点击右键空白处,选取“环境”,也可以在“地理处理”菜单下拉项中选择“环境” 打开“环境设置”对话框(见图 3-12)。

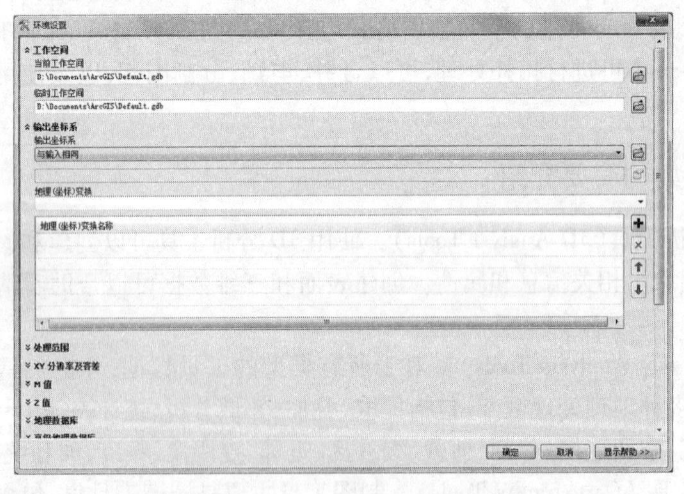

图 3-12　“环境设置”对话框

该对话框提供了常用的环境设置,包括工作空间的设定,输出坐标系、处理范围的设置,分辨率、M 值、Z 值的设定,地理数据库、制图以及栅格分析等设置。

第 4 章　数据输入、编辑与字段计算器

学会在 ArcCatalog 目录树中创建点、线、面状图层；用 ArcMap 软件在编辑状态下输入点、线、面要素，能够对属性表添加字段，理解字段类型，运用字段计算器进行简单计算。

4.1　数据输入与编辑

4.1.1　新建文件夹

在 ArcMap 右侧目录窗口中，找到要存放数据的文件夹位置（或新建一个文件夹），在指定的文件夹上单击右键，选择"新建"，在这里可以新建文件夹、数据库文件、Shapefile 文件等（见图 4-1）。

这里在 ArcGIS 实验指导数据/数据 4 文件夹处点击右键，选择"新建—文件夹"，直接改名为 gis，直接在原文件夹下增加"gis"文件夹。

4.1.2　准备底图

将文件"绥化市北林区交通图. jpg"存入新建的"gis"文件夹中作为创建要素的地图。

4.1.3　新建空的 shp 文件

在"gis"文件夹处点击右键，选择"新建—Shapefile（S）"，点击后打开创建新 Shapefile 对话框（见图 4-2）。

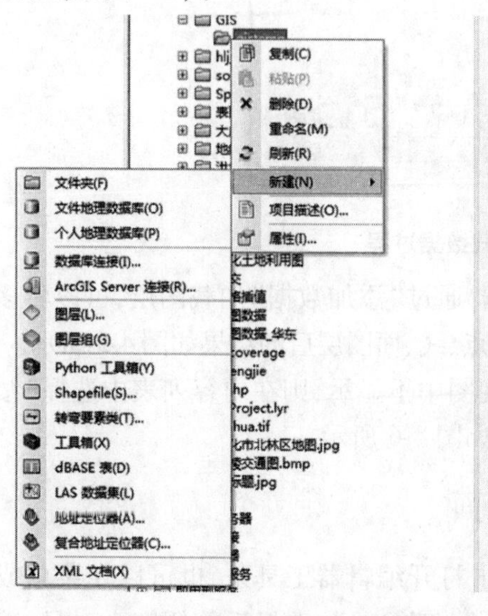

图 4-1　Catalog 新建文件夹

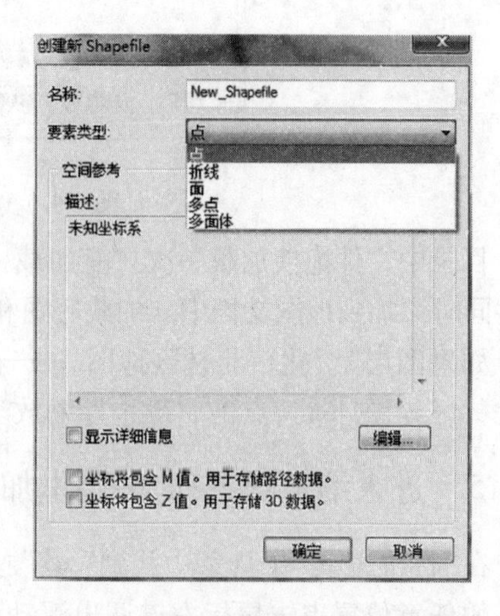

图 4-2　目录中新建 Shapefile 文件

名称为文件的名称，要素类型有点、折线、面、多点和多面体，如果想给这个图层添加投影，可以点击编辑按钮进行设置（关于投影，以后再讲）。“多点”是多个点的集合组成的要素，而“点”就是单个的点。“多点”通常用来管理巨型的点阵数据，比如要管理10 000个点，它们的属性都是一样的，如果用“点”要素类型，那么在属性表中就需要有对应的10 000 个数据；而如果用“多点”要素类型，只要一条记录就可以了。

在这里先建一个点状图层，在名称栏中输入要新建文件的名称，在要素类型中选择点，点击确定后就新建了一个点状图层。用同样的方法创建一个线状图层和面状图层，结果如图4-3 所示，注意 Shapefile 文件点、线、面图标样式的区别。

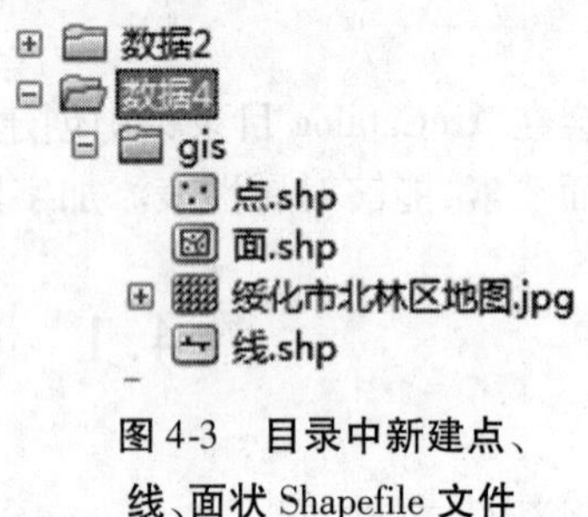

图 4-3　目录中新建点、线、面状 Shapefile 文件

4.1.4　加载图层

在创建点、线、面图层时会自动将新建图层加载在已经打开的地图文档中，也可以再运行 ArcMap 软件，将新建的图层加载到 ArcMap。加载图层的方法可以通过从目录中左键按住文件名称直接拖拽到地图窗口或内容列表窗口处松开，图层即可被加载到地图文档中，也可点击工具条上的“添加数据”按钮或从文件下拉菜单中选择“添加数据”通过文件保存位置查找到图层文件将其加载。ArcMap 加载数据过程见图 4-4。

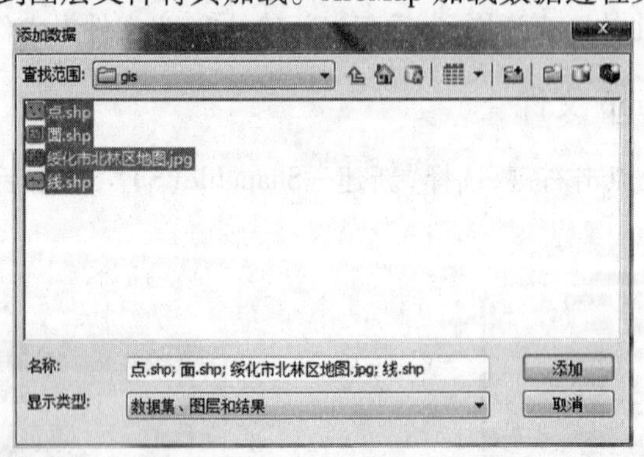

图 4-4　ArcMap 加载数据过程

目录中文件拖拽加载一次只能加载一个数据，通过“添加数据”加载图层，可以将多个文件同时添加到地图文档中。加载底图和新建的点、线、面图层后的结果如图 4-5 所示。

如果图层“绥化市北林区地图. jpg”在右侧视图中不显示，则在内容列表中选择“绥化市北林区地图. jpg”，点击右键选择缩放至图层，如图 4-6 所示。

4.1.5　进入编辑状态，向图层里加点、线、面

在“标准工具”工具条中找到“　”按钮，点击打开编辑器工具条，也可以在菜单或工具条的任意位置点击鼠标右键调出浮动菜单，选择“编辑器”，选择后前侧有个对号，工具

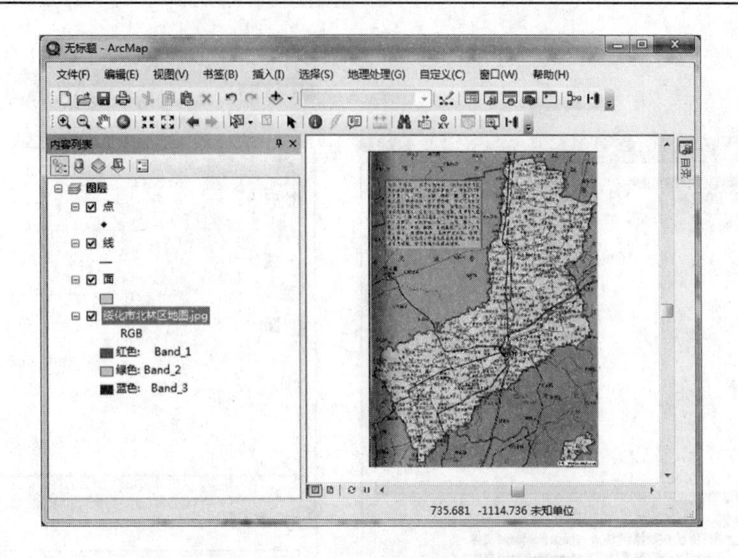

图 4-5　ArcMap 加载数据后结果

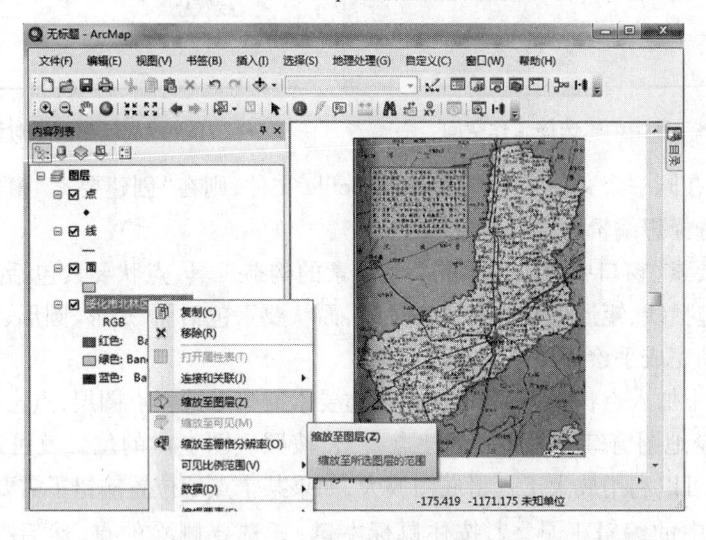

图 4-6　ArcMap 缩放至图层

条上出现编辑器工具条(见图 4-7),在编辑器未开启时编辑器的工具为灰度显示。

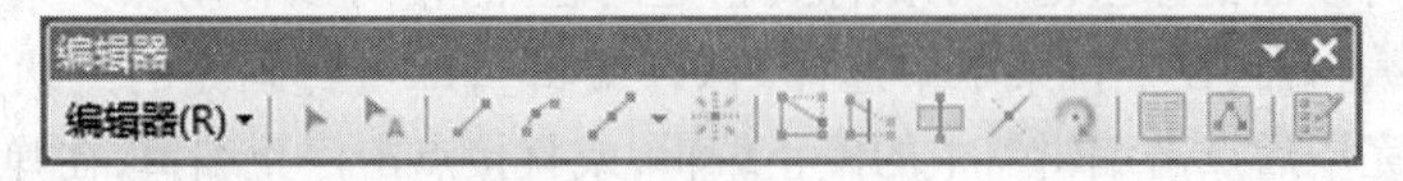

图 4-7　编辑器工具条

点击编辑器,出现下拉菜单后选择开始编辑,进入编辑状态(见图 4-8),点击编辑器右侧的“创建要素”按钮“ ”,在窗口右侧出现创建要素对话框(见图 4-9),这时我们就可以画点、线和面了。

开启编辑时应注意:

(1)点击开始编辑时如果要素文件不在同一个文件夹下,会提示要编辑哪个文件,选择文件后点击确定即可。

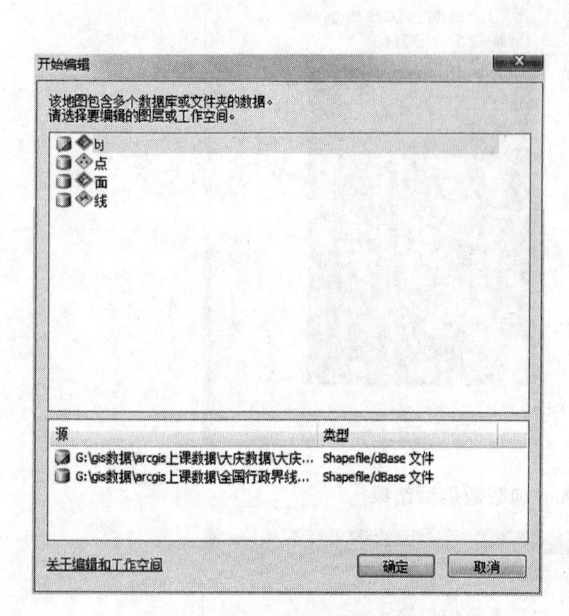

图 4-8 开始编辑选择工作空间

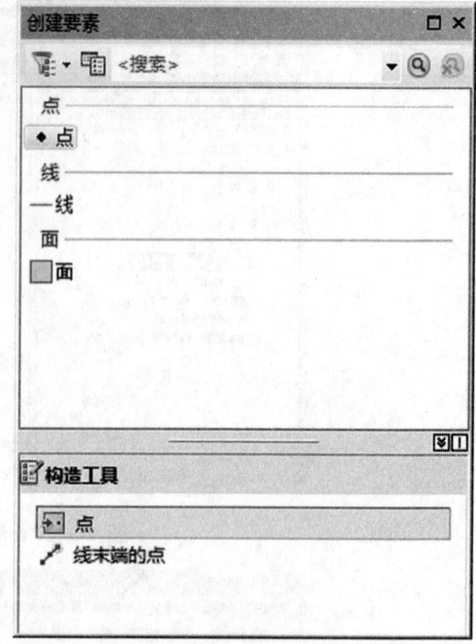

图 4-9 创建要素对话框

(2)如果在同一个文件夹下有多个 Shapefile 文件,则在“创建要素”窗口中会有多个文件的要素,选择想编辑的文件对象。

在“创建要素”窗口中提供了不同类型要素的构造工具,点状要素包括点和线末端的点,线状要素包括线、矩形、圆形、椭圆和手绘,面状要素包括面、矩形、圆形、椭圆、手绘、自动完成面、自动完成手绘等构造工具。

如在图形中加入点状要素,用鼠标在创建要素窗口中选择点图层,点击构造工具中的“点”,鼠标移至地图窗口中即变成创建点要素,按照底图上点的位置就可以画点了。如果底图看不清可以利用放大工具将底图放大,如果某个点的位置输错了需要删除,可以选择编辑工具条中的编辑工具 ,按住鼠标左键,托选要删除的点,然后按键盘键上的 Delete 键或鼠标右键选择“删除”,也可以采取选中点后把鼠标移动到要编辑的点上,鼠标变成十字花形时按住鼠标左键移动鼠标到指定的地点,便可以移动点要素。所有的点要素画完后点击编辑器,在下拉菜单中选择“保存编辑”,即可将画完的点状要素保存在点图层中。保存完毕后点击编辑器中的停止编辑,或直接点击停止编辑,在弹出的是否保存编辑的对话框中选择“是”(如果不点停止编辑,无法为这个点状数据添加属性字段)。

4.1.6 添加属性字段

在 ArcMap 内容列表中选择“点”图层并单击右键,如图 4-10 所示,在浮动菜单中选择“打开属性表”,在属性表中有三个系统自带的字段(见图 4-11),如果要添加字段则点击属性表的“表选项”按钮,在下拉菜单选择“添加字段”,即可打开添加字段对话框(添加字段选项卡只有在关闭编辑器的情况下可以使用,编辑器开启的情况下此选项为灰色不可选,这时要先停止编辑再进行字段添加)。

在“添加字段”对话框中可以设置字段的名称和类型(见图 4-12),选择字段类型为“文本”,长度为 10,名称为 name,点击确定后,在属性表中就会出现个 name 字段(见图 4-13)。

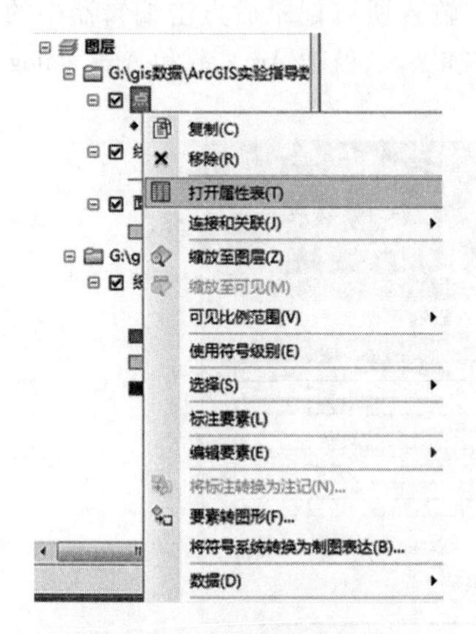

图 4-10　打开属性表操作

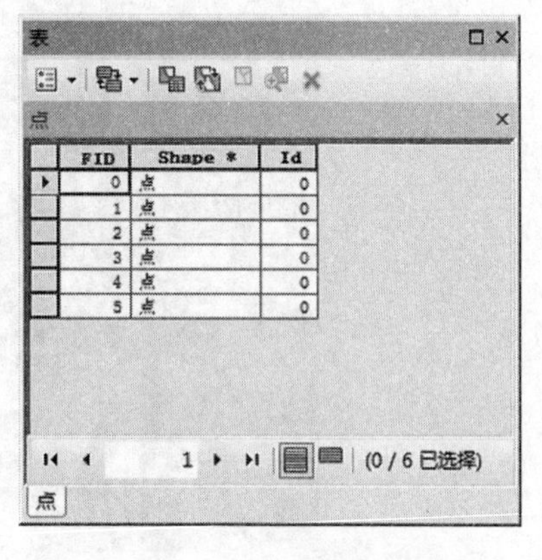

图 4-11　打开的属性表

图 4-12　“添加字段”对话框

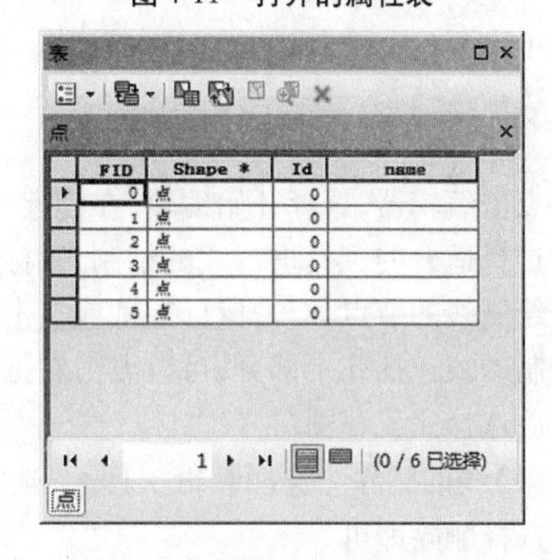

图 4-13　添加 name 字段结果

注意:

(1)在字段类型中,有 6 种类型,其中前 4 种是数值型字段,它们之间的区别就是精度不同和所占有的存储空间不同。

(2)字段类型要匹配,如建立的是文本型字段,即可以输入字母、汉字和数字,但这里的数字无数学意义;如建立的是数值型字段,则只能输入 0 ~ 9 十个数字或小数点,输入字母或汉字会提示错误。

4.1.7　输入属性数据

添加字段后,如要向字段中添加记录内容,需要重新打开编辑器对属性进行编辑。点击编辑器,出现下拉菜单后选择开始编辑,就进入编辑状态,在字段 name 的记录中双击鼠标左键,直到有输入光标在表格中闪动,便可以输入属性数据。输入时要一一对应。如在表中选择了记录号为 1 的记录,显示变蓝色,同时在图中也有一个点变蓝,说明它们两个是一一对应的。经过看图,我们得知记录号为 1 的为东富乡(见图 4-14),在 name 的记录中输入"东富乡",然后选择其他记录进行输入,输入所有记录后点击编辑器中的保存编辑内容,所有输入内容都被保存。(如果无法添加字段,就把 ArcMap 和 ArcCatalog 都关闭,重新加载数据后再添加字段即可)

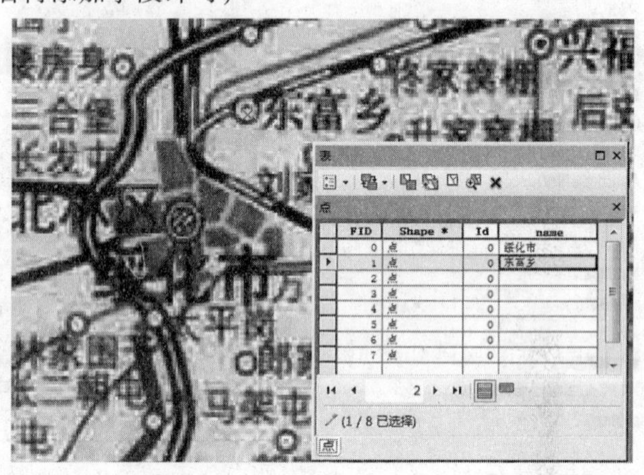

图 4-14　对应属性数据输入

4.1.8　输入线状图层(道路)

点击编辑器,选择开始编辑,在创建要素窗口中选择要编辑的线要素,在构造工具选项中选择适合的工具进行线的绘制,鼠标放在显示窗口处出现十字形标志,单击鼠标左键即可绘制线的节点,双击鼠标左键或点击右键选择完成草图即可完成绘制线的工作,如果要绘制的线包括几个部分,可以点击右键选择完成部件,然后继续画线,使所有部件全部完成后选择完成草图。

(1)线的删除。选择编辑工具▸,选择要删除的线,按键盘上的 Delete 键或点击鼠标右键选择删除即可。

(2)局部修改线形(结点编辑)。选择编辑工具▸,双击要修改的线,线形变成以结点形式显示(见图 4-15),把鼠标放到节点上,鼠标变成十字,按住鼠标左键可以拖动结点,以改变线形,按右键可以删除折点,在没有结点的位置点击鼠标右键可以插入折点,拖动也可以改变线形。

(3)结点捕捉。在数字化河流道路的过程中,往往有两条线相连接的部分,需启动结点捕捉功能,点击编辑器,选择"捕捉—捕捉工具条",打开捕捉工具条,在捕捉工具条中将"使用捕捉"前的勾选框选中,设置要捕捉的对象,可以设置点捕捉、端点捕捉、交点捕捉、中点捕捉、切点捕捉等(见图 4-16)。可以在画

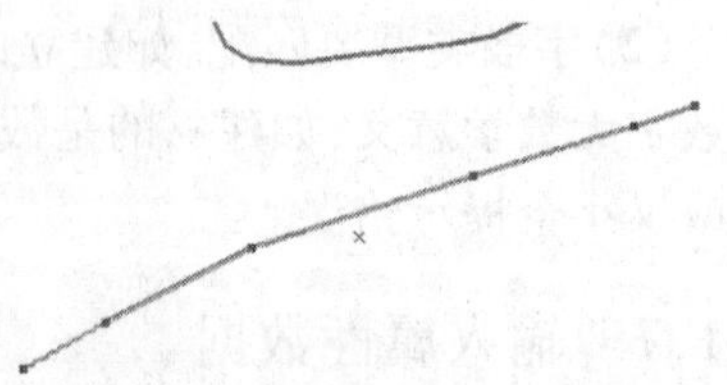

图 4-15　线要素修改(结点修改)

线的过程中捕捉,也可以画完线后利用结点编辑进行捕捉,即双击要编辑的线,选择最后一个结点,按住鼠标左键后移动到要连接的线上就完成了捕捉。线的保存及属性表编辑与点的相同。

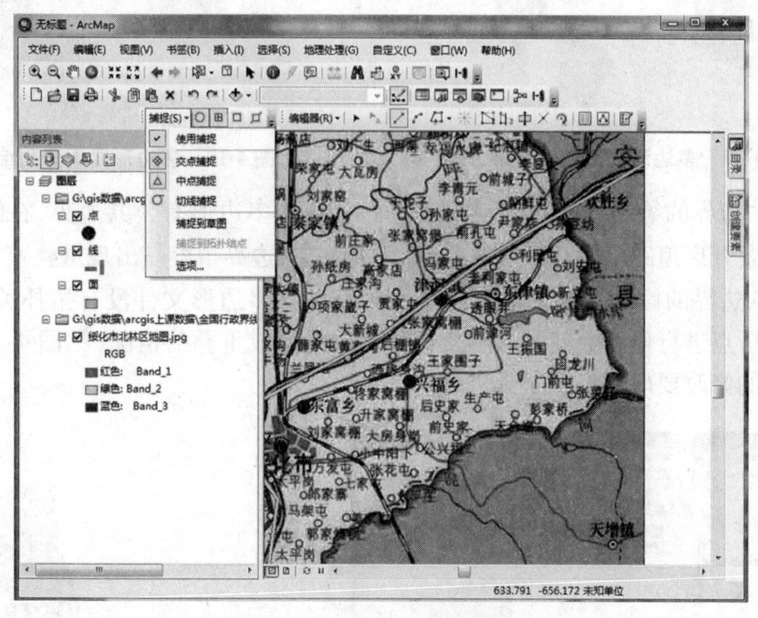

图 4-16　线要素捕捉设置

4.1.9　输入面状图层(区域)

点击编辑器,选择开始编辑,在创建要素的窗口中选择需要编辑的面要素,在构造工具中选择合适的工具,将鼠标放在显示窗口中,鼠标变成十字形,即可以沿着底图的边界创建面要素了,单击鼠标左键添加边界折点,双击鼠标左键或单击右键选择完成草图即可结束多边形的编辑工作。

(1)多边形折点的编辑。多边形外边界的编辑,选择编辑工具,双击要修改的多边形的边界,线形变成以结点形式显示,把鼠标放到节点上,鼠标变成十字花形,按住鼠标左键可以拖动结点,以改变线形,按右键可以删除结点,在没有结点的位置单击右键可以插入结点,拖动后也可以改变线形。

(2)多边形整形。首先选择要整形的多边形,在编辑器工具条中选择"整形要素工具"按钮,第一点在多边形里,然后沿着要修改的边界点单击鼠标左键画线,最后一点再回到多边形里双击鼠标左键结束整形输入,如图 4-17 所示。

(3)多边形分割。首先选择要分割的多边形,在编辑器工具条中选择"裁剪面工具"按钮第一点在多边形外,然后沿着要修改的边界画线,最后一点在多边形外双击结束多边形分割输入,如图 4-18 所示。

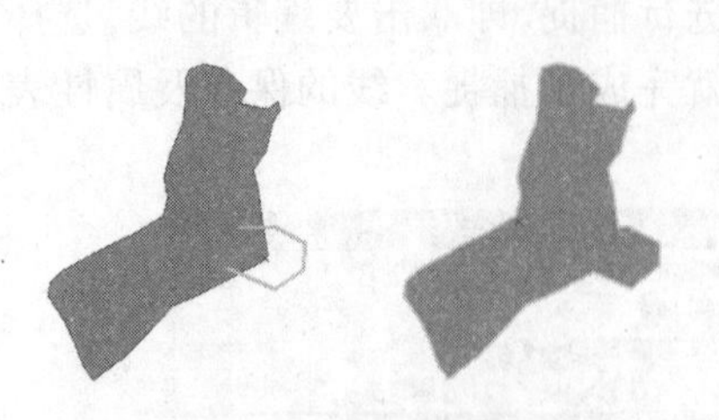

图 4-17　多边形要素整形结果

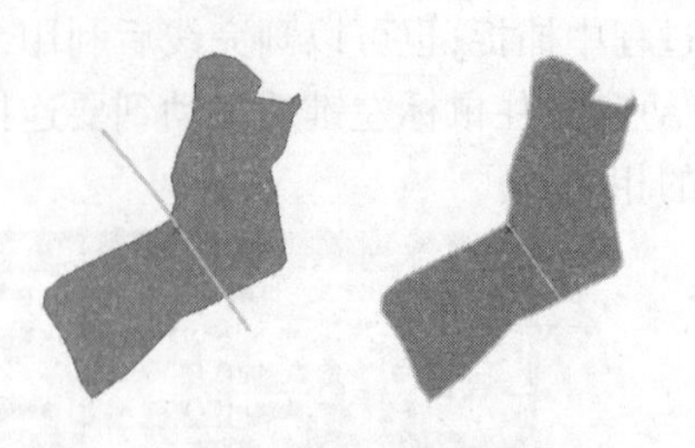

图 4-18　多边形要素分割结果

(4)公共边界的绘制。如果绘制的多边形与其他多边形有公共边界,在绘制公共边界过程中需要开启追踪工具(见图 4-19),不然公共边界很容易出现重叠或者缝隙。

(5)公共边界的修改。由于直接建立的 Shapefile 多边形文件没有拓扑关系,直接对公共边界的折点进行修改会使多边形交界处出现缝隙或重叠的情况(见图 4-20),因此对于公共边界的修改要应用拓扑工具进行。

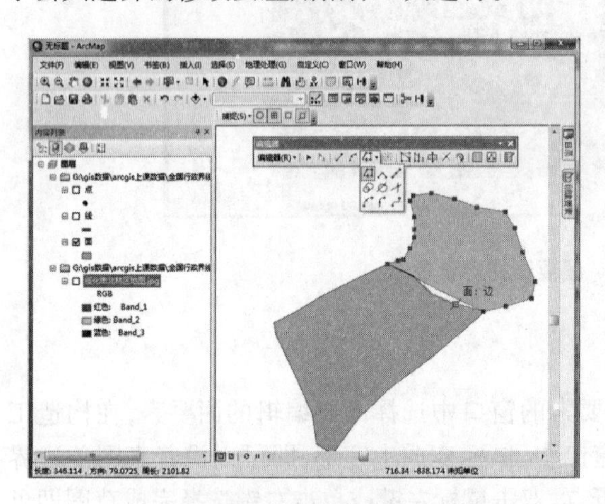

图 4-19　采用追踪工具绘制公共边界

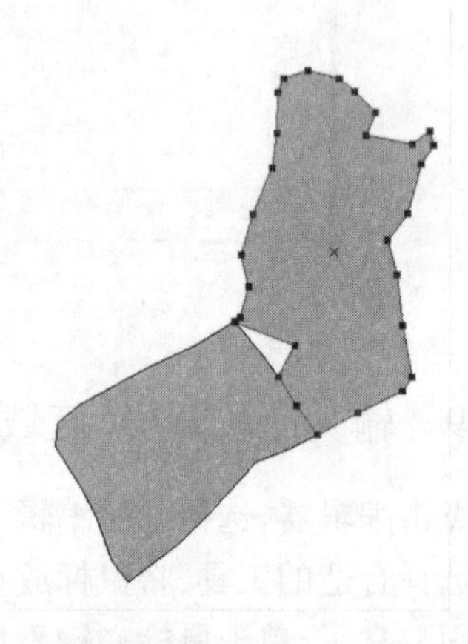

图 4-20　直接修改多边形公共边的结果

把鼠标移动到工具条任一处,单击右键出现浮动菜单,选择"拓扑",出现拓扑工具条,见图 4-21。

图 4-21　拓扑工具条

在工具条上选择地图拓扑,勾选要构建拓扑的图层后点击"确定"(见图 4-22)。

选择拓扑编辑工具,选择后双击要修改的公共边,公共边会变成红色,同时出现结点,出现结点后用鼠标移动结点,修改完成后在空白处单击结束修改。利用拓扑关系修改多边形公共边的结果见图 4-23。

在面状和线状图层输入时,单击鼠标左键输入一个点,双击鼠标左键结束输入。注意:在双击结束输入之前,可以按 Ctrl + Z 撤销一个点的输入,连续多次按 Ctrl + Z 可撤销多个点,但双击鼠标左键后按 Ctrl + Z 撤销整个图形。在输入过程中为了使输入的边界能

图 4-22　地图拓扑——数据选择

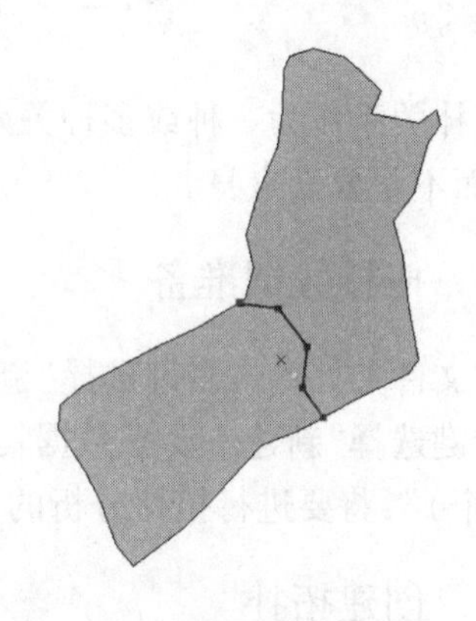

图 4-23　利用拓扑关系修改多边形公共边的结果

够精确些,尽量把底图放大,放大、平移和绘图工具可以切换使用。输入完成后点击编辑器,选择保存编辑内容。为了能够看清底图,通常选择图形显示方式为"空心",即在内容列表中点击面状图层下面的矩形方块,出现符号选择器,选择"空心"样式后点击"确定",结果如图 4-24 所示。

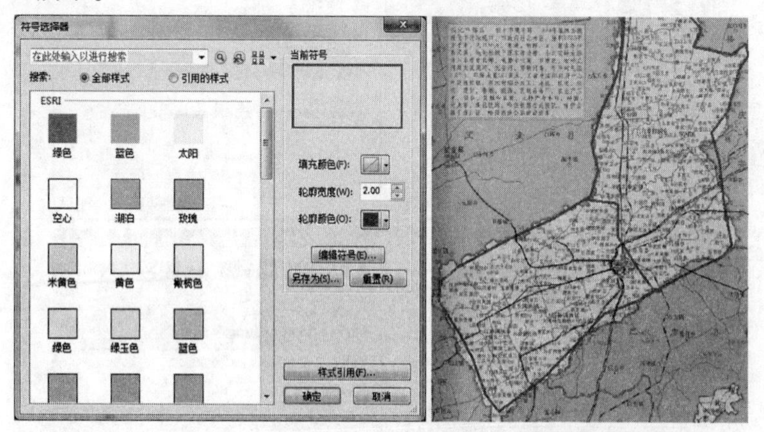

图 4-24　多边形设置成边界显示及结果

注意:在面状图层的创建过程中也可以先建一个线状图层,输入所有多边形的边界,在输入时要利用节点捕捉功能将所有线的首尾点都连接到一起,同时要注意,不要一个多边形只用 1 条线,一个多边形最少由 2 条以上线段构成。输入完成后运行 ArcToolbox,选择"数据管理工具—数据集—要素—要素转面",在对话框中输入"输入要素"和"输出要素",点击"确定"即完成了线要素向面要素的转换(见图 4-25)。

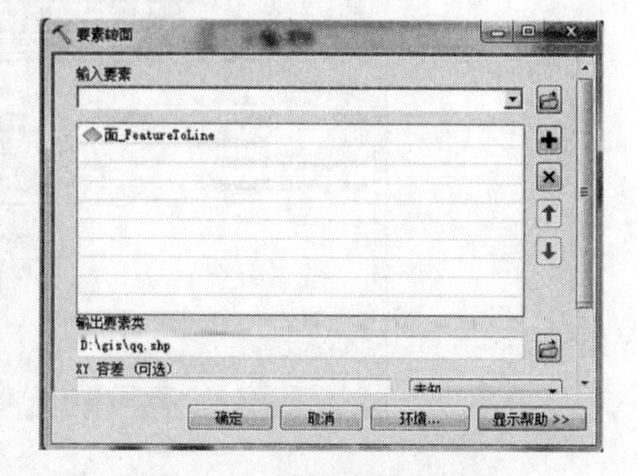

图 4-25　线要素转多边形

4.2　拓扑错误检查与修改

拓扑关系作为一种或多种关系存储在地理数据库中，描述的是不同要素的空间关联方式，而不是要素自身。

4.2.1　拓扑数据准备

在文件夹处单击右键选择“新建—文件地理数据库”，创建数据库，在新建数据库处单击右键选择“新建—要素数据集”。在创建的要素数据集处单击右键选择“导入—要素类(多个)”，将要进行拓扑分析的数据导入要素数据集中。

4.2.2　创建拓扑

在新建的数据集处单击右键，选择“新建—拓扑”，打开创建拓扑对话框，点击“下一步”输入拓扑名称及拓扑容差，继续点击“下一步”，选择进行拓扑的要素类，可以使用一个要素类，也可以使用多个要素类，点击“下一步”设定拓扑等级，继续点击“下一步”添加拓扑规则，最后点击“完成”，完成拓扑创建（见图 4-26）。

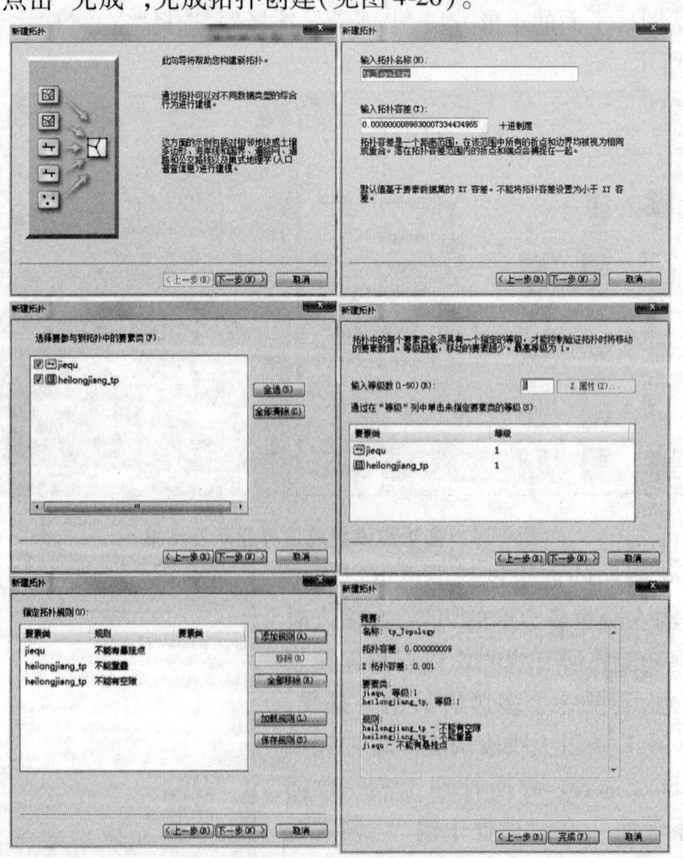

图 4-26　拓扑创建过程

在创建拓扑时，可以在一个要素数据集中建立一个或多个拓扑，一个拓扑可以使用一个数据集中的一个或多个要素类，但一个要素类只能属于一个拓扑。

4.2.3　拓扑错误检查

在目录中选中新建的拓扑，将其拖拽至 ArcMap 窗口中，在弹出的是否要将拓扑中的要素添加到地图的对话框中选择“是”，将拓扑文档及其要素在窗口中打开（见图 4-27）。

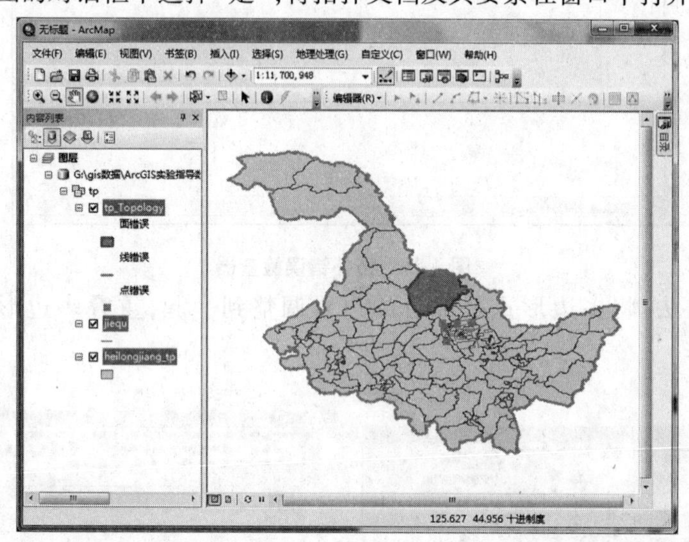

图 4-27　加载拓扑及要素结果

在编辑器下拉菜单中选择“打开编辑”开启编辑工具，在工具条任意处单击右键选择“拓扑”，打开拓扑工具条（见图 4-28）。

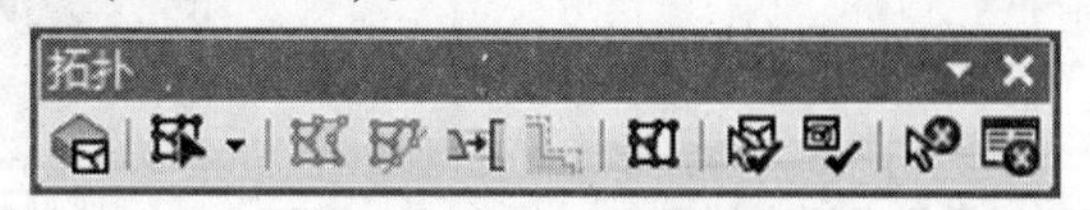

图 4-28　拓扑工具条

点击拓扑工具条中的“错误检查器”工具按钮，打开错误检查器对话框（见图 4-29），可以检查所有存在的错误，也可以在“显示”栏中有选择地进行错误的搜索。

4.2.4　常见拓扑错误及修改方法

4.2.4.1　面不能相互重叠

面不能相互重叠是多边形拓扑错误中重要的错误检查规则，对于有拓扑重叠的面进行修改的方法主要有以下几种：

（1）修改要素节点，去除重叠部分。在拓扑错误检查中搜索 heilongjiang_tp - 不能重叠，点击搜索一共有三处错误（见图 4-30），在其中某一错误处单击右键，选择“缩放至”，将窗口显示缩放至该错误处，拓扑重叠部分呈现出红色显示状态，重叠的多边形边界呈黑色加粗显示（见图 4-31）。

在错误多边形的边界处用鼠标左键双击，出现折点编辑的状态，开启捕捉功能，通过

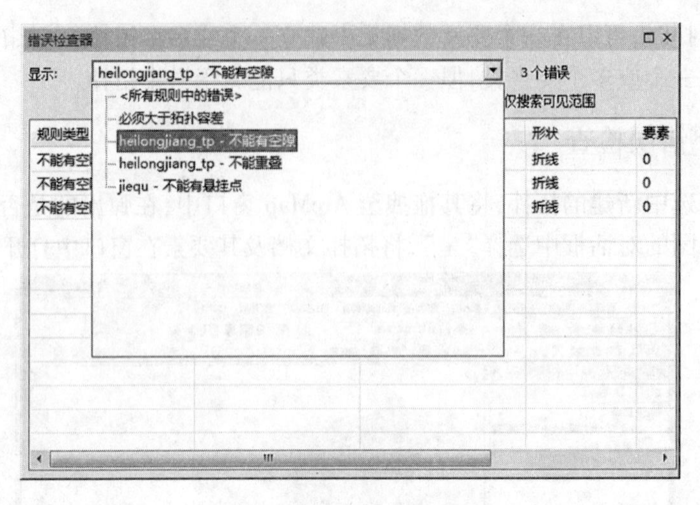

图 4-29 拓扑错误检查器

节点拖拽的方法，将多边形重叠部分的边界调整到一起，重叠多边形即可消失（见图 4-32）。

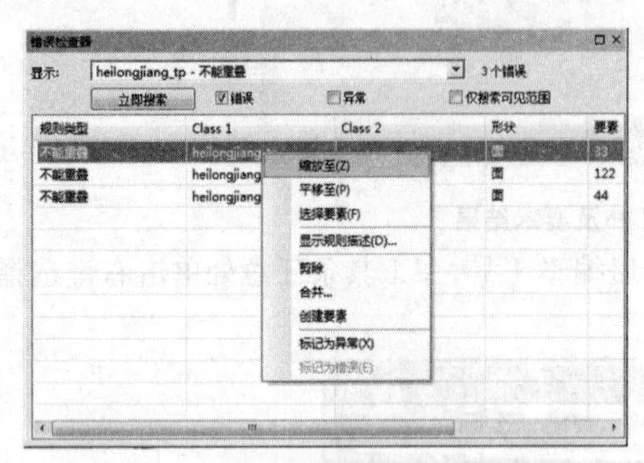

图 4-30 多边形不能重叠错误搜索结果

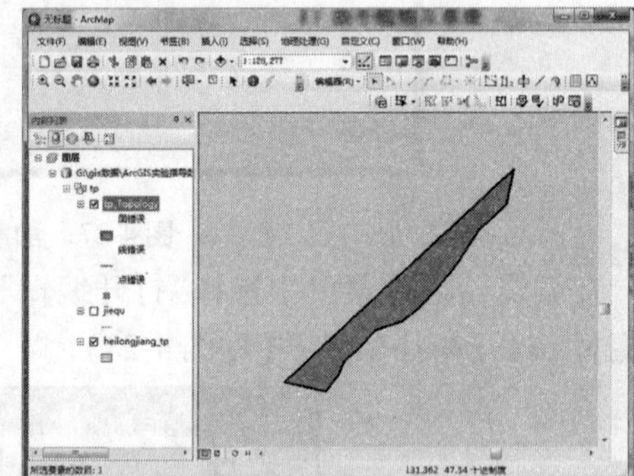

图 4-31 缩放至拓扑错误处

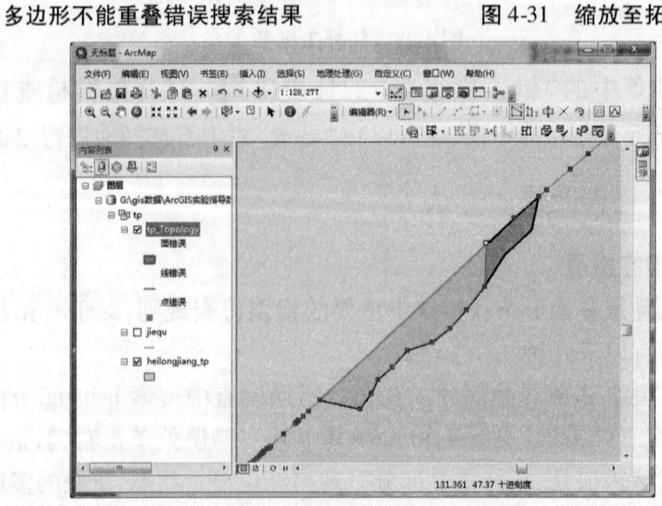

图 4-32 通过修改节点消除重叠

(2)在错误处单击右键,选择合并,将重叠部分合并到其中一个面里。在拓扑错误检查中搜索 heilongjiang_tp - 不能重叠,选择其中一个错误缩放至错误显示部分,在某一错误处单击右键,点击“合并”(见图4-33),选择其中一个多边形(见图4-34),将重叠部分合并到其中一个多边形里(见图4-35)。

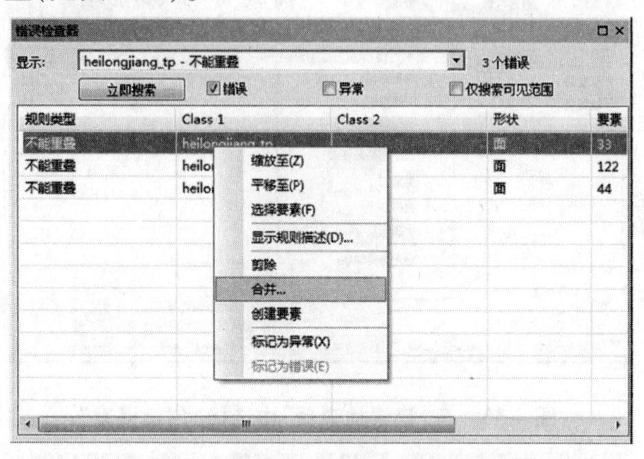

图4-33　在错误检查器中选择合并

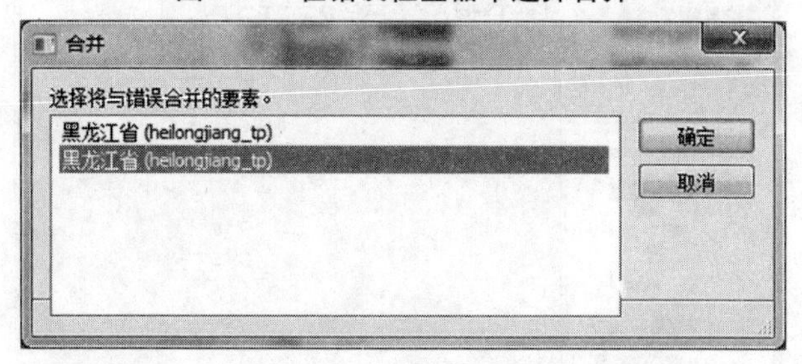

图4-34　合并多边形选择

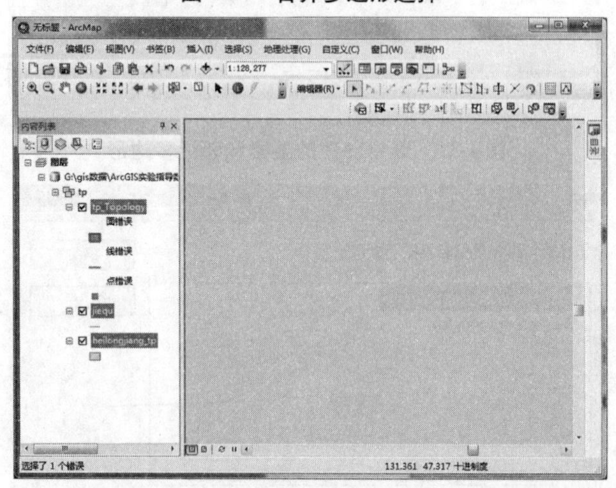

图4-35　合并操作后重叠错误修改完成

(3)将重叠部分生成一个新的要素,再合并到相邻的一个面里。在错误处单击右键选择“创建要素”(见图4-36),此时重叠部分会生成一个新的多边形,按住 Shift 键选中新生成的多边形和要合并到一起的邻近多边形(见图 4-37),点击编辑器下拉菜单中的“合并”,将生成的多边形与邻近的多边形合并(见图 4-38)。

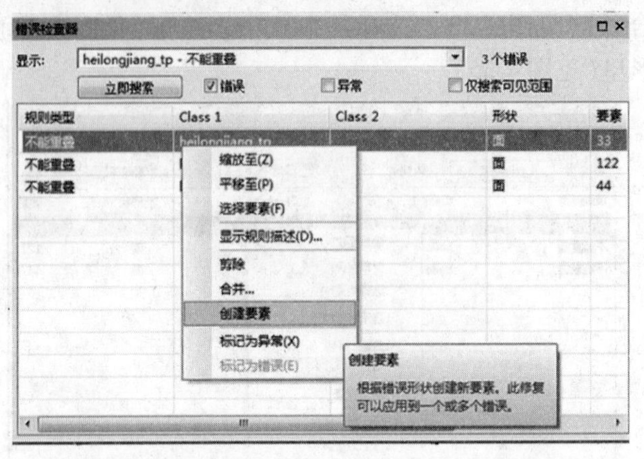

图 4-36 在“错误检查器”中选择“创建要素”

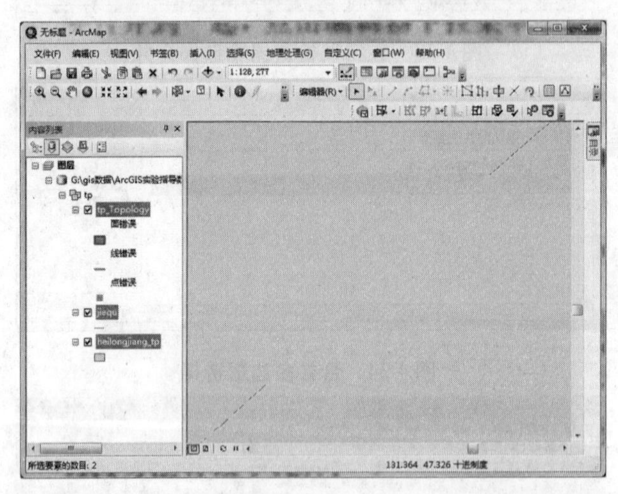

图 4-37 选中创建的要素和邻近多边形

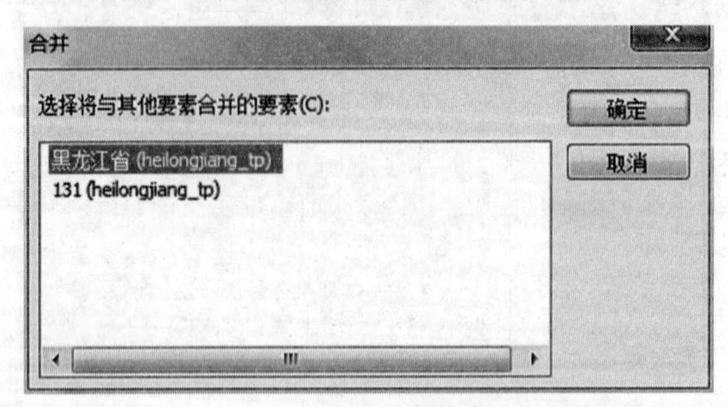

图 4-38 编辑器合并功能对话框

(4)直接裁剪掉重叠部分。如果重叠部分是多余的单独的多边形,如图 4-39 中即为一个多余的叠在多边形之上的重叠部分,可以采用选中重叠部分后直接删除的方法消除错误。

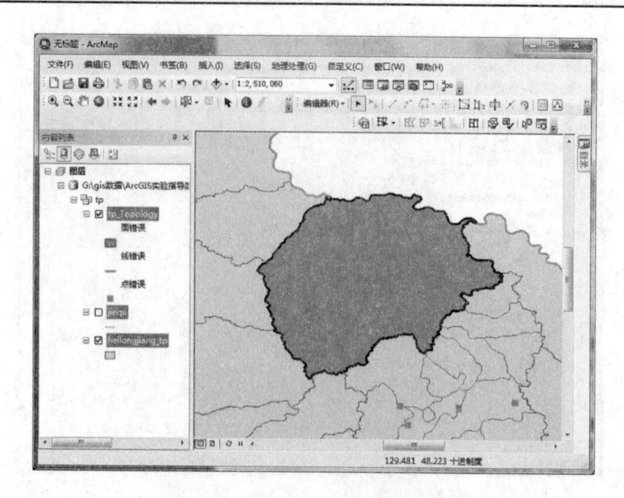

图4-39　多余的重叠多边形

4.2.4.2　面不能有空隙

面有空隙也是矢量数据编辑中常见的错误(见图4-40),面不能有空隙在多边形拓扑检查中也是常用的规则,主要的修改方法有以下几种:

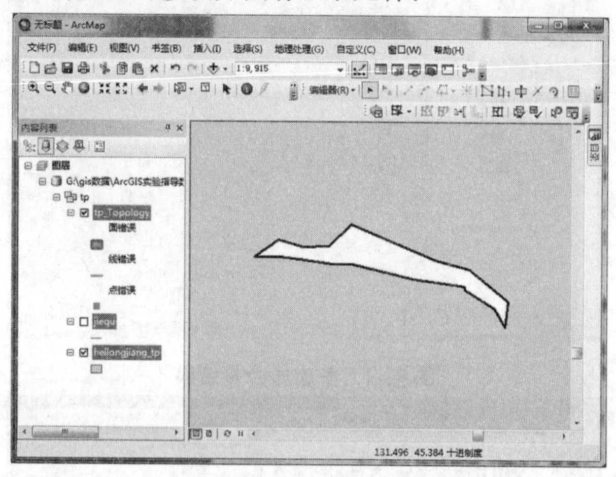

图4-40　面有空隙错误缩放显示

(1)可以直接修改要素节点去除空隙。该方法与通过修改要素节点去除重叠部分的方法一样,都是通过调整节点的位置,将错误消除掉。由于操作比较复杂,该方法在实际错误修改时并不常用。

(2)将空隙部分生成一个新的要素,再合并到相邻的一个面里。在错误处单击右键,选择“创建要素”,将空隙部分生成一个新的多边形,再通过编辑器合并功能将它和邻近多边形合并,这样空隙部分的错误即可消除(见图4-41、图4-42)。

(3)将空隙生成两个面,分别合并到相邻多边形中。该种方法是通过打开编辑器中“创建要素”窗口,在“构造工具”中选择“自动完成面”,在空隙图形上从一侧到另一侧用鼠标左键单击绘制出分割线(见图4-43),双击鼠标左键结束绘制,将空隙分成两个部分,分别形成多边形(见图4-44)。

按住Shift键选择构建的一个多边形和其邻近的大多边形,用编辑器的合并功能将新

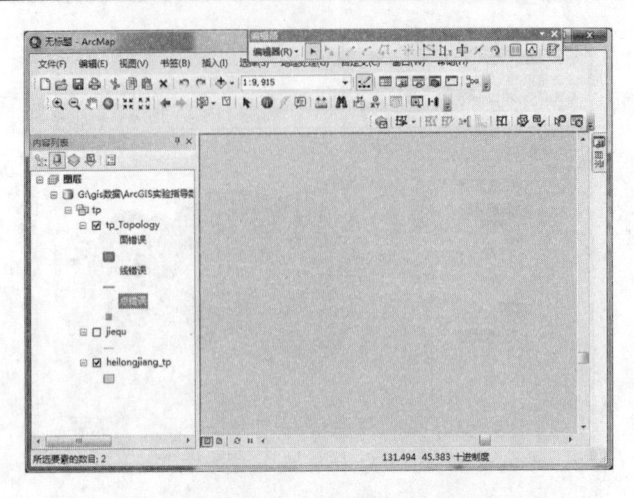

图 4-41　将新创建的多边形与相邻多边形选中

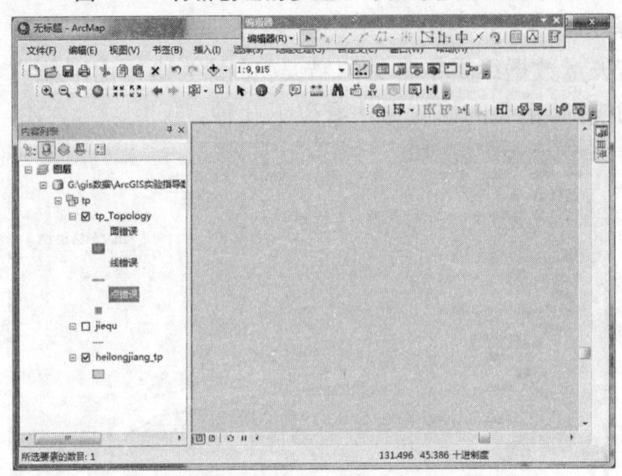

图 4-42　多边形合并结果

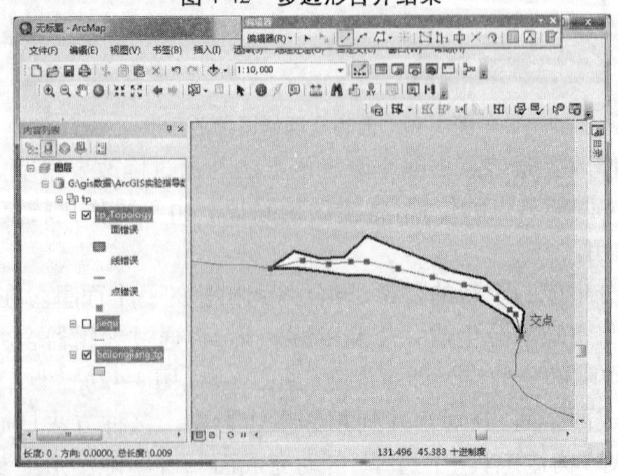

图 4-43　自动完成面绘制

生成的多边形与大多边形合并，另一个也采取同样的方法与邻近多边形合并，这样空隙错误即可消除。两个多边形分别与相邻面合并结果见图 4-45。

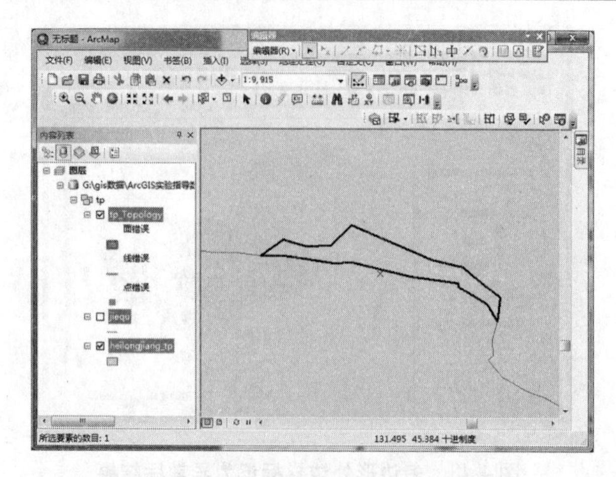

图4-44　将空隙分割成两个多边形

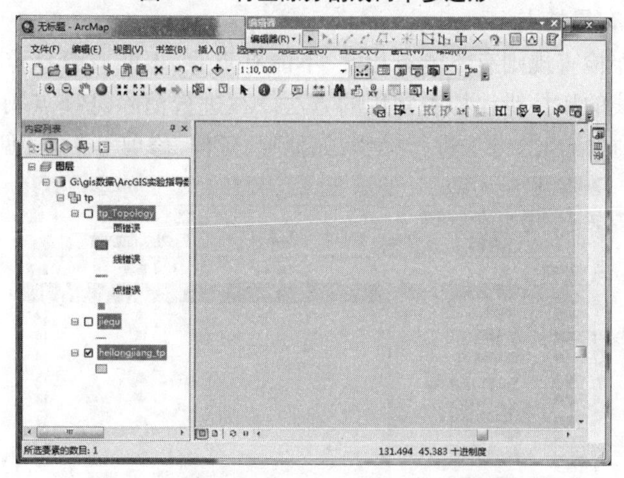

图4-45　两个多边形分别与相邻面合并结果

(4)多边形最外圈空隙,直接标记为异常即可。在多边形空隙检查时多边形外边界也作为错误被显示出来(见图4-46),对于它的处理可在该错误处单击右键,选择"标记为异常"(见图4-47),多边形外边界的错误显示即消除了(见图4-48)。

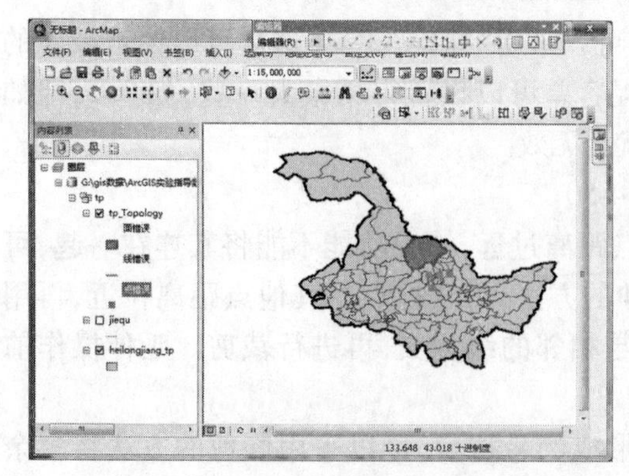

图4-46　多边形外边界的空隙错误

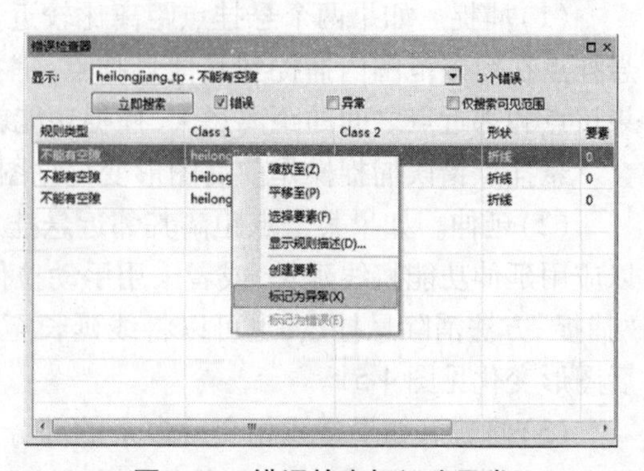

图4-47　错误检查标记为异常

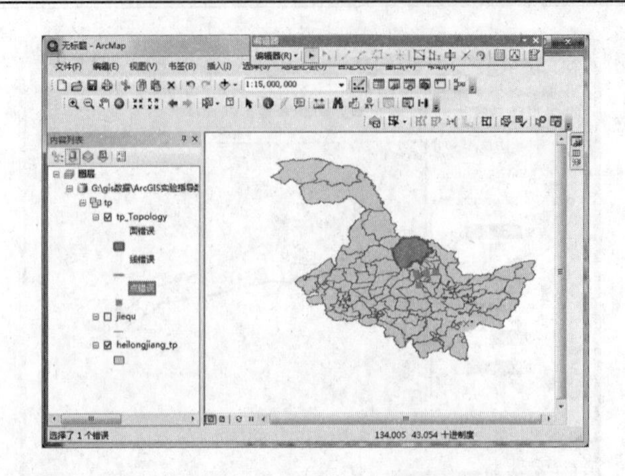

图 4-48　多边形外边界标记为异常后结果

4.2.4.3　线不能有悬挂点

线的拓扑错误检查规则有不能有相交、不能有重叠、不能有悬挂点等,这里以不能有悬挂点为例说明线的拓扑错误检查常用的方法。在进行消除悬挂点操作时,要根据悬挂点的实际情况,选择恰当的方法进行操作,如捕捉、延伸、修剪等工具(见图 4-49)。

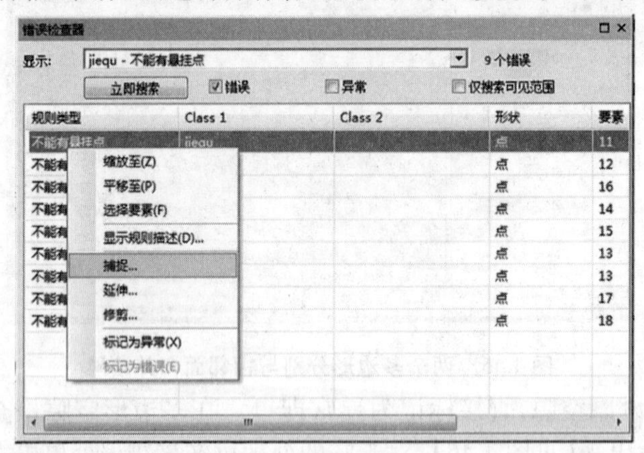

图 4-49　悬挂点错误修改

(1)捕捉。如果两个悬挂点距离比较近,可以采用"捕捉"工具,这样可以使被操作的悬挂点在容差范围内捕捉到其他悬挂点,捕捉容差可以设置得稍微大一些,如 0.1,但如果该点和邻近点之间的距离过大,捕捉功能就会无效。

悬挂点错误捕捉操作前后图形变化见图 4-50。

(2)延伸。如果某个点距离其邻近悬挂点距离过远,捕捉功能不能将其连在一起,可以应用延伸功能将线延长,或者采用手动拉伸的方法,将悬挂点与其他点距离拉近,再用"捕捉"方法消除悬挂点,也可以将线延长至与相邻的线相交,再进行裁剪。延伸操作前后图形变化见图 4-51。

(3)修剪。如果是线相交后多余的部分形成的悬挂点,可以采用修剪的方法将多余的部分裁掉,这样悬挂点也就会消失,或者采用编辑工具—高级编辑—打断相交线按钮,将相交的线打断,选中多余部分将其删除。打断相交线前后图形见图 4-52。

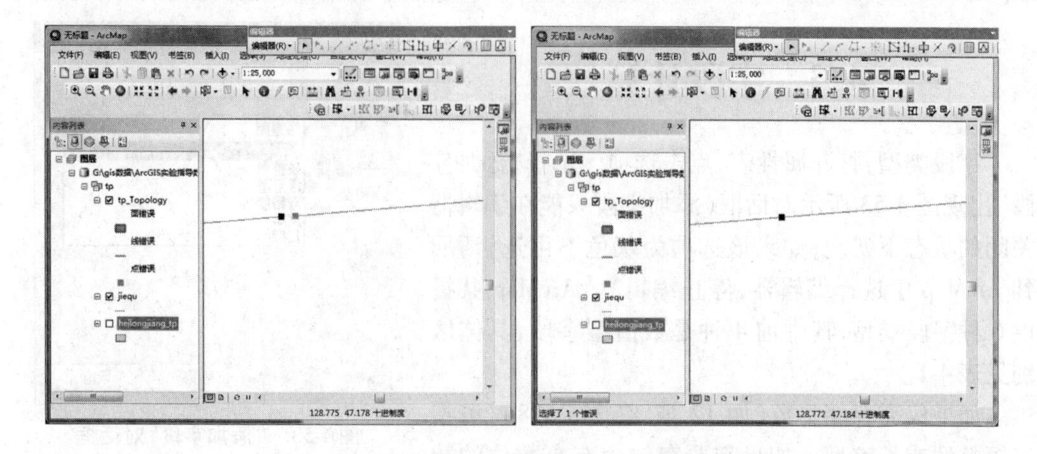

图 4-50　悬挂点错误捕捉操作前后图形变化

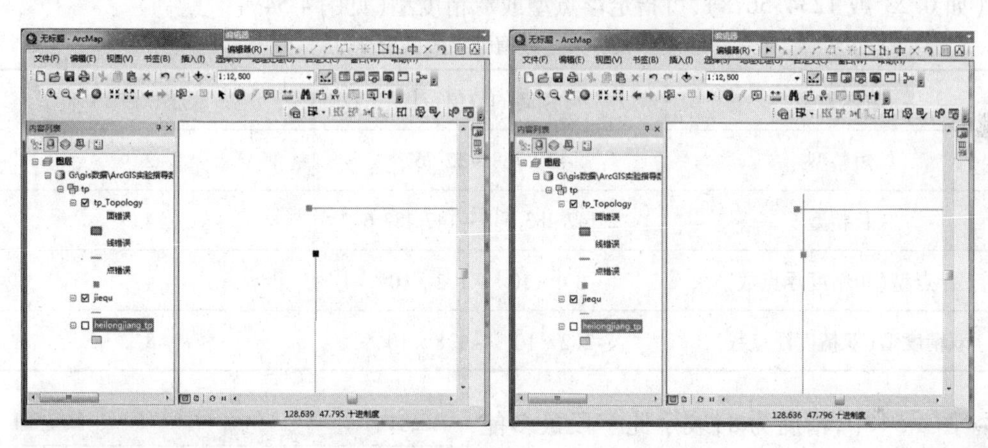

图 4-51　延伸操作前后图形变化

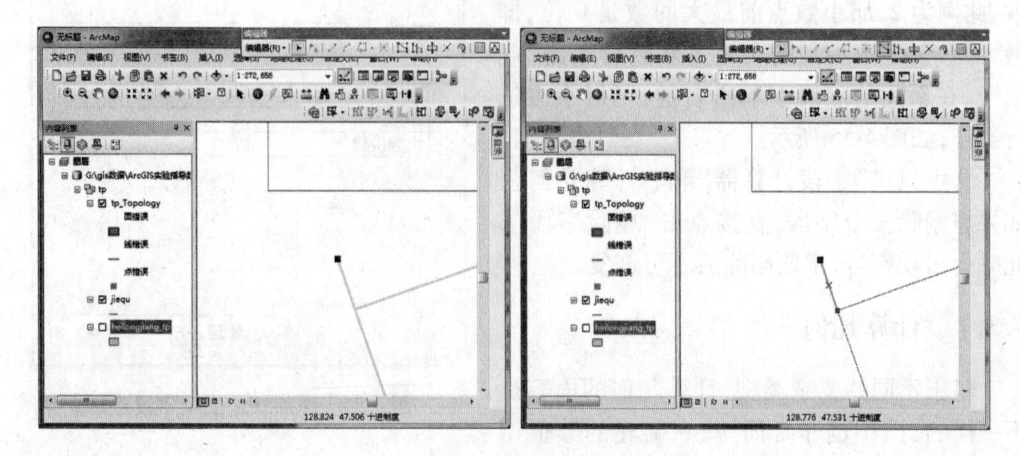

图 4-52　打断相交线前后图形

总之，对于线错误的修改，根据不同的情况可以采用不同的方法，最终达到将错误修改完成的目的。

4.3 字段计算

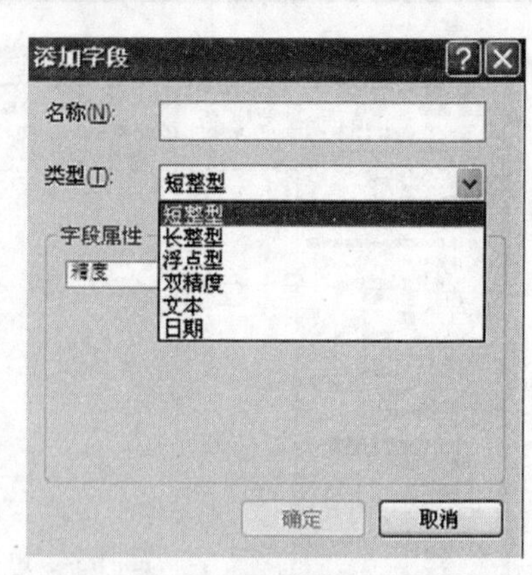

图 4-53 “添加字段”对话框

字段类型：打开属性表，点击选项，选择“添加字段”出现图 4-53 所示对话框（添加字段只能在编辑器关闭的状态下实现，如果该选项为灰色不可选，请回到 ArcMap 中选择编辑器，停止编辑）。ArcMap 共提供 6 种字段类型，其中前 4 种是数值型字段，具体区别见表 4-1。

如果仅需存储整数（如 12 或 12 345 678），可指定短整型或长整型。如果需要存储含有小数位的数值（如 0.23 或 1234.5678），可指定浮点型或双精度型（见图 4-54）。

表 4-1 数值型字段区别

数据类型	可存储的数值范围	大小（字节）
短整型	−32 768 ~ 32 767	2
长整型	−2 147 483 648 ~ 147 483 647	4
浮点型（单精度浮点数）	$-3\ 4 \times 10^{38} \sim 1.2 \times 10^{38}$	4
双精度型（双精度浮点数）	$-2.2 \times 10^{308} \sim 1.8 \times 10^{308}$	8

图 4-54 中，精度为 8，表示此字段最多能输入 8 位数，小数位数比例为小数点后面的位数，此例为 2，那小数点前最大的数是 6 位，即最大为 999 999.99，输入相关参数后点击“确定”。在新建的字段上单击右键，可对字段进行操作，如图 4-55 所示。

这里只讲“字段计算器”和“计算几何”，如果想删除某个字段，直接点击“删除字段”，此时会出现警告，字段删除后不可恢复。

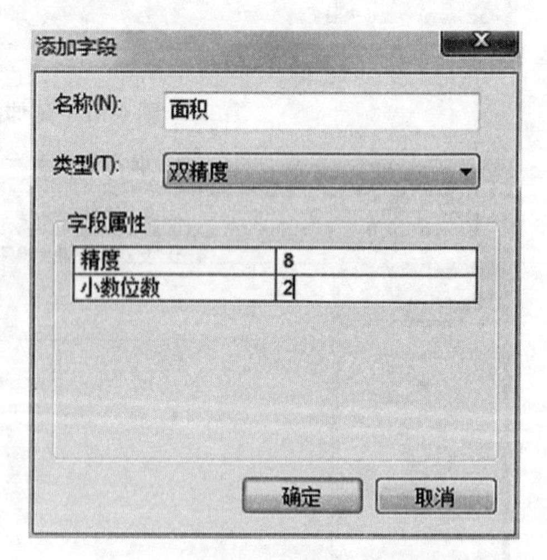

图 4-54 添加双精度型字段实例

4.3.1 计算几何

对于不同的要素类型，计算几何的内容是不一样的，操作也非常简单，在新建的数值型字段上单击右键，选择“计算几何”，出现如图 4-56 ~ 图 4-58 的对话框，根据需要选择要计算的内容，确定后完成计算。

注意：即使未处于编辑会话中，也可以进行计算，但在这种情况下无法撤销计算结果。

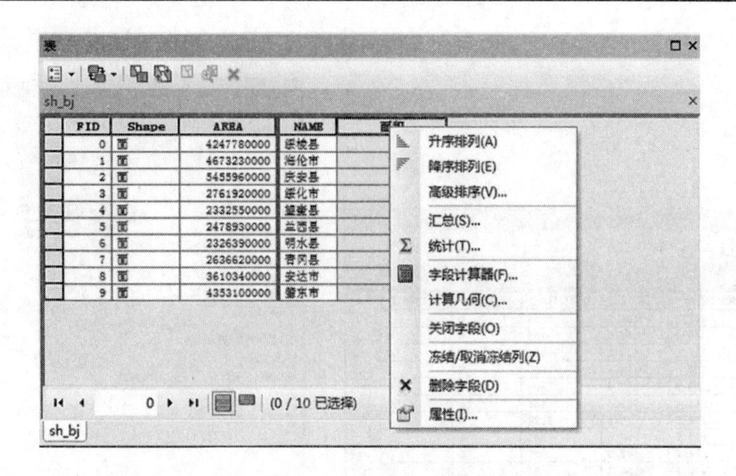

图4-55　字段右键菜单

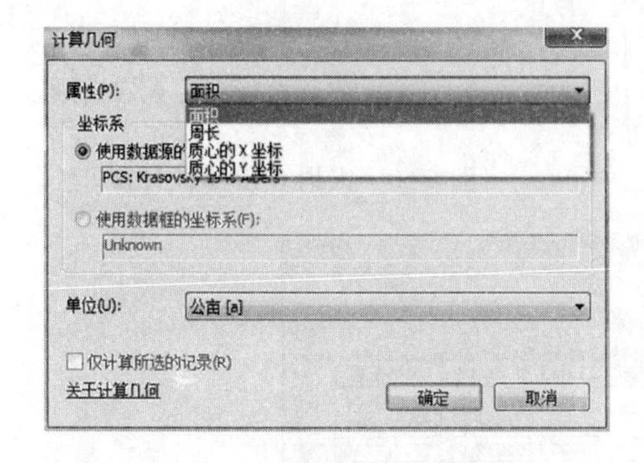

图4-56　面状要素的计算几何

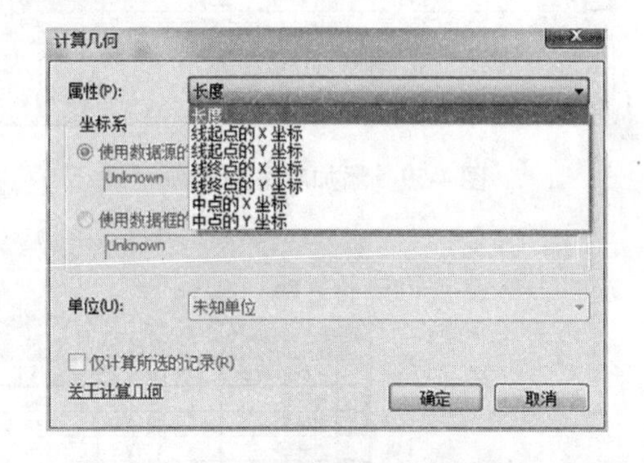

图4-57　线状要素的计算几何

4.3.2　字段计算器

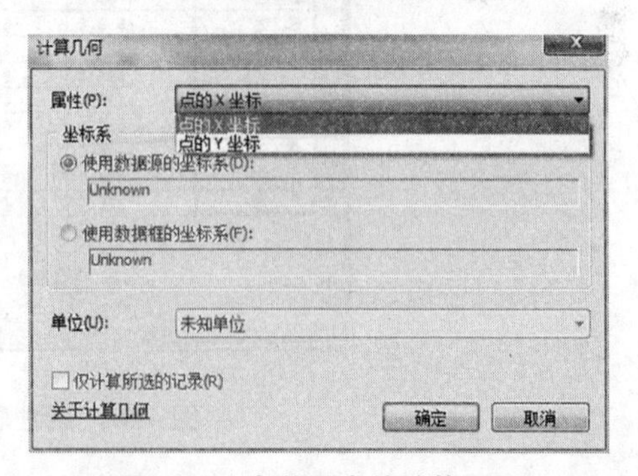

图4-58　点状要素的计算几何

用键盘输入值并不是编辑表中值的唯一方式。在某些情况下，为了设置字段值，可能要对单条记录甚至是所有记录执行数学计算。ArcMap 中的字段计算器可以对所有或所选记录进行简单和高级计算。

现有北京市各区（县）分布图，对应的属性表中有人口（万人）、GDP（万元）、面积（km^2）字段，通过字段计算器计算各区县的人口密度和人均 GDP。

（1）新建字段人均 GDP 和人口密度，字段类型为双精度，结果见图4-59。

（2）在人均 GDP 和人口密度字段处单击右键，选择字段计算器，在字段计算器中输入计算公式。人均 GDP 为"[GDP(亿元)]/[人口(万人)]"，计算结果单位为万元，如果要求计算结果显示为元，则再乘以10 000（见图4-60）。人口密度的计算与人均 GDP 计算方法相同。属性表中显示的计算结果见图4-61。

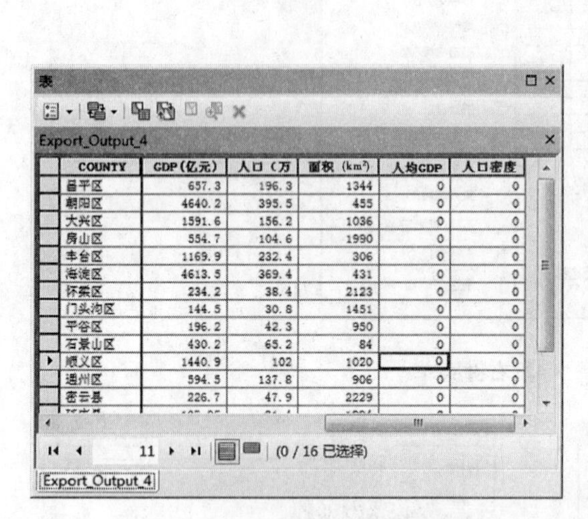

COUNTY	GDP(亿元)	人口（万	面积（km²）	人均GDP	人口密度
昌平区	657.3	196.3	1344	0	0
朝阳区	4640.2	395.5	455	0	0
大兴区	1591.6	156.2	1036	0	0
房山区	554.7	104.6	1990	0	0
丰台区	1169.9	232.4	306	0	0
海淀区	4613.5	369.4	431	0	0
怀柔区	234.2	38.4	2123	0	0
门头沟区	144.5	30.8	1451	0	0
平谷区	196.2	42.3	950	0	0
石景山区	430.2	65.2	84	0	0
顺义区	1440.9	102	1020	0	0
通州区	594.5	137.8	906	0	0
密云县	226.7	47.9	2229	0	0

图 4-59　添加字段后的属性表

图 4-60　人均 GDP 字段计算

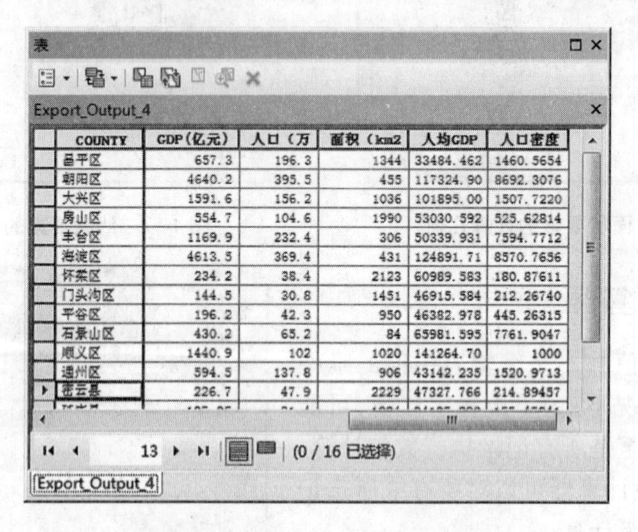

COUNTY	GDP(亿元)	人口（万	面积（km2	人均GDP	人口密度
昌平区	657.3	196.3	1344	33484.462	1460.5654
朝阳区	4640.2	395.5	455	117324.90	8692.3076
大兴区	1591.6	156.2	1036	101895.00	1507.7220
房山区	554.7	104.6	1990	53030.592	525.62814
丰台区	1169.9	232.4	306	50339.931	7594.7712
海淀区	4613.5	369.4	431	124891.71	8570.7656
怀柔区	234.2	38.4	2123	60989.583	180.87611
门头沟区	144.5	30.8	1451	46915.584	212.26740
平谷区	196.2	42.3	950	46382.978	445.26315
石景山区	430.2	65.2	84	65981.595	7761.9047
顺义区	1440.9	102	1020	141264.70	1000
通州区	594.5	137.8	906	43142.235	1520.9713
密云县	226.7	47.9	2229	47327.766	214.89457

图 4-61　属性表中显示的计算结果

4.4　将测量坐标添加到 ArcMap

从全站仪或 RTK 导出的测量坐标数据通常为 dat 格式（见图 4-62），即文件的扩展名为. dat，该文件可以用文本文档打开，也可直接导入到 Excel 中。

图 4-62 中，第一列为序号，第二列为标识符，第三列为北坐标（x），第四列为东坐标（y）。

4.4.1　将数据导入到 Excel

打开一个电子表格，在想插入数据的地方点一下鼠标左键，然后选择"菜单—数据—导入外部数据"（不同版本有所不同），2007 版本在点数据后选择自文本（见图 4-63），出现如图 4-64 所示对话框。

在此步骤中不用任何操作，点击"下一步"，在第二步中选择逗号的复选框（见图 4-65）。

```
1, f2, 40050, 30185, 0
2, +, 40161.367, 30184.898, 0
3, +, 40171.509, 30193.585, 0
4, +, 40171.509, 30300.004, 0
5, h1, 40186.722, 30300.004, 0
6, +, 40186.722, 30193.585, 0
7, +, 40196.139, 30184.898, 0
8, +, 40258.595, 30184.898, 0
```

图 4-62　测量数据实例

图 4-63　Excel 2007 导入数据工具条

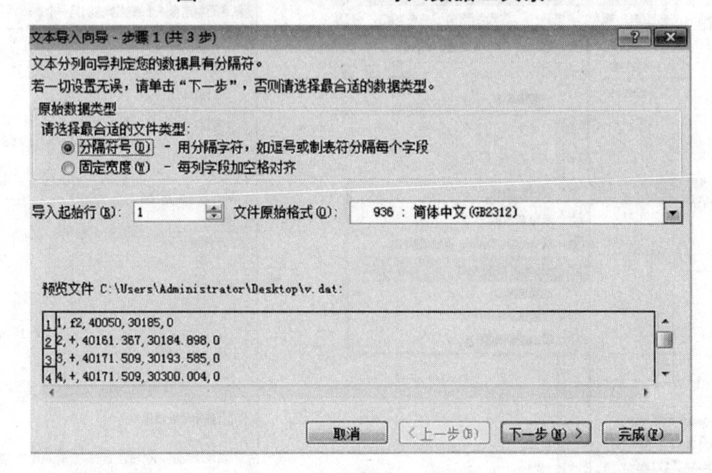

图 4-64　文本导入向导一

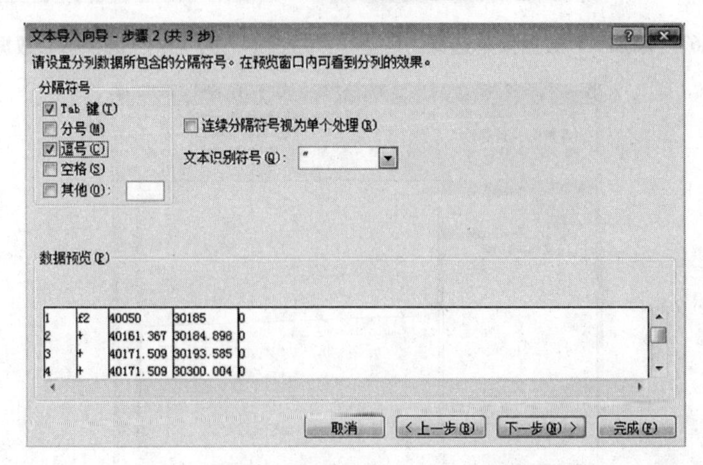

图 4-65　文本导入向导二

选择"下一步"后直到完成。在电子表格中对数据稍加处理后保存，测量数据导入到

Excel 的结果见图 4-66。

	A	B	C	D	E
1	序号	标识	x	y	
2	1	f2	40050	30185	0
3	2	+	40161.367	30184.898	0
4	3	+	40171.509	30193.585	0
5	4	+	40171.509	30300.004	0
6	5	h1	40186.722	30300.004	0
7	6	+	40186.722	30193.585	0
8	7	+	40196.139	30184.898	0
9	8	+	40258.595	30184.898	0

图 4-66　测量数据导入到 Excel 的结果

4.4.2　将 Excel 数据加载到 ArcMap

在文件主菜单中的“添加数据”下拉菜单中选择“添加 XY 数据(A)...”(见图 4-67)。选择该命令后出现如图 4-68 所示对话框。

点击文件夹打开浏览到 Excel 所存放的位置，选择 Sheet1，在字段中分别确定所对应的 X、Y 字段，单击确定后点就显示在 ArcMap 中，如图 4-69 所示，但该点数据是以事件形式显示的。

图 4-67　添加 XY 数据菜单选择

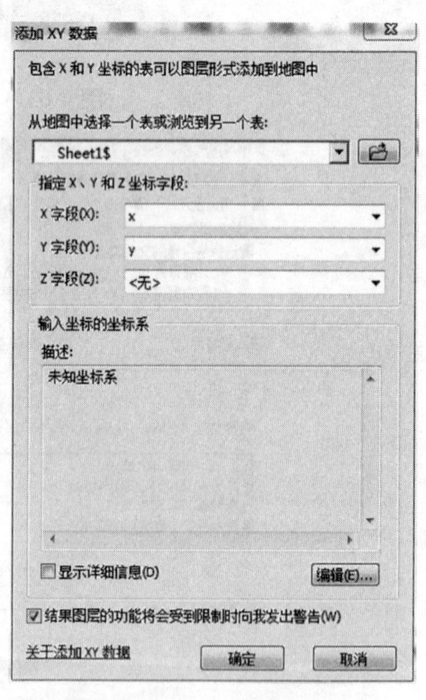

图 4-68　添加 XY 数据对话框

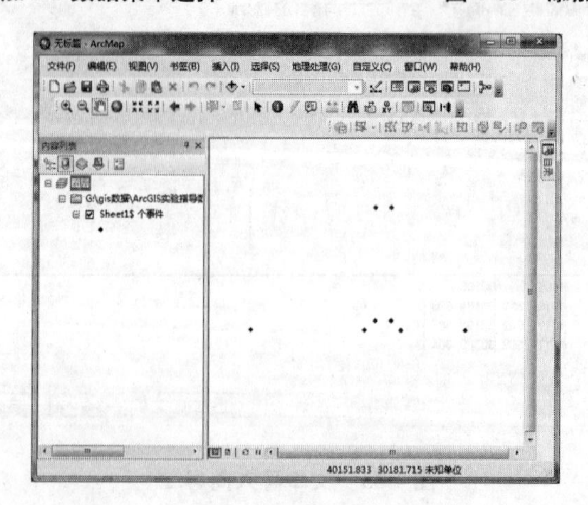

图 4-69　测量数据导入到 ArcMap 的结果

4.4.3　将该数据导出为 Shape 格式

在内容列表中选择 Sheet1 事件，单击右键选择“数据—导出数据”（见图 4-70），点击对话框中“输出要素类”下方右侧的文件夹，选择存放路径，输入导出数据的名称，点击“确定”即可（见图 4-71）。

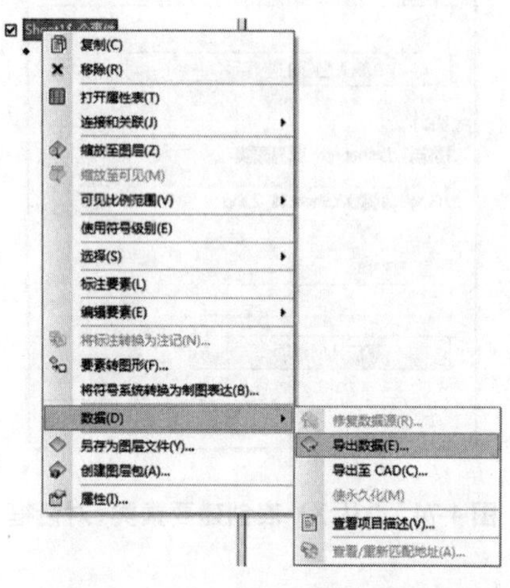

图 4-70　内容列表图层右键菜单

这样测量数据就变成了 ArcMap 中的点状 Shape 格式的数据，见图 4-72。

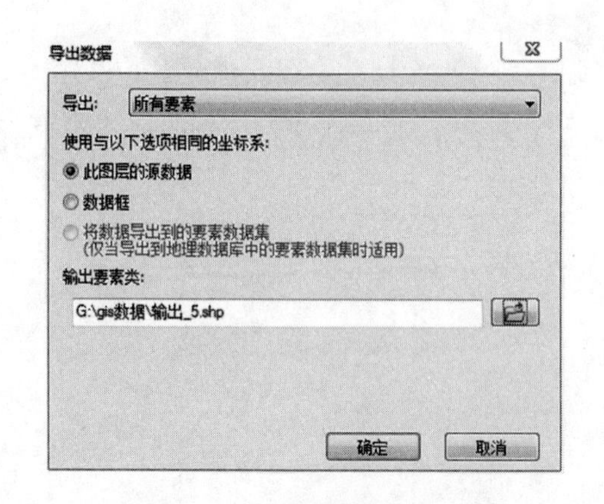

图 4-71　“导出数据”对话框

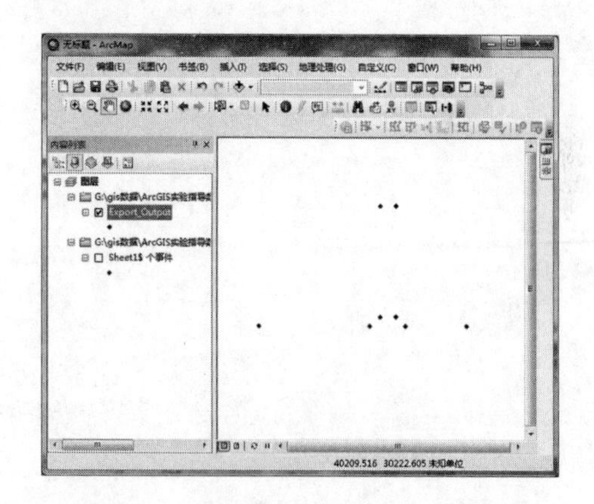

图 4-72　导出为 Shapefile 文件的结果

将 Excel 数据导入 ArcMap 属性表，将其转为 ArcMap 图形，也可以使用目录窗口，选择包含 x，y 列的表，然后单击右键选择“创建要素类（F）—从 XY 表（X）”（见图 4-73、图 4-74），点击确定后直接创建 Shapefile 点状图层，Excel 中的数据作为点状图层的属性表的组成部分。

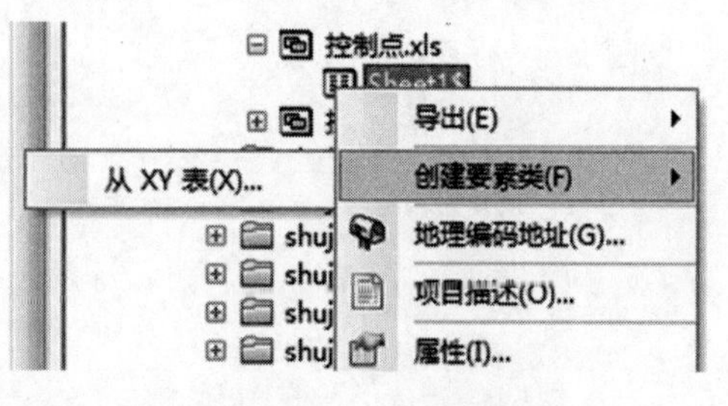

图 4-73　从 Excel 表创建要素类

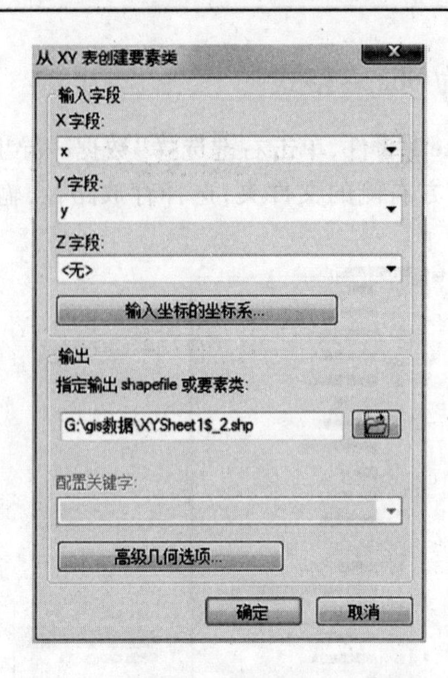

图 4-74 “从 XY 表创建要素类”对话框

第5章　制图显示与输出

5.1　ArcMap 地图符号修改

在 ArcMap 中点、线、面要素都可以采用以下几种符号来表示。

5.1.1　单一符号设置(Single Symbol)

单一符号表示方法就是采用统一大小、统一形状、统一颜色的点状要素符号、线状要素符号、面状要素符号来表达制图要素,而不管要素在数量、质量、大小等方面存在的差异。

(1)在“内容列表”中单击右键选择“数据层”。

(2)打开快捷菜单。

(3)点击“属性”命令,打开“图层属性”对话框(见图5-1)。

图5-1　设置单一符号

(4)点击“符号系统”标签。

(5)在显示列表中单击“要素”进入“单一符号”对话框。

(6)单击符号按钮,打开“符号选择器”对话框。

(7)选择相应的符号,并可进行符号的设置等。

(8)单击“确定”按钮,出现单一符号化显示效果(见图5-2),观察变化。

5.1.2　类别:唯一值

根据数据层属性值来设置符号,具有相同属性值的要素采用相同的符号,而属性值不同的要素采用不同的符号,符号的差异表现在符号的形状、大小、色彩、图案等多个方面。

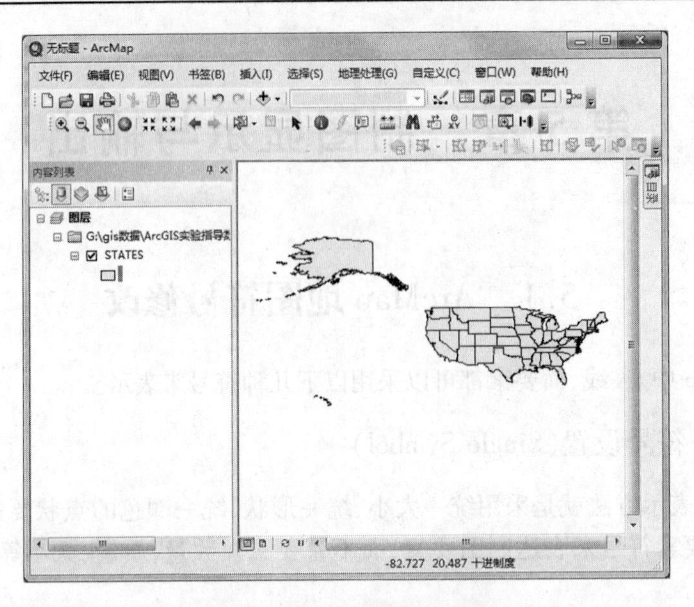

图 5-2　单一符号化显示效果

常用于表示分类地图，如土地利用图、行政区划图和城镇类型图等。

方法同上，只是在“显示”选择项中单击“类别—唯一值”，然后选择要标识的字段，再点击“添加所有值”后确定即可，其设置见图 5-3。唯一值符号化显示见图 5-4。

图 5-3　设置分类符号

5.1.3　分级色彩设置

将要素属性值按照一定的方法分成若干级别，然后用不同的颜色表示不同的级别，该方法只对数值型字段起作用。一般用于表示面状要素，如人口密度分级图、粮食产量分级图等。

设置步骤：在“图层属性”对话框中选择“数量—分级色彩”，在字段值处选择数值型字段，分类处可以调整分类方法和分类等级的数量（见图 5-5）。

（1）应用分级色彩方法。

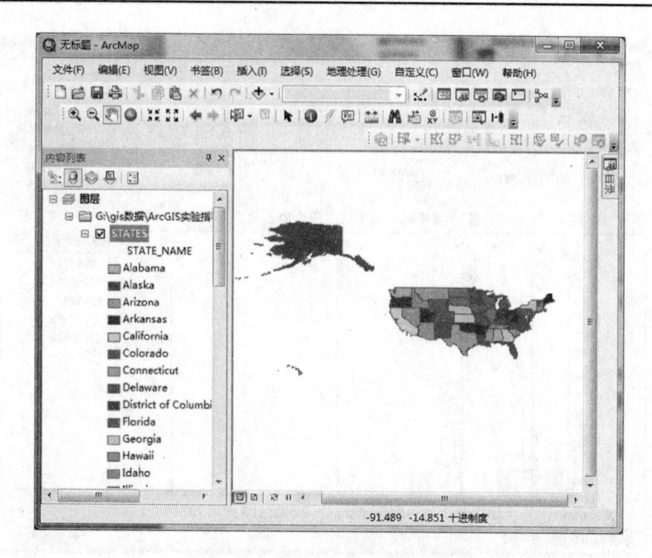

图 5-4　唯一值符号化显示

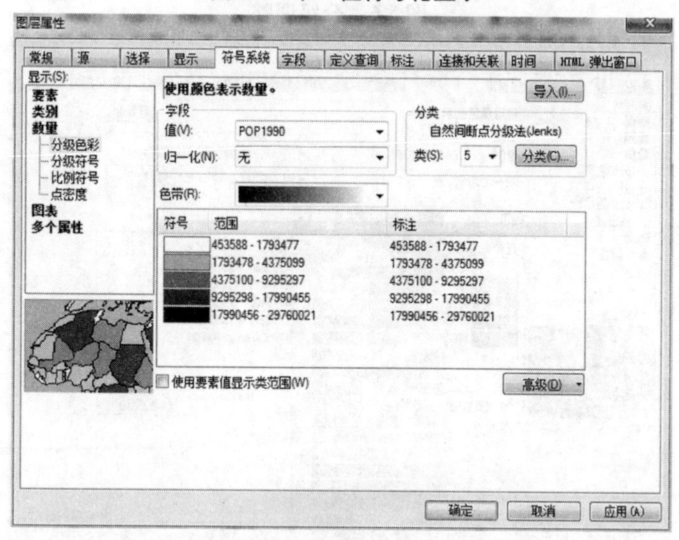

图 5-5　设置分级色彩

(2)调整数据分级方案。调整分级的步骤如下：

①在图 5-5 所示“图层属性”对话框中单击“分类”按钮，打开“分类”对话框(见图 5-6)。

②选择分类方法，如手动。

③在中断值处可以直接输入相应的分界值。

④按“确定”返回，在图 5-5 中的“标注”处修改刚才输入的分界值。

⑤按“确定”，观察结果。

(3)定义分级色彩方案。在图 5-5“色带”按钮处下拉选择适当的分级色彩，单击“符号”，在弹出的浮动菜单中可进行符号的反转，也可以单击某一个符号进行调整(见图 5-7)，点击“确定”完成分级色彩显示(见图 5-8)。

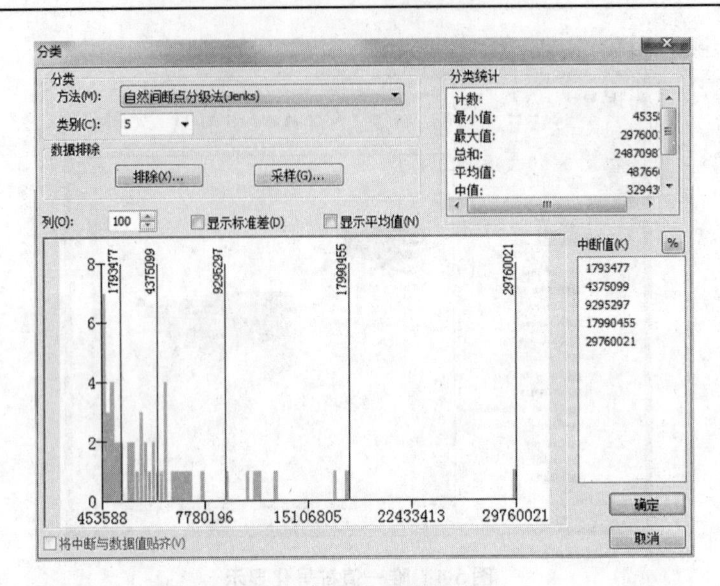

图 5-6 分级调整

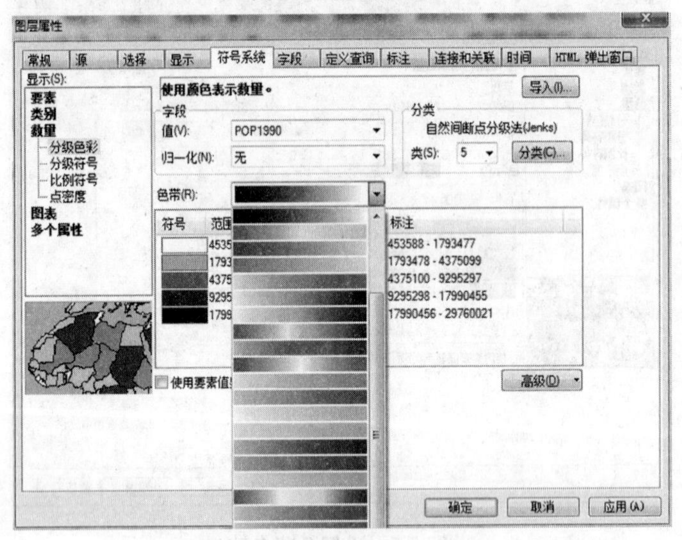

图 5-7 分级色彩方案调整

5.1.4 分级符号设置

分级符号设置方法与分级色彩方法相同,即

(1)应用分级符号。

(2)调整分级方案。

(3)设置分级符号。

分级符号的大小、形状及背景颜色均可以在图 5-9 所示对话框中相应位置进行调整,分级符号设置效果见图 5-10。

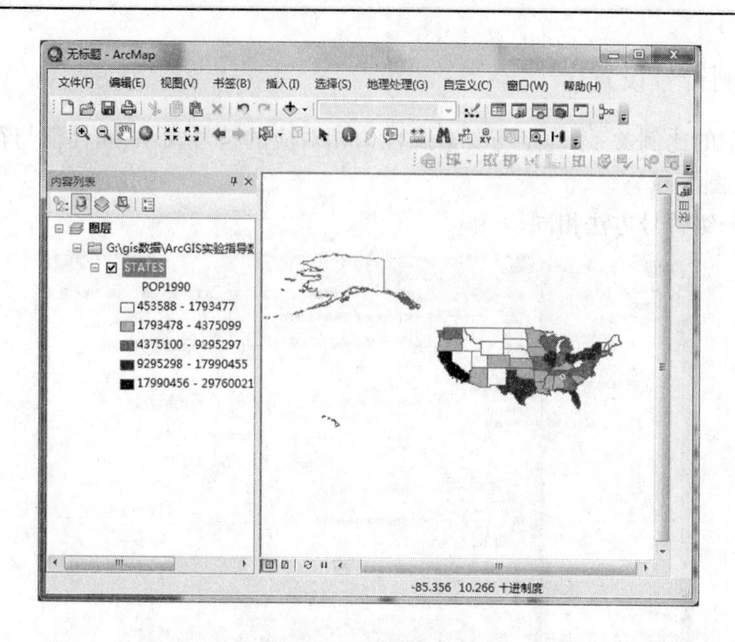

图 5-8　分级色彩符号显示

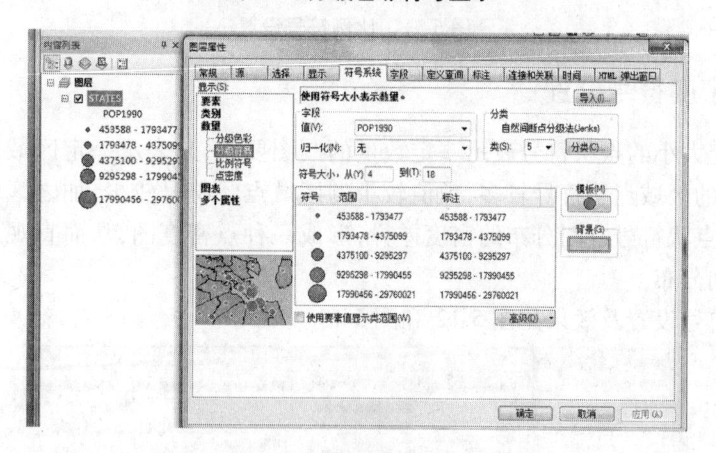

图 5-9　分级符号设置

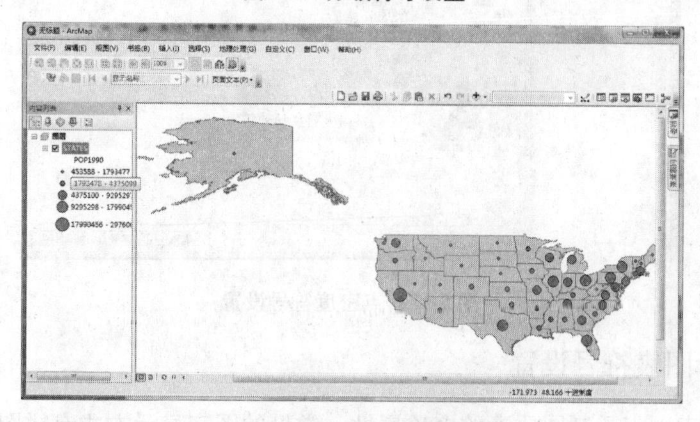

图 5-10　分级符号设置效果

5.1.5 比例符号设置

按照一定的比例关系，确定与要素属性值相对应的符号大小，属性值与符号大小是一一对应的（见图 5-11）。

方法与分级符号方法相同。

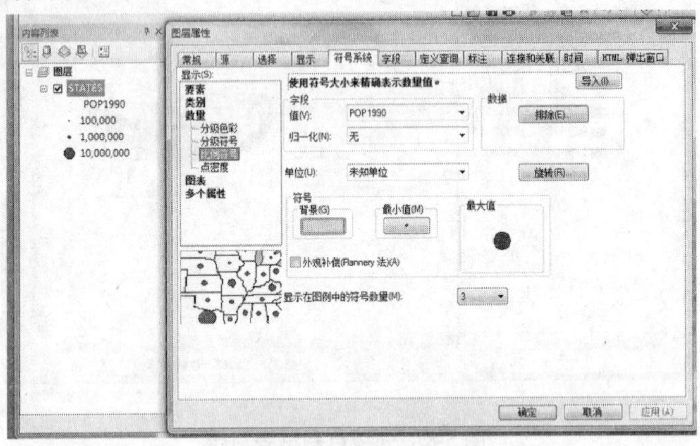

图 5-11 比例符号设置

5.1.6 点密度符号设置

应用一定大小的点状符号表示一定数量的制图要素，来表示一定区域范围的密度数值，数值较大的区域点状符号较多，数值较小的区域点状符号较少，加之区域大小本身差异，必然导致点状符号空间分布的密度差异，形成一种点密度图，从而直观地反映制图要素数值的空间分布。

点密度符号设置及效果见图 5-12 和图 5-13。

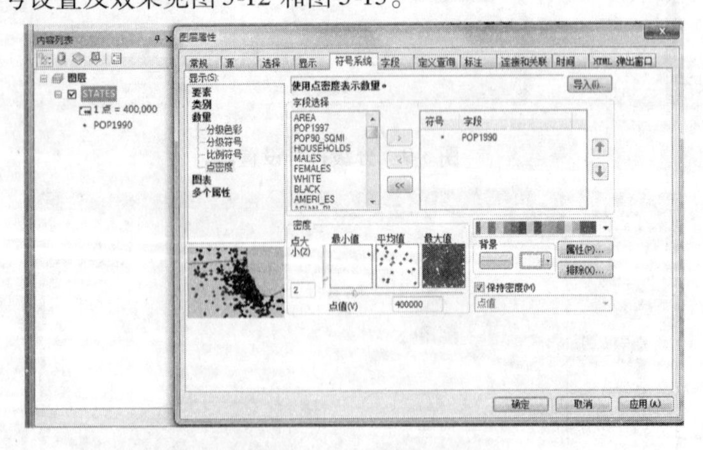

图 5-12 点密度符号设置

5.1.7 统计图表符号设置

用统计图表可表示制图要素的多项属性。常见的图表显示方式有饼图、条形图/柱状

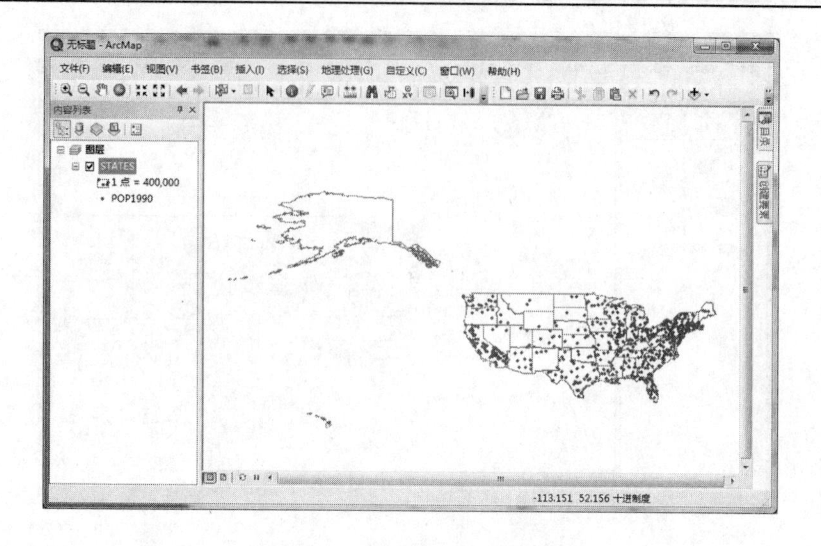

图 5-13　点密度符号设置效果

图、堆叠图等。图表符号设置及效果见图 5-14、图 5-15。

图 5-14　图表符号设置

5.1.8　组合符号化设置

多个属性符号化是利用不同的符号参数表示同一地图要素的不同属性信息，如在一行政区划图数据中既要表现出各行政区域，又要体现出人口的数量差异，这就需要用多个属性符号化设置。

(1) 打开 STATE 图层的“图层属性”对话框，选择“符号系统”选项卡，在“显示”列表框中选择“多个属性—按类别确定数量”，如图 5-16 所示。

(2) 在图 5-16 对话框中，“值字段”处选择“STATE_NAME”，单击“配色方案”下拉按钮，选择符号的色彩方案。

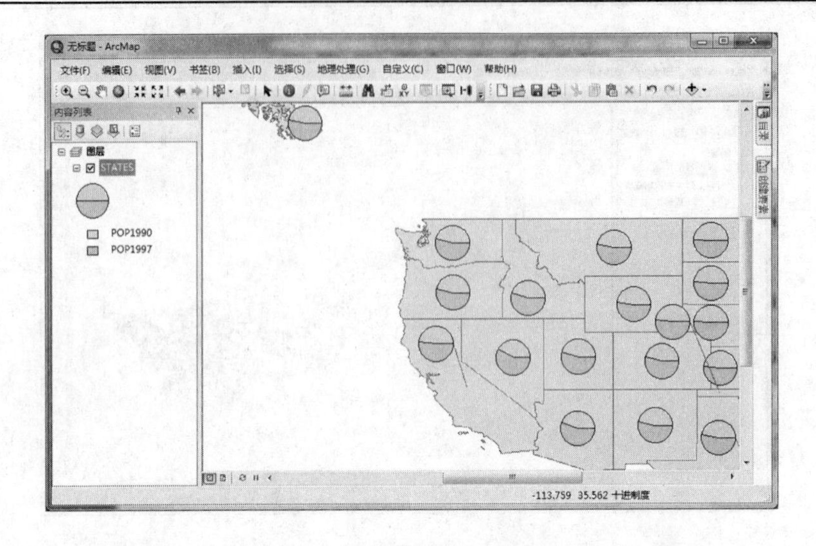

图 5-15　图表符号设置效果

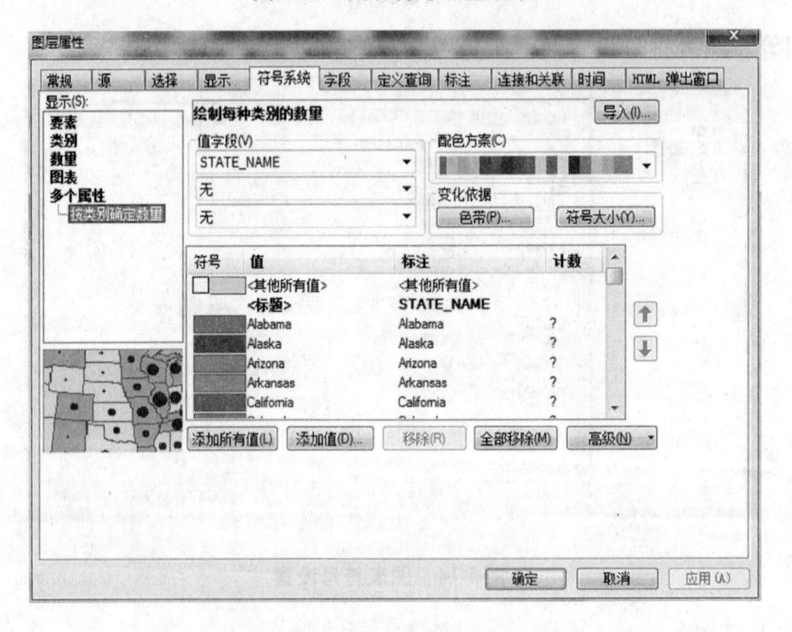

图 5-16　“按类别确定数量”符号设置

(3)单击“添加所有值”加载“STATE_NAME”字段的所有值，取消“＜其他所有值＞”的勾选框，单击“符号大小”按钮，打开“使用符号大小表示数量”对话框，如图 5-13 所示。

(4)在图 5-17 所示对话框中单击“值”下拉框，选择“POP1990”字段。

(5)单击“分类”按钮，打开分类对话框，设置分类方法和分类等级数量，单击“确定”返回“使用符号大小表示数量”对话框。

(6)单击“确定”按钮，可以得到经过组合符号化的地图，如图 5-18 所示。

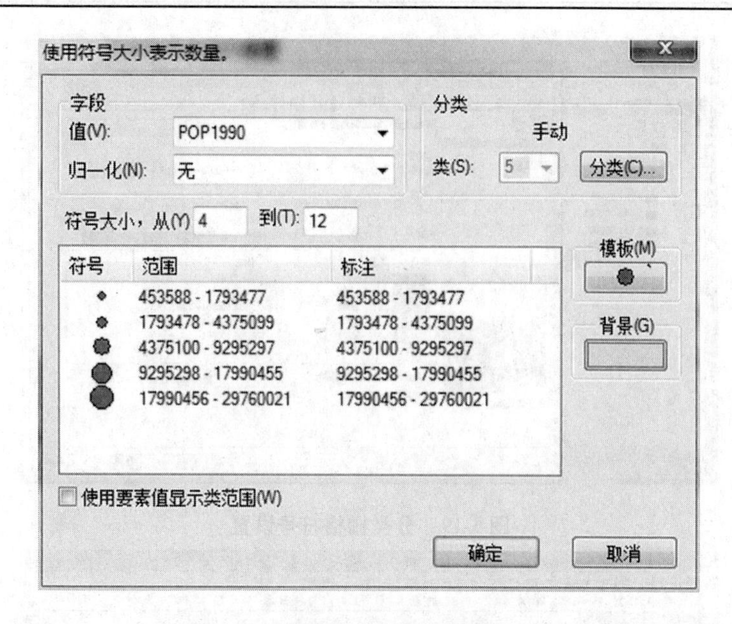

图5-17　“使用符号大小表示数量”对话框

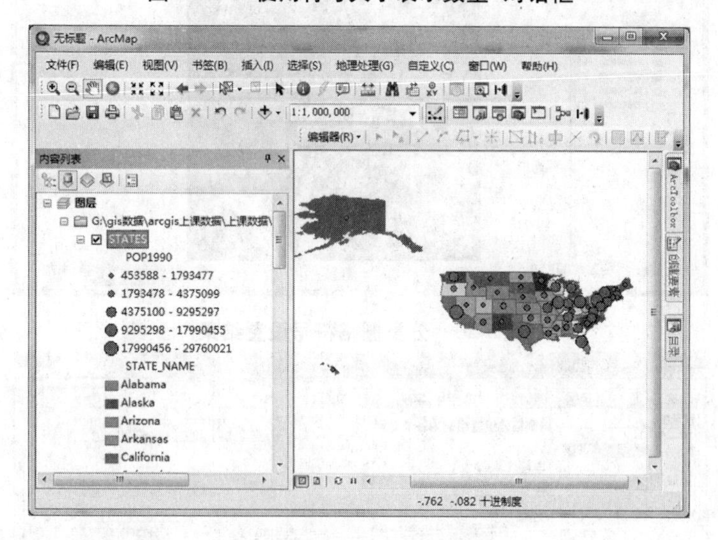

图5-18　组合符号化结果

5.1.9　分类栅格符号设置

栅格符号化是表达专题栅格数据的一种常用方法，其用不同的颜色表示不同的专题类别，常用于对栅格图形进行分类，主要有唯一值、分类、拉伸和离散颜色4种方式。设置方法：在“内容列表”中选择“栅格图层数据”后单击鼠标右键，选择“属性”，在“符号系统”标签中选择要设置的显示方式，设置完成点击“确定”即可。

分类栅格符号设置及结果见图5-19、图5-20。

分类栅格标注显示的修改可以在图5-21中相应的位置单击进行，修改结果见图5-22。

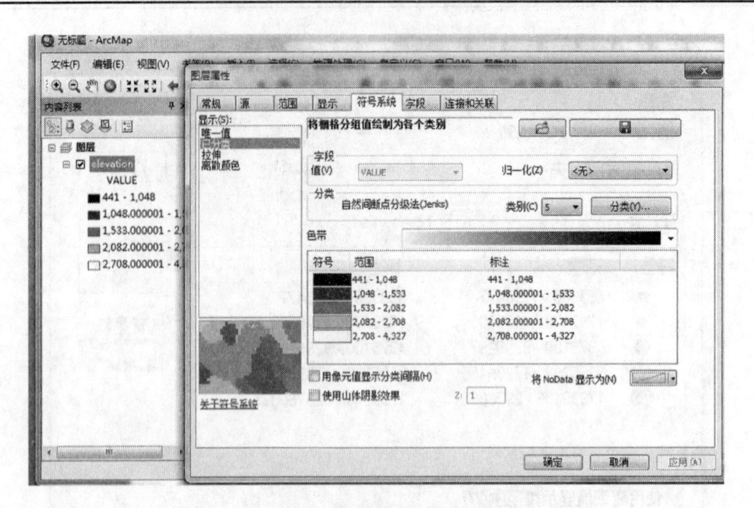

图 5-19 分类栅格符号设置

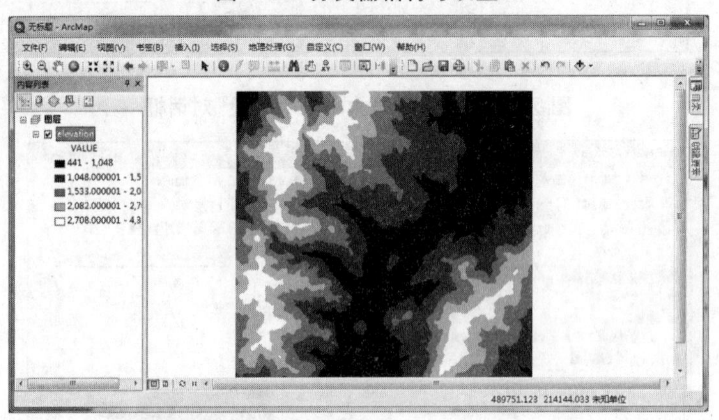

图 5-20 分类栅格符号设置结果

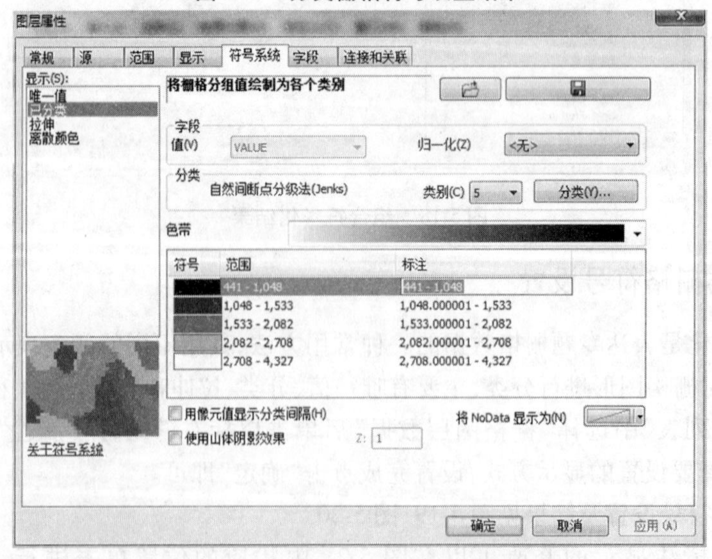

图 5-21 分类栅格标注显示的修改

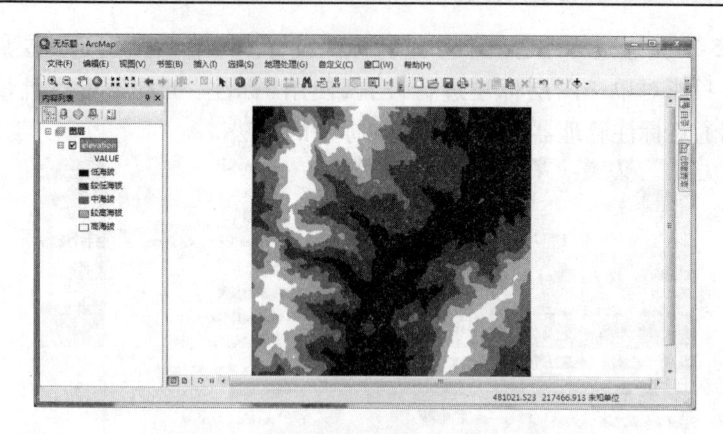

图 5-22　分类栅格标注显示修改结果

5.2　ArcMap 地图标注和注记

标注是一种自动放置的文本，其文本字符串基于要素属性，具有快速简单的特征，只能为要素添加文本。它是不可选的，也不能编辑单个标注的显示属性，可以将标注转换为注记来编辑单条文本的一些属性。

与标注一样，注记可以使用为地图要素添加描述性文本，或手动添加一些文本来描述地图上的信息。与标注不同的是，每条注记都存储自身的位置、文本字符串及显示属性，因此可以选择单条文本来编辑其外观和位置。

5.2.1　地图标注

地图标注可以采用在图层处单击鼠标右键，点击“属性”，打开“标记”选项卡完成标注的设置（见图 5-23），也可以通过“自定义”选择工具条下拉菜单（见图 5-24）调出“标注”

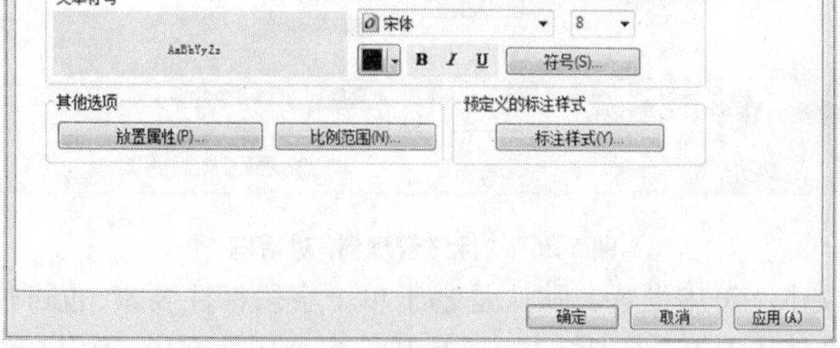

图 5-23　“图层属性—标注”选项卡

工具条(见图 5-25),通过标注管理器来进行标注设置。二者的区别是图层属性的标注选项卡设置标注只能对单一图层标注进行设置,使用“标注”工具条可以批量设置管理标注。这里介绍通过标注管理器来为图层添加标注的方法。

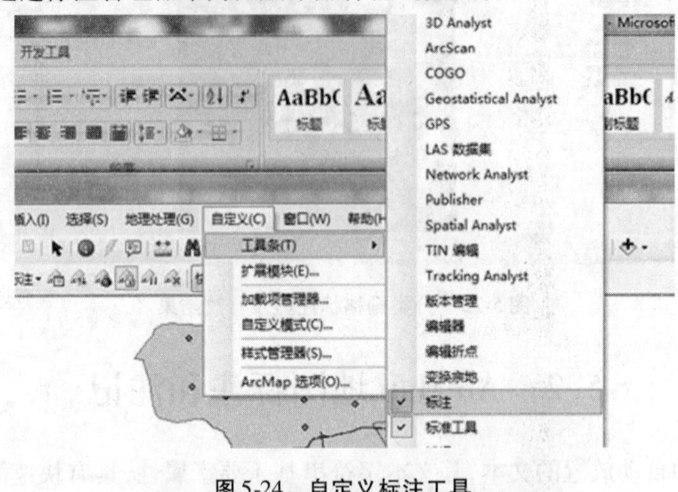

图 5-24　自定义标注工具

图 5-25　“标注”工具条

5.2.1.1　标注管理器参数设置

单击“标注”工具条的标注管理器按钮,打开“标注管理器”对话框(见图 5-26),默认情况下,不论当前图层是否被标注,每个图层至少有一种标注分类(“默认”分类)。

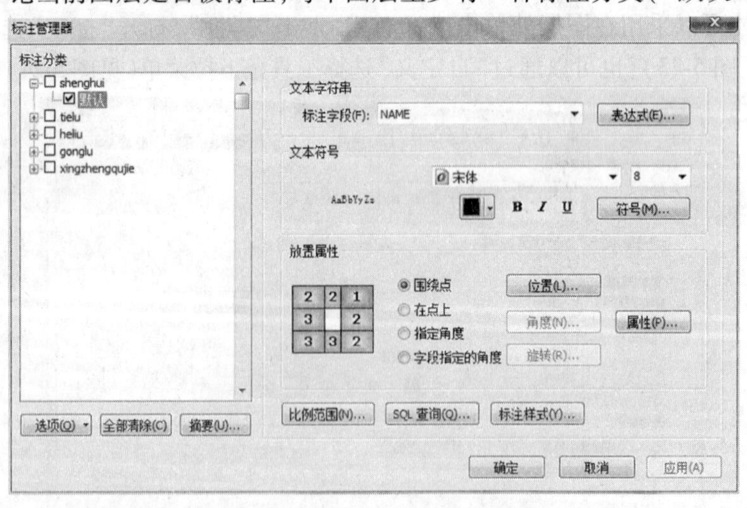

图 5-26　“标注管理器”对话框

(1)表达式文本字符串设置。默认是基于单个字段标注要素,也可使用多个属性字段进行标注,不论是基于单个属性字段,还是基于多个属性字段,确定标注文本的语句均被称为标注表达式,每个标注类别都具有自己的标注表达式,单击“表达式”按钮,可以设置标注分类的标注表达式。标注是动态的,如果要素的属性值发生改变,标注内容也将随之变化。

(2)文本符号与标注样式设置。文本符号包括标注的字体、字号、颜色等属性的设置。在“标注管理器”对话框中单击“符号”按钮,打开“符号选择器”对话框进行标注符号设置;也可以直接单击“标注样式”按钮,打开“标注样式选择器”对话框,选择合适的标注样式。

(3)放置属性设置。在“标注管理器”对话框中,选择图层的标注分类,在右边的“放置属性”区域中,可以直接对标注要素位置进行简单的设置,还可以通过单击“属性”按钮,打开“放置属性”对话框(见图5-27),选择“放置”选项卡进行标注放置属性设置,标注引擎分别为点、线、面图层提供了不同的放置属性方案。

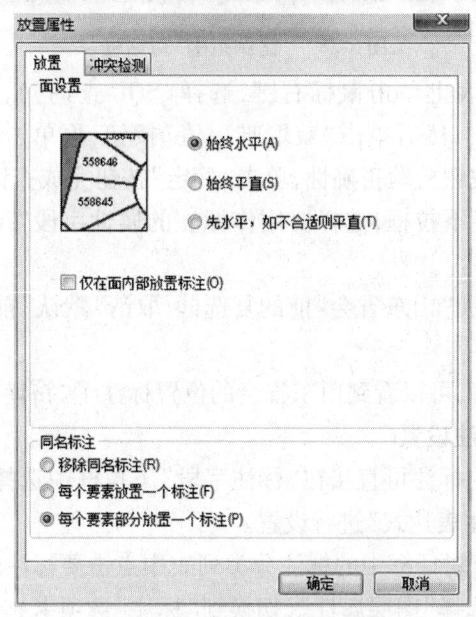

图5-27　“放置属性”对话框

(4)比例范围设置。在“标注管理器”对话框(见图5-26)中,点击“比例范围”按钮,可以设置标注显示的比例(见图5-28),使标注在指定的比例范围内进行绘制。

5.2.1.2　分类标注设置

对某一图层进行标注时,可以使用统一的标注方式,也可以使用标注分类对不同属性的要素采用不同的方式进行标注。例如,可以将人口大于100万的城市用一种方式标注,人口小于100万的城市用另一种方式标注,或只对符合条件的特定要素进行标注。具体设置方式如下:

(1)在“标注管理器”对话框中要标注的图层名称上单击,在“添加标注分类”对话框中输入要分类标注的名称,如要在“shenghui”图层中仅标注山东省省会,在“输入分类名称”对话框中输入“山东省会”后点击“添加”,在左侧框“shenghui”图层标注分类列表中即出现“山东省会”分类。

(2)单击标注分类列表中的“山东省会”,在出现的对话框中点击“SQL查询”(或在

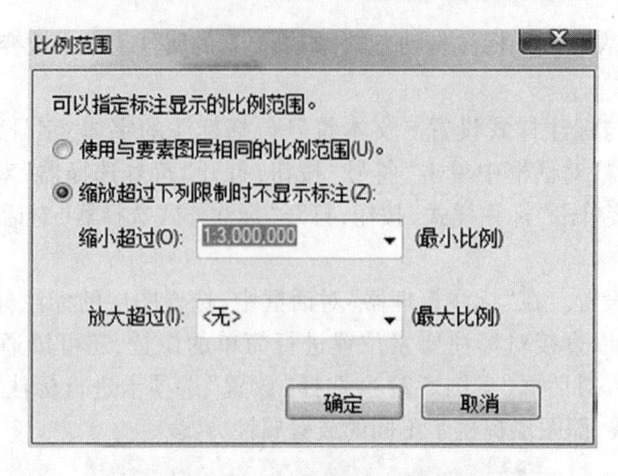

图 5-28 "比例范围"对话框

"山东省会"标注分类列表上单击鼠标右键,选择"SQL 查询"),打开"SQL 查询语句设置"对话框,双击"NAME",然后单击"获取唯一值"按钮,再单击运算符" = ",而后双击"济南",可点击"验证"按钮检验正确性,单击"确定"按钮完成查询。

(3)单击"标注字段"下拉框,选择要用作标注的属性字段"NAME",设置文本符号、放置属性、标注样式等。

(4)选中"shenghui"和"山东省会"前的复选框,取消"默认"前的复选框,以避免将其标注两遍。

(5)点击"确定"按钮,可以看到山东省会的位置标注了"济南"。

5.2.1.3 多属性字段标注设置

基于单个属性字段的标注可直接在"标注字段"下拉框中选择,若是基于多个属性字段的标注,就必须在"标注表达式"进行设置。

(1)在"标注管理器"对话框中的标注分类列表中点击要标注的类型,打开对话框(或在图层处单击鼠标右键选择"图层属性",切换到"标注"选项卡)。

(2)勾选"标注侧图层中的要素"复选框。

(3)单击"方法"下拉框,选择"以相同方式为所有要素加标注"(见图 5-29)。

(4)单击"表达式"按钮,可以设置标注分类的表达式,如在"省会"图层中,解析程序选择 VBScript,表达式中输入[NAME] & "" & [GBCODE](可通过选中字段后点击"追加"按钮直接将表达式输入,也可以通过自行编辑表达语句输入,见图 5-30),单击"验证"按钮,验证表达式的正确性(见图 5-31),点击"确定"返回标注设置对话框。

(5)设置标注文本符号、放置属性、比例范围及标注样式等,然后点击"确定"完成多属性字段标注设置,结果显示了标注的省份"NAME"字段和"GBCODE"字段的属性值(见图 5-32)。

5.2.2 地图注记

如果要精确控制文本在地图中的位置,需要将标注转换为注记。转换时需要确定是将注记存储在地图文档中还是存储在地理数据库中。

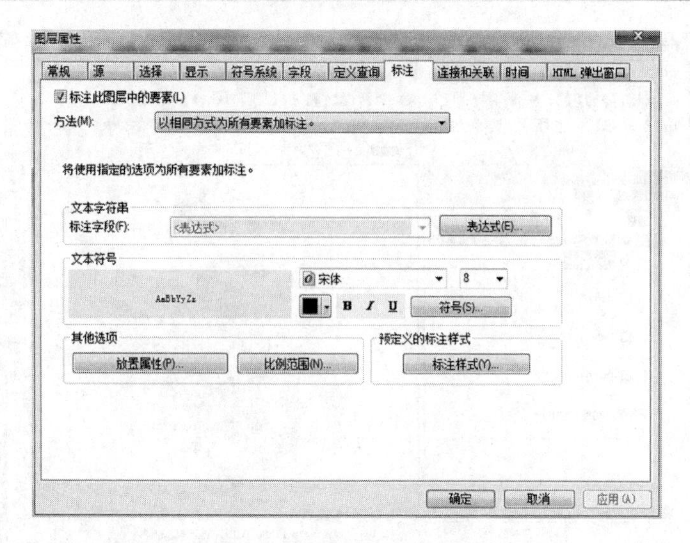

图5-29　“图层属性”对话框

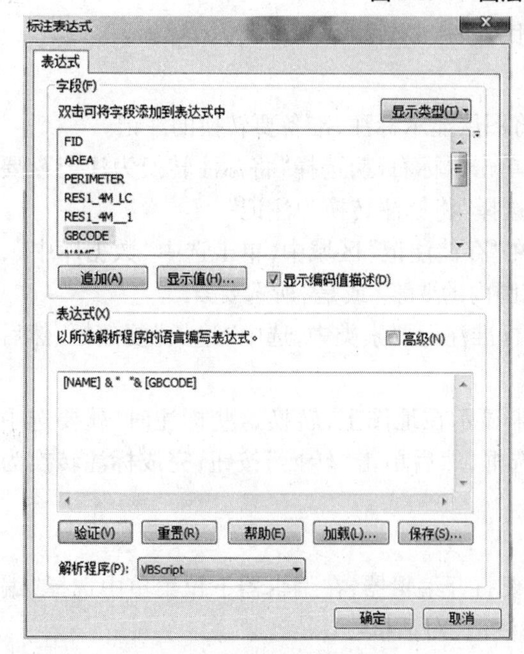

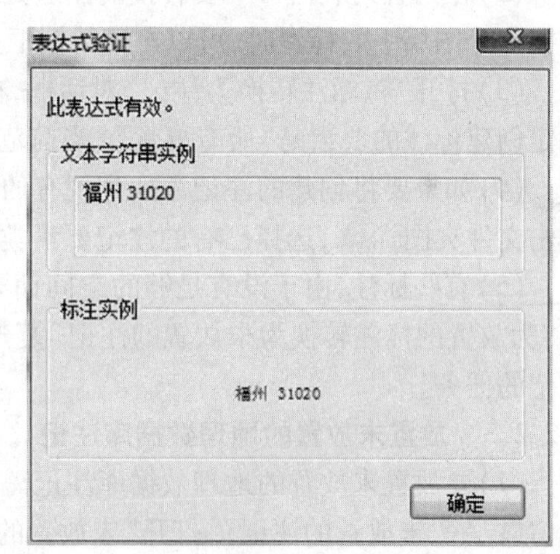

图5-30　“标注表达式”对话框　　　　图5-31　“表达式验证”对话框

5.2.2.1　准备工作

标注在转换为注记前，需要设定好标注的比例和标注符号属性，因为它们可以确定转换成注记的大小、位置和外观。将标注转换为注记时，如果没有设置数据框参考比例，则根据转换时图层显示的比例获取注记的参考比例（数据框参考比例设置首先将图像缩放到适当的比例尺，然后在数据框处单击鼠标右键，选择“参考比例—设置参考比例”，即可使用设置的比例尺作为符号显示的参考比例）。此外，标注转换为注记时还需要确定转换的范围，此时有两种选择——转换所有标注和转换某个范围内的标注。

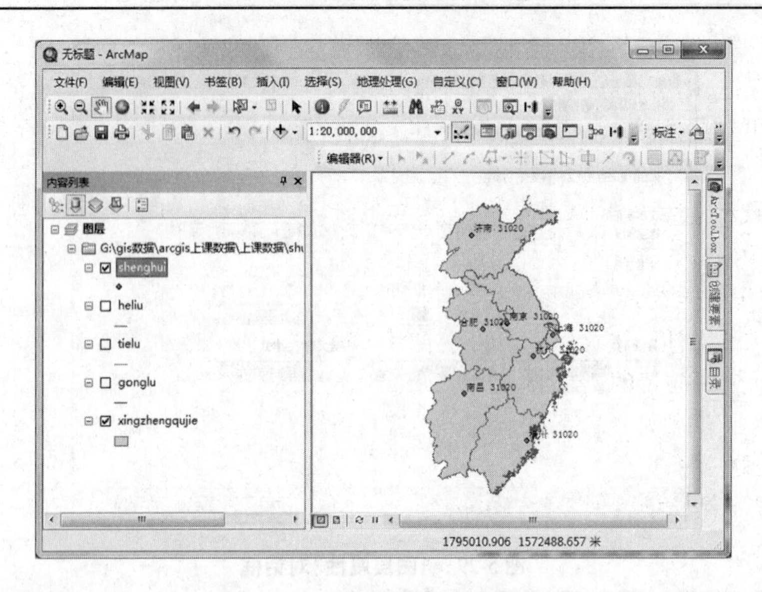

图 5-32 多属性字段标注结果

5.2.2.2 将标注转换为地理数据库注记

(1)确保标注属性和比例等设置正确,将图层显示标注,准备要转换的注记。

(2)在内容列表窗口中要转换的图层处单击鼠标右键,选择“将标注转换为注记”,要转换多个图层中的标注时,可以右键数据框选择“将标注转换为注记”。

(3)打开“将标注转换为注记”对话框,在“存储注记”区域中,单击选中“数据库中”,确定创建标注的要素是“所有要素”“当前范围内的要素”或是“所选要素”。

(4)如果要将创建的注记添加到现有的标准注记要素类中,选中“追加”复选框,然后单击文件夹图标,选择已有的注记要素类。

(5)有些标注,由于没有足够的空间而未显示在地图上,转换这些标注时,就要选中“将为放置的标注转换为未放置的注记”复选框,然后单击“转换”按钮,完成标注转换为注记的任务。

5.2.2.3 放置未放置的地理数据库注记

(1)要放置未放置的地理数据库注记需要打开编辑器,在编辑器下拉菜单中选择“编辑窗口”—“未放置的注记”,打开“未放置的注记”对话框。

(2)在“未放置的注记”对话框中,点击“显示”下拉框,选择包含未放置注记的注记要素类,点击“立即搜索”按钮,列出未放置的注记(见图 5-33)。

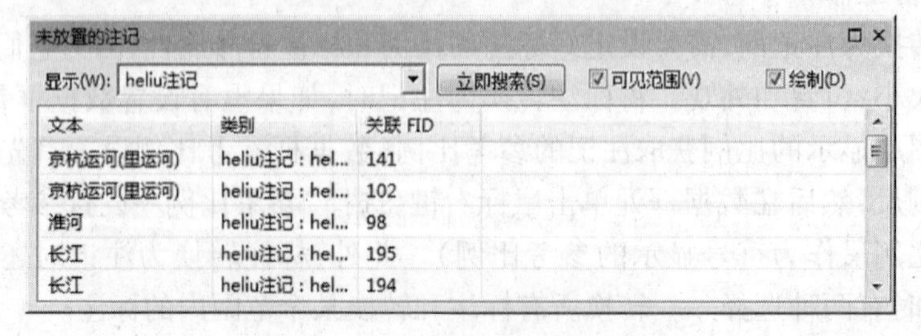

图 5-33 “未放置的注记”对话框

(3)默认情况下地图上不会显示未放置的注记,要绘制未放置的注记,需要勾选“绘制”前的复选框,则所有未放置的注记都将显示出来。

(4)如果只想处理特定范围内的注记,可以缩放至合适的范围,选中“可见范围”复选框,然后点击“立即搜索”按钮,完成搜索更新。

(5)可以对某注记单独处理,在“文本”列表框中单击某一文本,其在视图中将闪烁一次,可用鼠标右键单击文本,在弹出的快捷菜单中选择“平移至注记”“缩放至注记”“平移至要素”或“缩放至要素”,也可在快捷菜单中选择“放置注记”来放置该条注记。

(6)如果要对注记进行编辑,可点击“编辑注记工具”按钮,然后选择要编辑的注记,将其拖动到要放置的位置,也可以双击注记对其符号属性等进行修改。

(7)将注记调整好之后,点击编辑器“停止编辑”,选择“保存编辑”,调整后的注记即保存在注记文档中。

5.2.2.4　将标注转换为地图文档注记

(1)前两个步骤与转换为地理数据库注记相同。

(2)打开“将标注转换为注记”对话框,在“存储注记”区域中,选中“在地图中”按钮,指定要创建的注记要素(“所有要素”或“当前范围内的要素”)。

(3)可将标注转换为一个新的注记组,也可将其存在已有的注记组中,具体操作为在“注记组”列表中,单击注记组名称使其处于编辑状态,若输入已有的注记组名称,则将标注追加到现存的注记组中,如果制定一个新的注记组名称,则创建一个新的注记组。

(4)有些标注由于没有足够的空间而未显示在地图上,要转换这些标注,选中“将未放置的标注转换为未放置的注记”复选框,然后单击“转换”按钮,完成标注转换为注记任务。

如果选中“将未放置的标注转换为未放置的注记”复选框,且存在未放置的标注,则会出现“溢出注记”对话框(见图5-34),列出未放置的注记。未放置的注记存储在地图文档中,可在需要放置这些注记时再进行设置,如不需要标注,关闭溢出注记窗口,并在关闭ArcMap之前保存当前地图文档,这样转换的注记即保存在地图文档中。对地图文档注记进行管理可在“数据框属性”对话框的“注记组”选项卡中管理注记组。

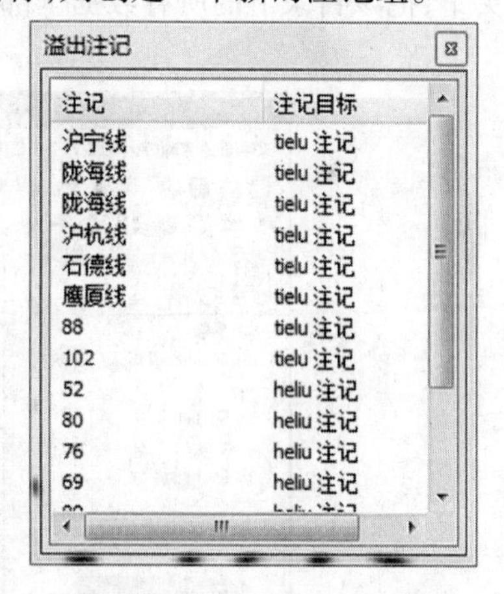

图5-34　“溢出注记”对话框

5.2.2.5　放置未放置的地图文档注记

若已选中“将未放置的标注转换为未放置的注记”复选框,并且转换时存在未放置的注记,则未放置的注记存储在地图文档中,放置未放置的地图文档注记步骤为:

(1)打开含有未放置的注记的地图文档,在工具条空白处单击鼠标右键,选择“绘图”,开启“绘图”工具条(见图5 35),点击“绘制”弹出浮动菜单,单击“溢出注记”,打开“溢出注记”对话框。

(2)在默认情况下,所有未放置的注记都列于“溢出注记”对话框中,如果要仅列出当前范围内的注记,用鼠标右键单击对话框中的任意位置,在弹出菜单中,单击“显示范围

图 5-35　“绘图”工具条

内的注记”。

(3)在默认情况下,地图上不会显示未放置的注记,如果要显示未放置的注记,在“溢出注记”窗口中任何位置单击鼠标右键,在弹出的菜单中单击“绘制注记”,未放置的注记在显示时带有红色轮廓,且不可选。

(4)在“注记”列表中的某个注记单击鼠标右键,选择“平移至要素”或“缩放至要素”可在地图中移至(缩放至)该要素处,单击“添加注记”,即可将本条注记放置到图层中。

(5)在“绘图”工具条中,选择元素工具,在地图上单击注记,可以将其拖动到所需的位置。

5.3　综合制图输出

5.3.1　加载数据

运行 ArcMap 软件,点击“添加数据”工具,导航到数据 5,进入“制图数据_华东”文件夹下,把该目录下的所有数据全部加载的 ArcMap 软件中,结果如图 5-36 所示。

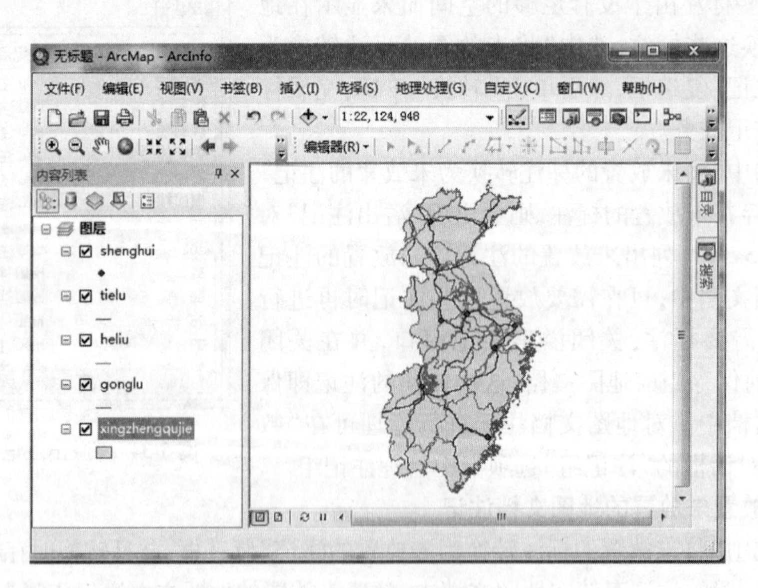

图 5-36　添加数据结果

5.3.2　编辑地图显示样式

如点击 tielu 下侧的短线会弹出一个“符号选择器”对话框(见图 5-37),在其中找到铁路的符号,如图 5-37 所示。

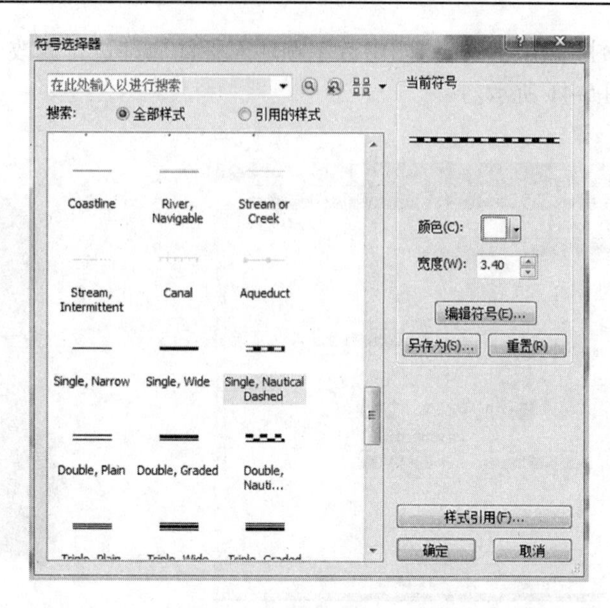

图 5-37　"符号选择器"对话框

在图 5-37 所示对话框中可以对铁路的宽度、颜色等属性进行修改，修改完毕后点击"确定"即可，其他线状图层和点状图层修改方法相同。面状图层的修改稍有不同，即把鼠标放在"xingzhengqujie"上单击鼠标右键，选择"属性"（见图 5-38），出现"图层属性"对话框，然后选择"符号系统"后，按照图 5-39 中数字顺序对面状图层的显示方式进行修改，单击"确定"后如对某个多边形的颜色或符号不满意，可以按照修改点或线状图层的方法修改某个多边形的属性。

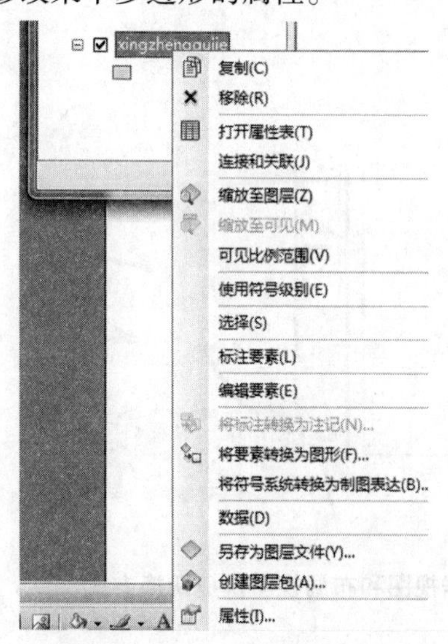

图 5-38　图层右键菜单

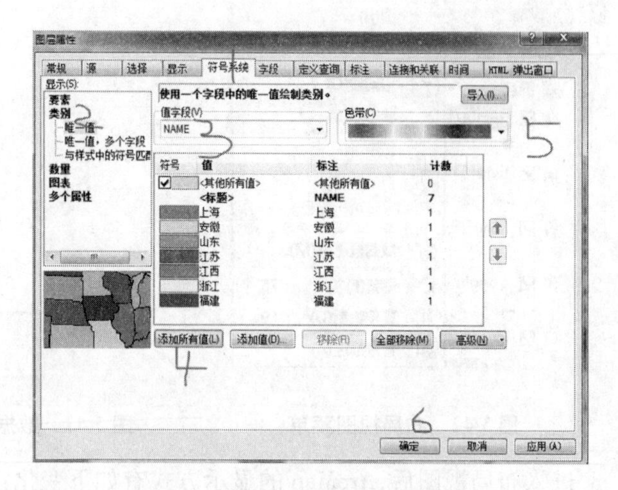

图 5-39　图层属性符号系统选项卡

5.3.3　图层标注

在文字"shenghui"上单击鼠标右键，选择"属性"，出现"图层属性"对话框（见

图 5-40)，选择“标注”选项卡，按照图中数字顺序对标注属性进行修改，单击“确定”后，图的显示方式变为图 5-41 所示。

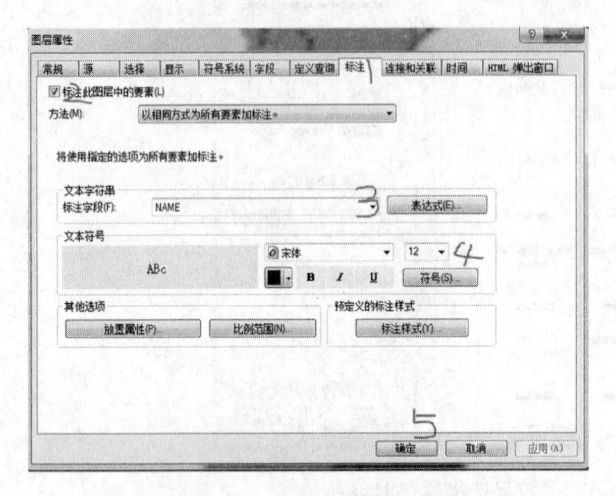

图 5-40 “图层属性”对话框

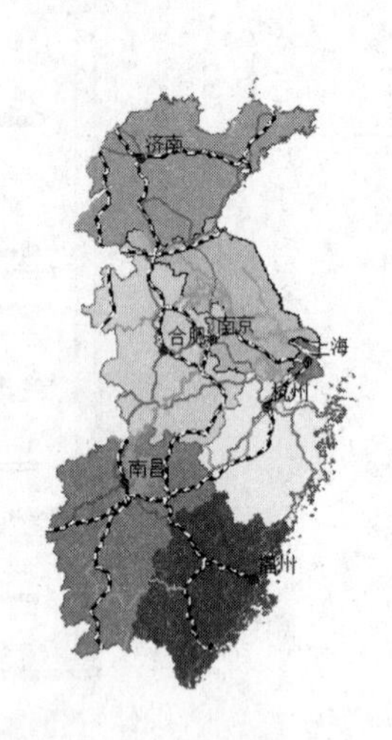

图 5-41 标注结果

5.3.4 进入布局视图操作窗口

在菜单栏中选择“视图”—“布局视图”，进入布局视图菜单(见图 5-42)，也可以点击内容列表右下角，如图 5-43 所示，其中 1 为数据视图、2 为布局视图。

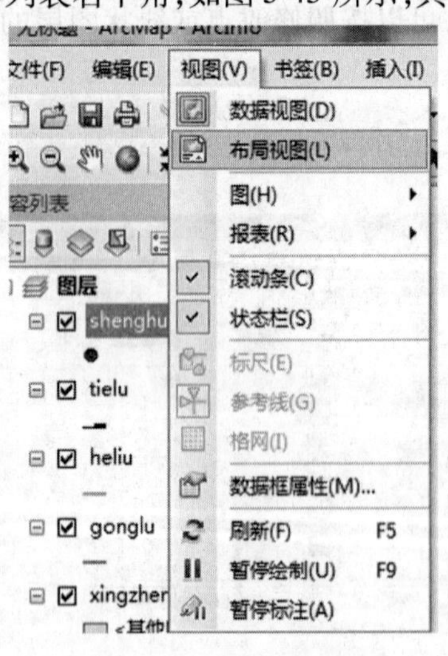

图 5-42 布局视图菜单

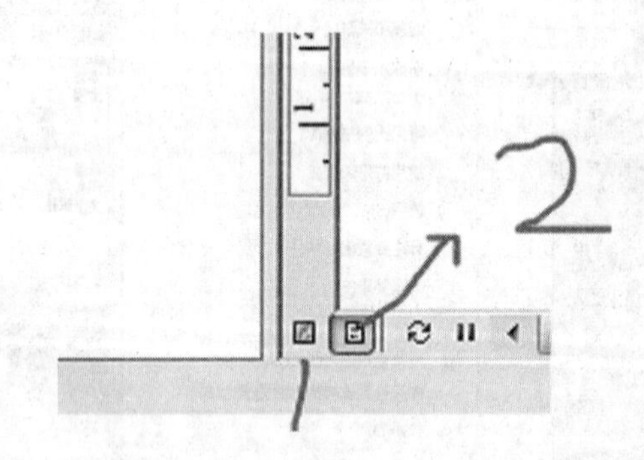

图 5-43 数据视图和布局视图快捷切换方式

进入布局视图后，ArcMap 的显示方式有如下变化：

首先是出现了布局工具条，主要功能是对边框及边框里的图进行整体放大、缩小和平移等操作，不会改变图与框的相对大小；其次是出现了边框，其中内边框为图形显示的范围，外边框为图纸的范围(见图 5-44)。

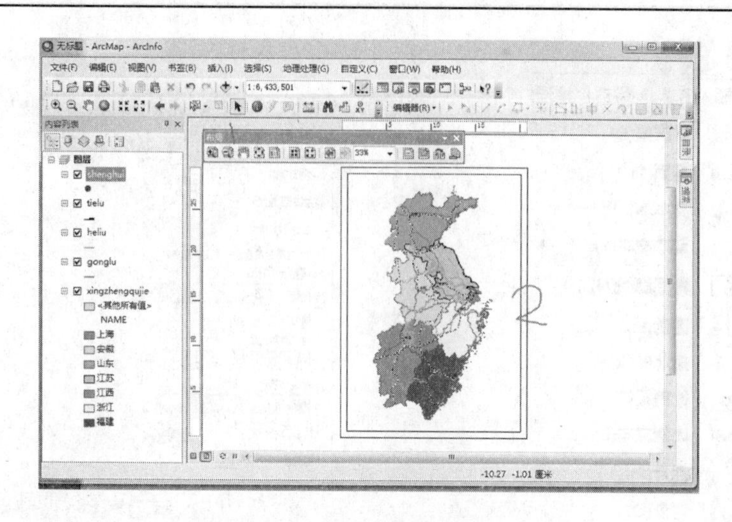

图 5-44　布局视图显示结果

5.3.5　添加图例、指北针、比例尺、图名等要素

在 ArcMap 软件的菜单栏中选择“插入” 图例、指北针、比例尺、图片等均在此完成(见图 5-45)。

选择“文本”后,布局视图上会出现一个小框,显示“文本”两个字,可以用鼠标点击后直接输入需要的文字。如果要修改文字属性,可以双击文字,出现“属性”对话框,对文字内容、字体、字号进行修改。

选择插入“指北针”后,出现“指北针选择器”选择合适的指北针后点击“确定”即可,如果指北针处于被选择状态,当把鼠标放在四个小方块的其中一个上时,鼠标会变成左上右下的斜箭头,这时按住鼠标左键可以对其进行放大和缩小,如果把鼠标放在四个小方块的中间,鼠标会变成带有箭头的十字花状态,这时按住鼠标左键可以对其进行移动,另外,在这种状态下单击鼠标右键,选择“属性”,也可以对其大小和颜色进行修改。

插入“比例尺”,在插入菜单选择比例尺后,出现“比例尺选择器”对话框,选择合适的比例尺样式后点击“确定”,比例尺就出现在布局窗口中。对比例尺的移动、放大和缩小的操作方法与指北针的操作方法相同。当比例尺处于被选择状态时,外侧有 8 个小方块包围着,可以单击鼠标右键选择“属性”,对其相关属性进行修改(见图 5-46)。

插入“图例”:在插入菜单中选择“图例”后,进入“图例向导”(见图 5-47)。

(1)图 5-47 中数字 1 表示 ArcMap 软件内容列表中所有的图层,数字 2 为在图例中想要显示的图层,其上下顺序可以用右侧上下的箭头调整,数字 3 为图例的列数,设置好后点击“下一步”进入下一窗口(见图 5-48),在这个窗口中主要设置“图例”两个字的属性,如字体类型和大小、对齐方式等。设置好后点击“下一步”进入下一窗口(见图 5-49)。

(2)在图 5-49 所示对话框中主要是设置图例的外边框和背景等,如果需要就设置,不需要则点击“下一步”进入下一窗口(见图 5-50)。

(3)在图 5-50 所示对话框中,主要是调整图例符号的显示样式,如河流可以用曲线的形式表示,修改完成后点击“下一步”。

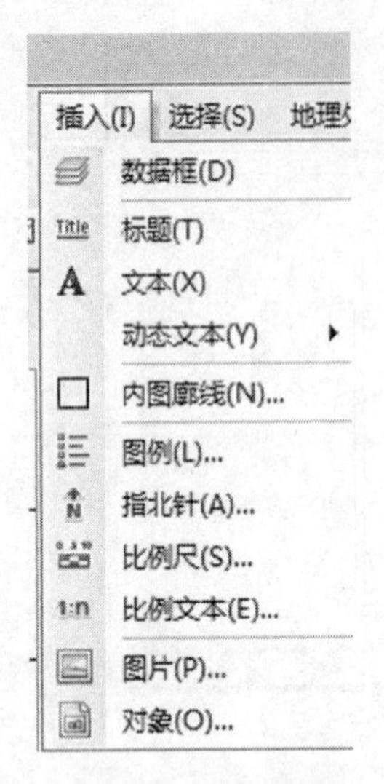

图 5-45　插入菜单

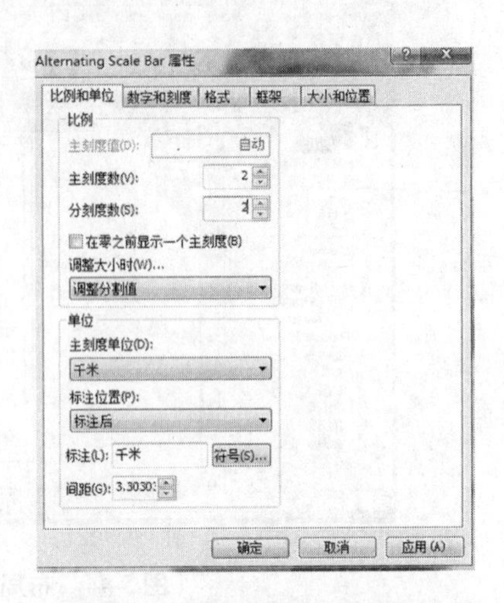

图 5-46　比例尺属性修改对话框

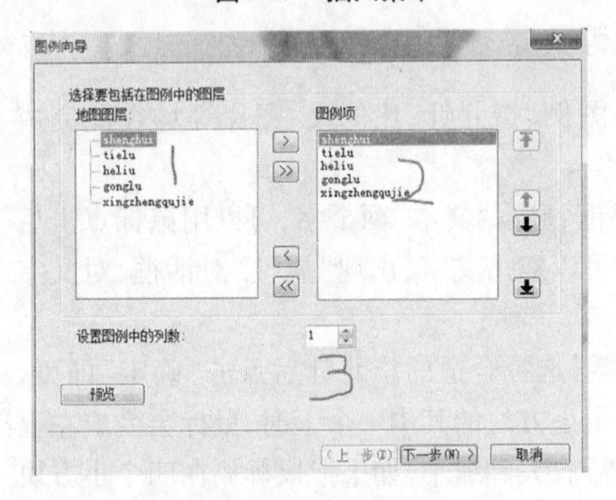

图 5-47　“图例向导”——选择要表示的图例

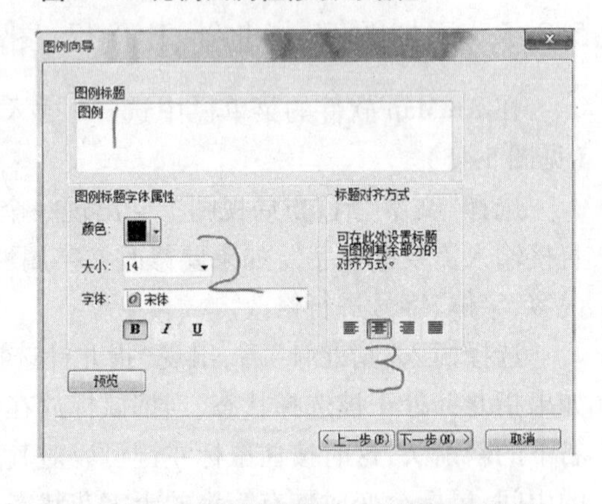

图 5-48　“图例向导”——设置图例属性

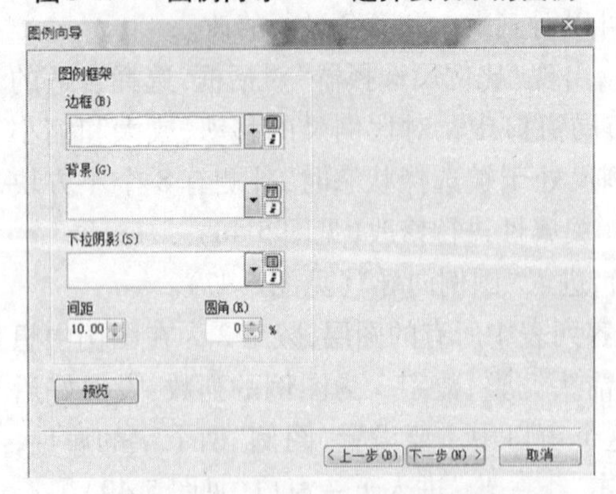

图 5-49　“图例向导”——设置图例边框

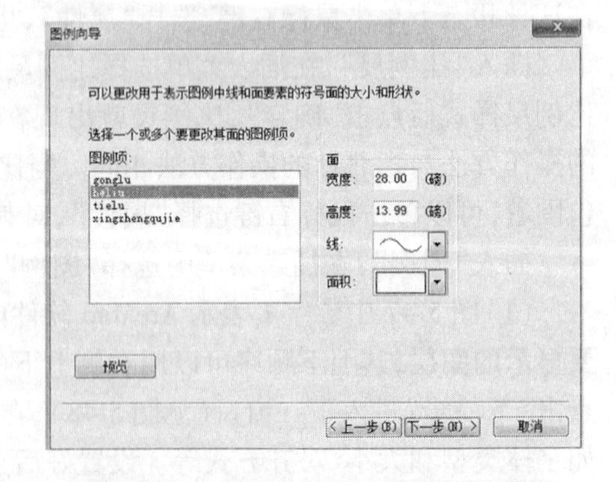

图 5-50　“图例向导”——设置图例样式

(4)可以设置图例标题和图例之间的间距、图例和文字标注之间的距离,设置好后点击“完成”即可插入图例,如图 5-51 所示,图中河流变成曲线,区域变成不规则多边形是由于在第(3)步进行调整所导致的,如果第(3)步不设置,则显示方式为线段和矩形。对图例整体移动,调整大小的操作方法同指北针。

再观察新插入的图例(见图 5-51),会发现有很多不必要的要素在其上显示,除去这些要素的方法是选择图例后单击鼠标右键,选择“转换为图形”,然后单击鼠标右键,选择“取消分组”就可以逐个删除了,但转换为图形后,图例的显示方式与内容列表的显示方式就不同步了,所有只有在确定图例显示方式不变时才能将其转换为图形。

图 5-51　插入的图例

5.3.6　输出地图

当一切都设置好后,点击工具条上的“保存”按钮,先把整个工程保存一下,然后选择“文件”菜单,选择“导出地图”打开“导出地图”对话框(见图 5-52)。

在图 5-52 中数字 1 表示找到文件存放的路径,数字 2 给输出的文件命名,数字 3 为输出文件类型,数字 4 为输出图像的分辨率,数值越大,图像分辨率越高,图像质量越好,越能输出大图,但所占的空间也越大,由于计算机性能的限制,分辨率不能过大,否则会导致死机。输出结果如图 5-53 所示。这样的图可以在任何计算机环境下显示。

图 5-52　“导出地图”对话框

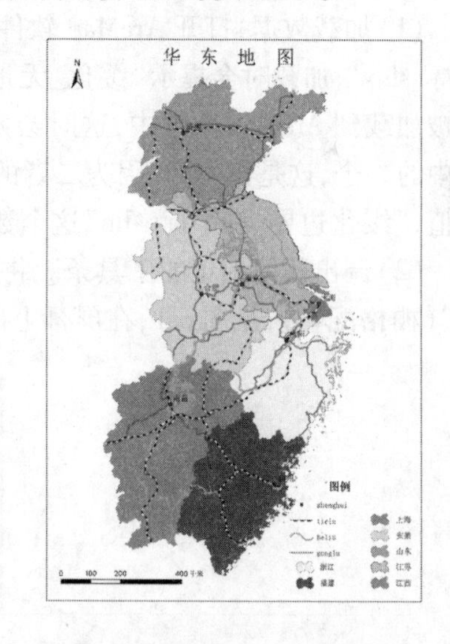

图 5-53　导出的 jpg 格式地图

第 6 章　数据处理

6.1　空间校正与栅格配准

空间校正与栅格配准都是处理空间数据时由于来源、投影不同而导致的空间不匹配，但二者也有区别，栅格配准（几何纠正）针对的数据为栅格图像，如 jpg 格式、tif 格式或 bmp 格式的数据，而空间校正（空间调整）针对的是矢量数据，主要指 shp 数据或者其他能转换成 shp 格式的数据。

数据准备：进入数据 6 文件夹中，找到“空间调整与几何纠正的数据”压缩包文件，这个压缩包中共有三个数据，一个为 tif 格式的，名称为“绥化_无地理坐标. tif”，另一个为“sh_无地理坐标. shp”，这两个数据是需要处理的数据，而第三个是参考数据，名称为“绥化边界_有坐标. shp”。

6.1.1　栅格配准

（1）加载数据，打开 ArcMap 软件，加载数据“绥化_无地理坐标. tif”和“绥化边界_有坐标. shp”，加载时会提示“绥化_无地理坐标. tif”无投影信息，点击“确定”后，两个数据都被加载到 ArcMap 软件中，这时会发现，两个数据不能在同一窗口共同显示，只能显示其中的一个，这是正常的，因为二者的坐标系不同，tif 文件的坐标为 3 位数，而且有一个负值，“绥化边界_有坐标. shp”这个数据的坐标都为 7 位数。

（2）调出几何纠正的工具条。将鼠标放到工具条空白处单击鼠标右键，选择“地理配准”（栅格配置），见图 6-1，在屏幕上出现“地理配准”工具条（见图 6-2）。

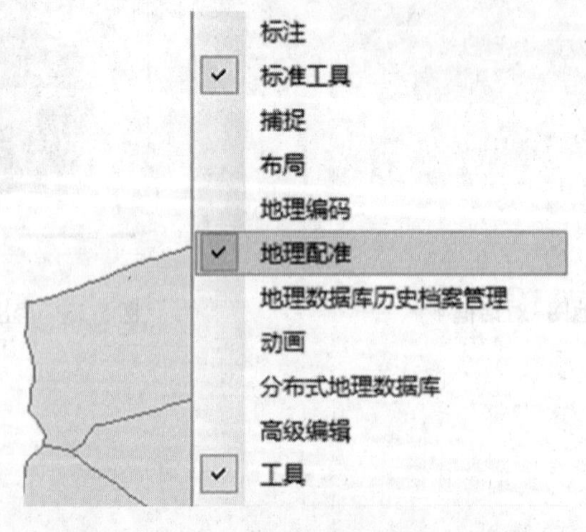

图 6-1　右键浮动菜单——地理配准

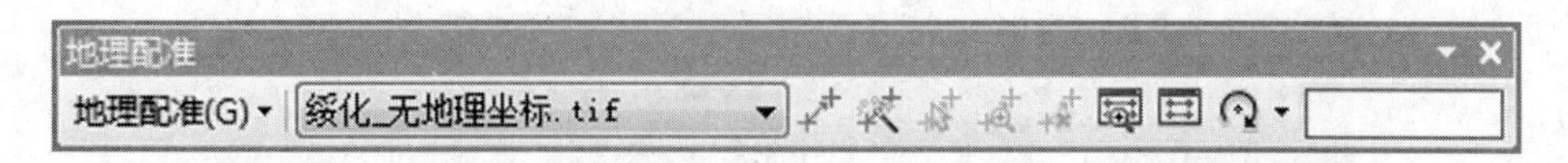

图6-2　“地理配准”工具条

(3)让两个数据在同一窗口下显示。为了让两幅图能在一起显示，首先在内容列表中点击“绥化边界_有坐标.shp”，然后单击鼠标右键，选择“缩放至图层”(见图6-3)，这样“绥化边界_有坐标.shp”这幅图形会整屏显示，而“绥化_无地理坐标.tif”不显示，然后点击地理配准工具条上的“地理配准”下拉菜单，再选择“适应显示范围”(见图6-4)，两幅图就能够在同一窗口下显示了。

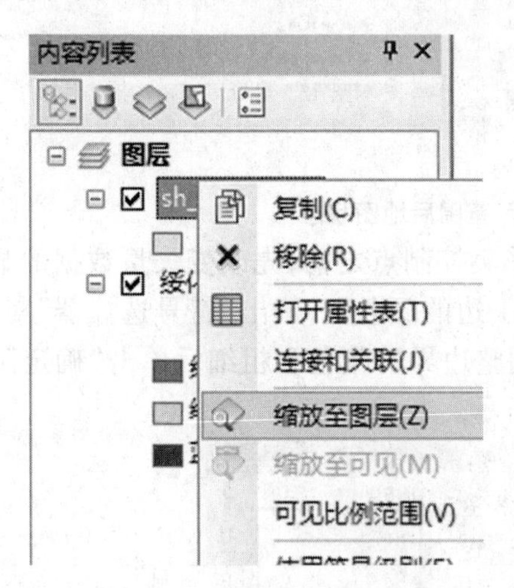

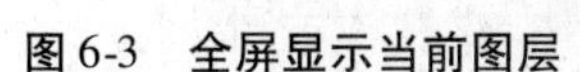

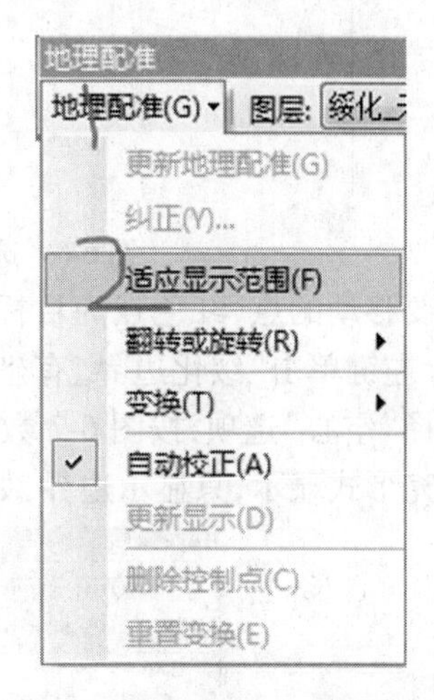

图6-3　全屏显示当前图层　　　　图6-4　地理配准下拉菜单栏

选择适应显示范围前地图和选择适应显示范围后地图状态见图6-5、图6-6。

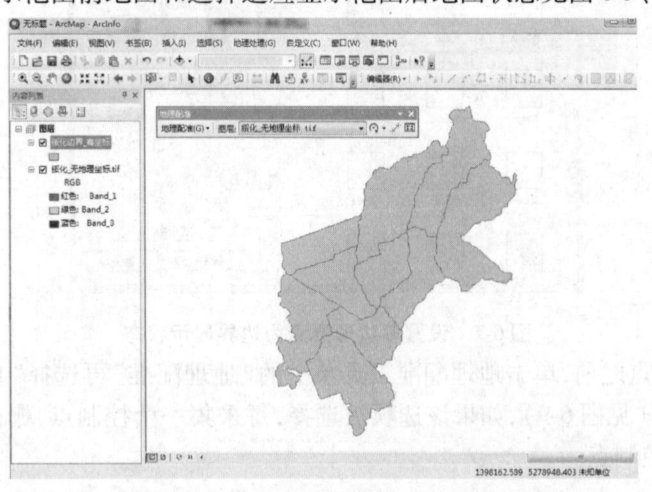

图6-5　选择适应显示范围前地图状态

(4)采集控制点，所谓控制点是两幅图上位置相同的地点，要求至少采集4个才能进行几何纠正，采集控制点时，在地理配准工具条上点击 添加控制点工具，这个图标中的

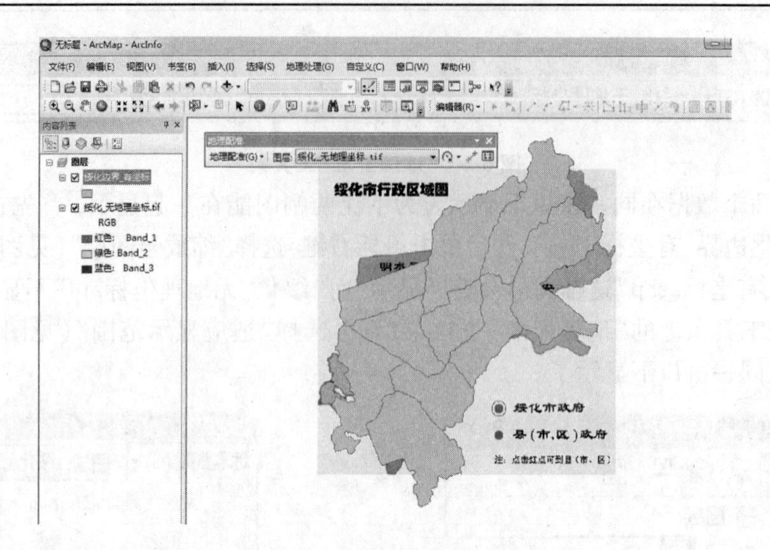

图 6-6　选择适应显示范围后地图状态

绿色点为要移动的点,红色点为目标点。在采集控制点之前,先改变矢量数据的显示方式,用鼠标左键单击“绥化边界_有坐标. shp”下边的颜色框,调出“符号选择器”对话框,在其中选择“空心”选项,按图 6-7 数字所示调整边界的颜色和粗细后单击“确定”,矢量图不以填充形式显示,只显示边界,如图 6-8 所示。

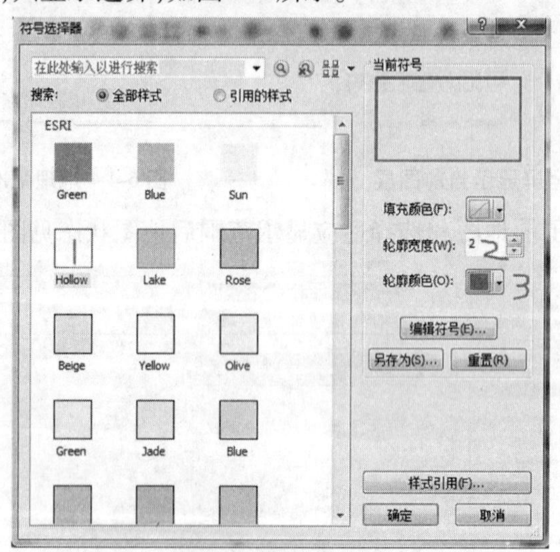

图 6-7　设置多边形要素为边界显示状态

在采集控制点之前,单击地理配准工具条上的“地理配准”再选择“自动校正”,把其前面的“√”去掉(见图 6-9),如果该选项被选择,每采集一个控制点,栅格图形就会发生移动,影响采集控制点。

下面就进入控制点采集阶段了,在地理配准工具条上点击 ,添加控制点工具,鼠标形状变成一个“十”字状态,这时便可以采集控制点了,这里要注意控制点采集的顺序,从 来看是从绿到红,而我们在采集时,首先是在“绥化_无地理坐标. tif”上取点,然后让这个点到矢量数据相同的点上,具体如图 6-10 所示。

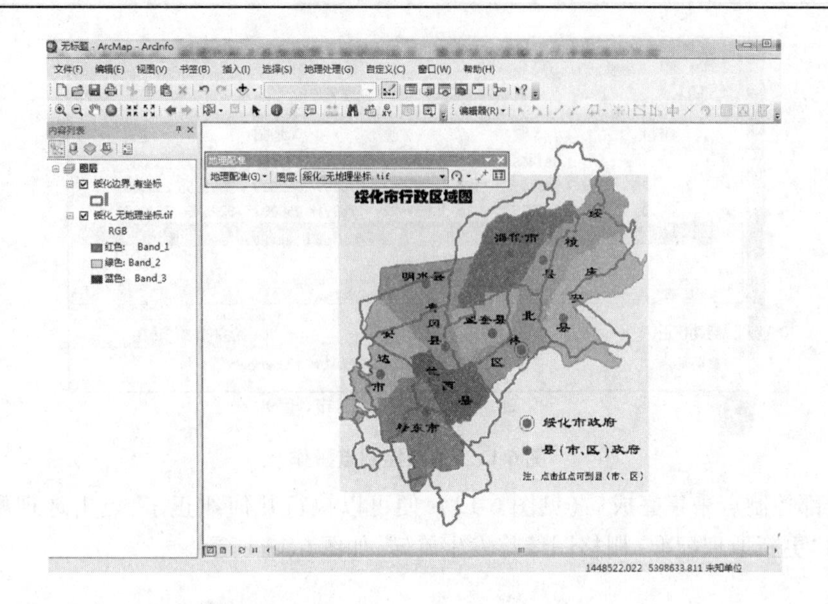

图 6-8　设置结果

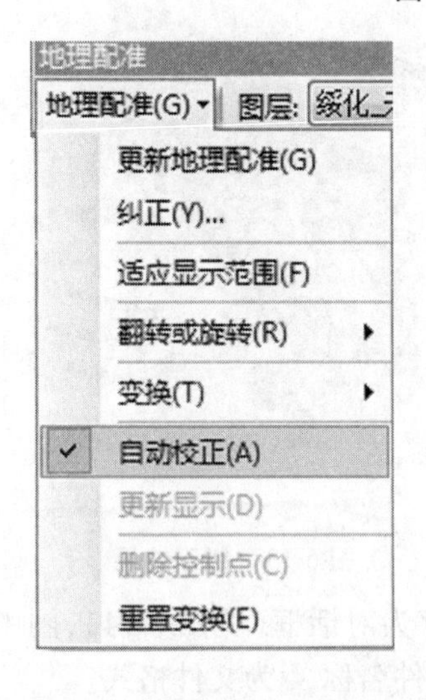

图 6-9　取消自动校正设置

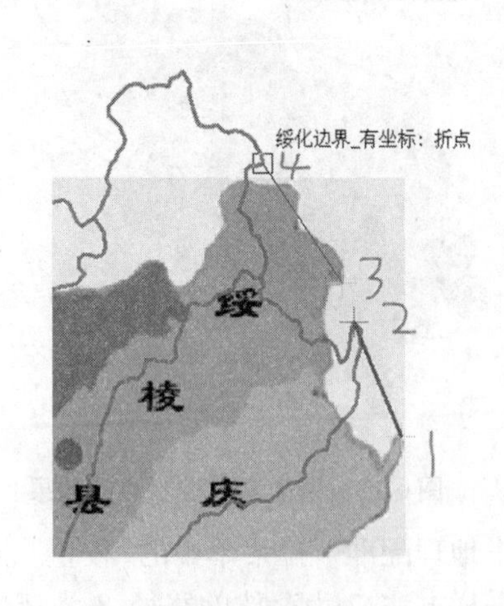

图 6-10　控制点采集实例

在图 6-10 中 1、2 为同名点，点击 后在 1 处点击鼠标左键，然后移动鼠标到 2 处单击鼠标左键，结束输入，采集完成一对控制点；3、4 也是同名点，在 3 处单击鼠标左键，然后移动鼠标到 4 处再单击鼠标左键，采集完成另一对控制点。按照此方法采集完所有的控制点。如果某个控制点采集的不合适，需要删除，则点击地理配准工具条上的 查看链接表工具按钮，打开链接表，在链接表中选中要删除的点，在右侧的图中会以黄颜色显示，选中后点击链接中的删除链接按钮 （见图 6-11）或用键盘中的“Delete”键进行删除。

需要注意的是，在采集控制点时控制点要均匀分布在整个图形上，以保证图形的纠正能够整体变形。

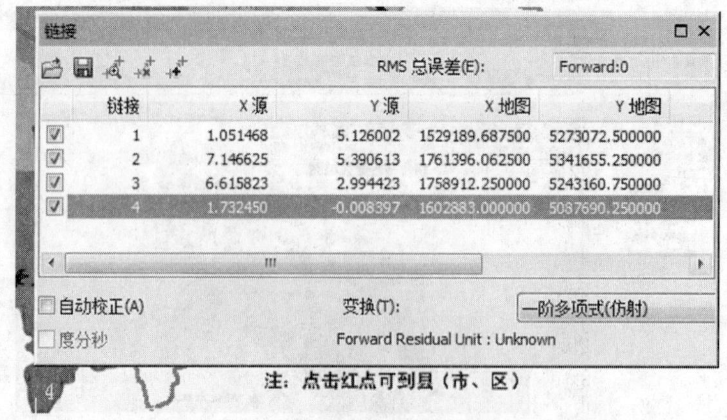

图 6-11　删除控制点操作

当全部控制点采集完成后(见图 6-12)，便可以执行几何纠正了，点击地理配准下拉菜单中的“更新地理配准”栅格图像将发生旋转，如图 6-13 所示。

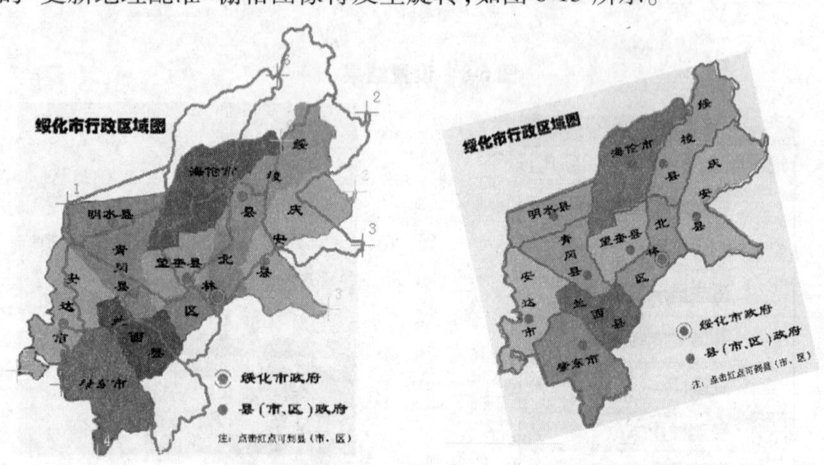

图 6-12　采集完成控制点的效果　　　　图 6-13　纠正结果

点击地理配准下拉菜单中的“校正”，出现另存为对话框(见图 6-14)，图中数字 1 为图像重采样方法，2 为存放的路径，3 为新生成的文件名称，4 为文件格式。

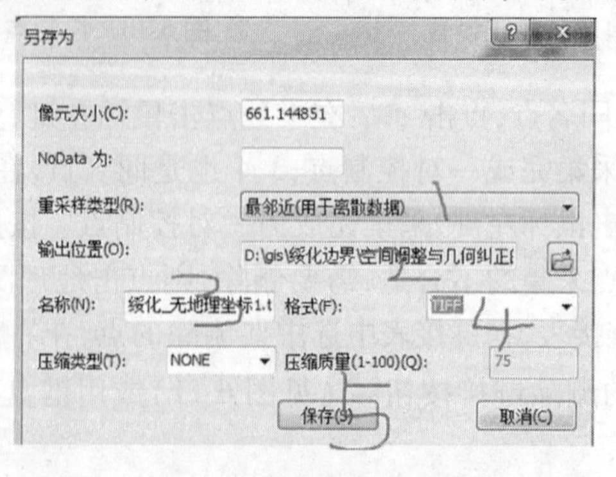

图 6-14　设置纠正后图像的名称及存放路径

6.1.2　空间校正

(1)加载两幅图像。在目录中找到文件,通过直接拖拽的方式依次将它们加载到文档中或通过添加数据将要加载的数据一次性加载到文档中(见图 6-15),两幅图形及坐标对比见图 6-16。

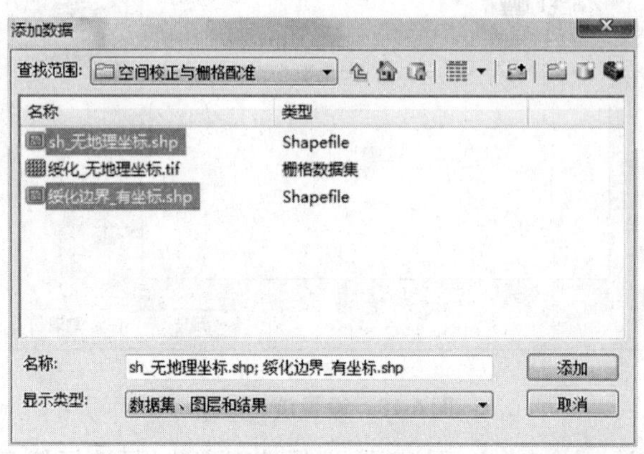

图 6-15　加载数据

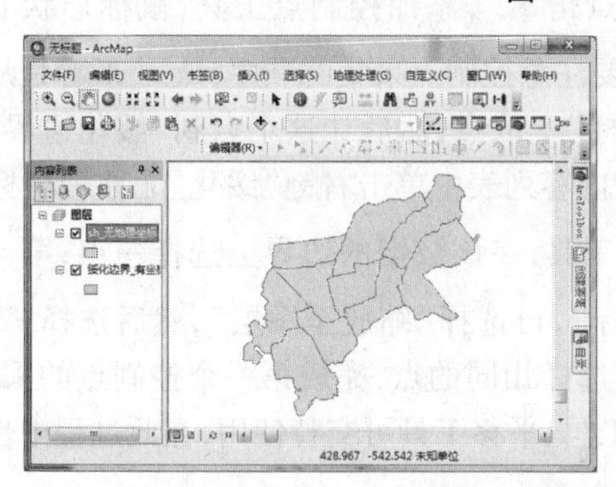

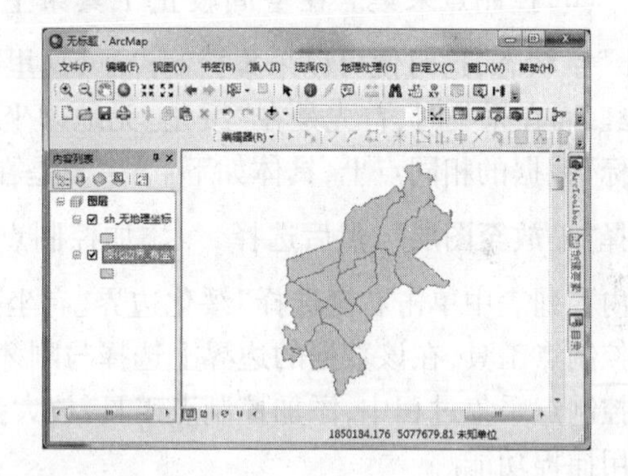

图 6-16　两幅图形及坐标对比

由于两幅图的坐标不同,而且相差很多,所以不能在同一坐标系下显示。

(2)在工具条上单击右键,选择"空间校正",出现空间校正工具条(见图 6-17),此时该工具条上的所有工具都以灰色显示,表示在当前状态下不可用。

图 6-17　空间校正工具条

(3)进入编辑状态。点击"编辑器",选择"开始编辑"。

(4)设置校正数据。进入编辑状态后,空间校正工具条中部分工具可用,先点击"空间校正"下拉菜单,选择"设置校正数据",在出现的对话框中选择要校正的数据(见

图 6-18)，点击“确定”。

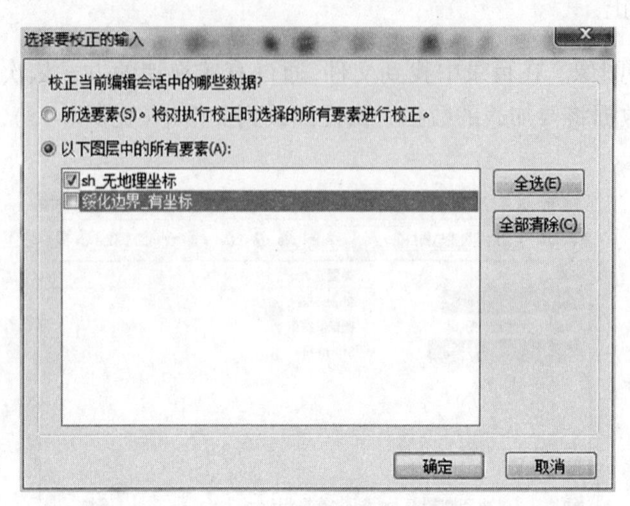

图 6-18　设置校正数据

(5)设置校正方法。单击“空间校正”，选择校正方法，可选择任意一种。

(6)控制点采集。在空间校正工具条上点击 ，添加控制点工具，鼠标形状变成“十”字状态，这时便可以采集控制点了，这里要注意控制点采集的顺序，从 来看是从绿到红，而在采集时，首先是在“绥化_无地理坐标”上取点，然后让这个点到“绥化边界_有坐标”数据的相同点上，具体如下：第一步是在内容列表中单击右键“绥化_无地理坐标”，选择“缩放至图层”，然后选择 添加控制点工具，在该数据的边界上选择一点；第二步在内容列表中单击右键选择“绥化边界_有坐标”，再选择“缩放至图层”，然后选择 添加控制点工具，在该数据的边界上选择与刚才选择相同的点，完成第一个控制点的采集，在控制点采集过程中，添加控制点工具，放大工具、平移工具可交替使用，在此过程中也可启用捕捉功能。

如果某个控制点采集的不合适，需要删除，则点击空间校正工具条上的“查看链接表”按钮 ，打开链接表，在链接表中选中要删除的点，在图中会以黄颜色显示，选中后点击链接表中“删除链接”进行删除。

需要注意的是，在采集控制点时，控制点要均匀分布在整个图形上，以保证在进行图形纠正时能够整体变形。

采集 4 个以上的控制点后就可以进行纠正了，当然为了提高精度，可以多采集一些控制点。

(7)纠正。控制点采集完后，点击“空间校正”，选择“校正”，被纠正图形就会发生变形，与参考图形在同一坐标系下显示，二者达到相互配准的效果(见图 6-19)。

(8)保存结果。单击编辑器选择保存编辑，完成了所有操作。

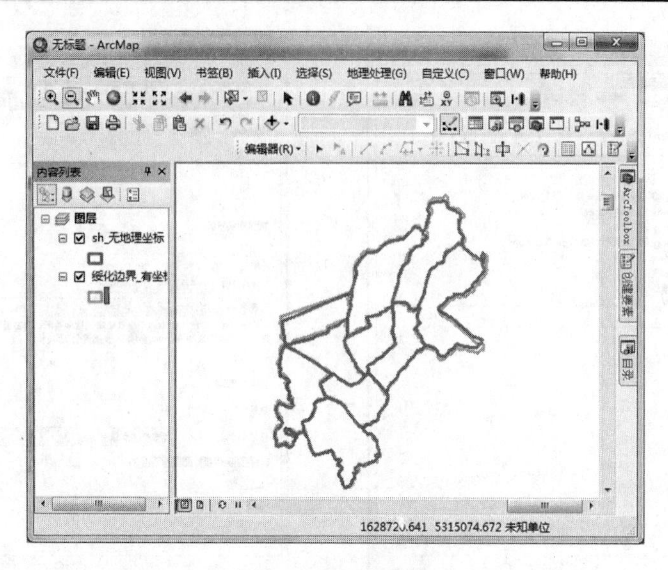

图 6-19 空间校正结果

6.2 投影变换

在 ArcMap 中,创建新图并向其中加载数据层时,第 1 个被加载的数据层的坐标系统就作为该数据框默认的坐标系统,随后加载的数据层,无论其坐标系统如何,只要含有坐标信息,满足坐标转换的需要,都将被自动地转换成该数据组的坐标系统。当然,这种转换不影响数据层所对应的数据文件本身。

6.2.1 查阅数据框坐标

加载数据,数据为“suihua 未投影. shp”,在数据框上 图层 单击右键打开快捷菜单,点击“属性”,打开“数据框属性”对话框,点击“坐标系”标签,数据框的坐标信息就显示在该窗口中,该图无坐标系。然后点击常规选项卡,将地图单位设置为十进制,显示单位设为度、分、秒,分别见图 6-20 和图 6-21。

将显示单位设置成度、分、秒,即经纬度坐标,点击“确定”后,ArcMap 的地图坐标单位就变成了度、分、秒。在图 6-22 的右下角状态栏可以看到,坐标已经变成经纬度坐标。

打开图 6-23 的属性表可以看出,面积和周长都不是平面直角坐标的平方米或米,而是经纬度坐标的面积和周长,与实际不符合,需要进行投影转换。

6.2.2 投影转换过程

6.2.2.1 定义投影

坐标系的信息通常从数据源获得,如果数据源具有已定义的坐标系,ArcMap 可将其动态投影到不同的坐标系中,反之则无法对其进行动态投影,因此在对未知坐标系的数据进行投影时,需要使用定义投影工具为其添加正确的坐标信息。此外,如果某一数据的坐标系不正确,也可使用该工具进行校正。具体操作步骤如下:

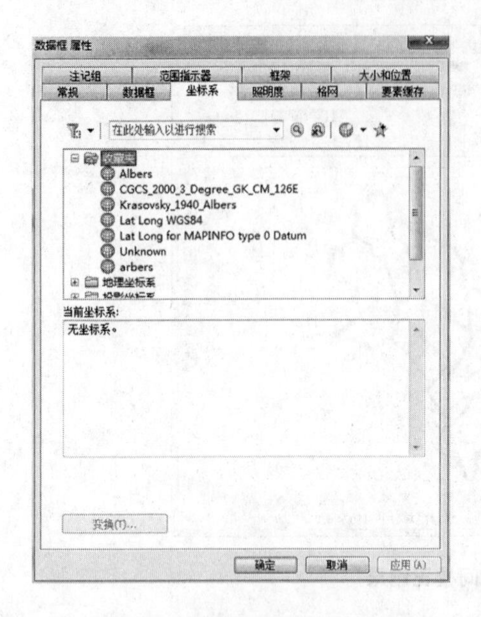

图 6-20　查阅数据框坐标系统

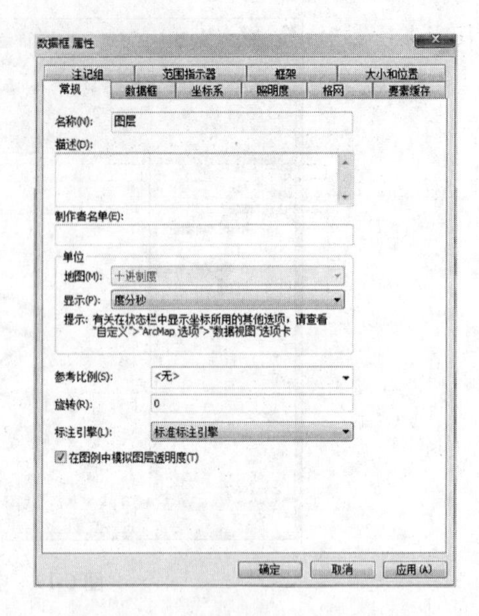

图 6-21　数据框——常规选项卡

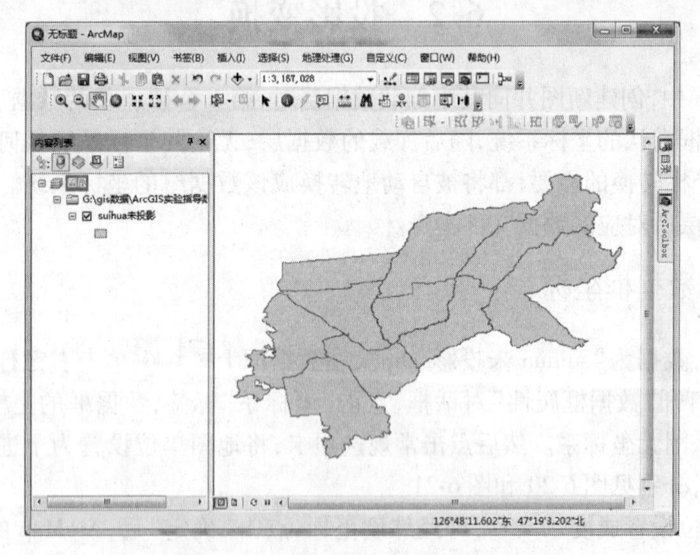

图 6-22　设置显示单位后地图坐标的变化(投影前)

(1)打开工具箱,在其中找到定义投影工具,具体位置为:ArcToolbox—数据管理工具—投影和变换—定义投影,打开“定义投影”对话框(见图 6-24)。

(2)输入要定义投影的数据,然后点击“坐标系统”右侧按钮,打开“空间参考属性”对话框(见图 6-25)。

(3)定义投影的方法有三种:

①在空间参考中进行选择设置(见图 6-26),分为地理坐标系和投影坐标系,打开地理坐标系或投影坐标系,包含有可供选择的不同的坐标系统。在地理坐标系下选择 Asia - Beijing 1954 坐标系,然后点击“确定”,这样即为原始数据定义了地理坐标系,也可

为其定义投影坐标系。

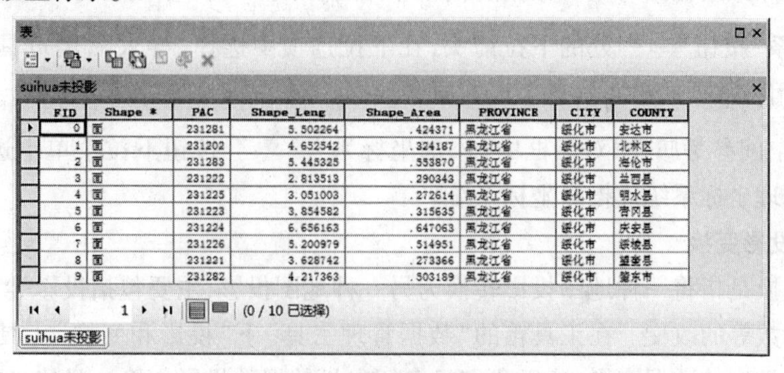

表

suihua未投影

FID	Shape *	PAC	Shape_Leng	Shape_Area	PROVINCE	CITY	COUNTY
0	面	231281	5.502264	.424371	黑龙江省	绥化市	安达市
1	面	231202	4.652542	.324187	黑龙江省	绥化市	北林区
2	面	231283	5.445325	.553870	黑龙江省	绥化市	海伦市
3	面	231222	2.813513	.290343	黑龙江省	绥化市	兰西县
4	面	231225	3.051003	.272614	黑龙江省	绥化市	明水县
5	面	231223	3.854582	.315635	黑龙江省	绥化市	青冈县
6	面	231224	6.656163	.647063	黑龙江省	绥化市	庆安县
7	面	231226	5.200979	.514951	黑龙江省	绥化市	绥棱县
8	面	231221	3.628742	.273366	黑龙江省	绥化市	望奎县
9	面	231282	4.217363	.503189	黑龙江省	绥化市	肇东市

(0 / 10 已选择)

suihua未投影

图 6-23　地图投影前属性表

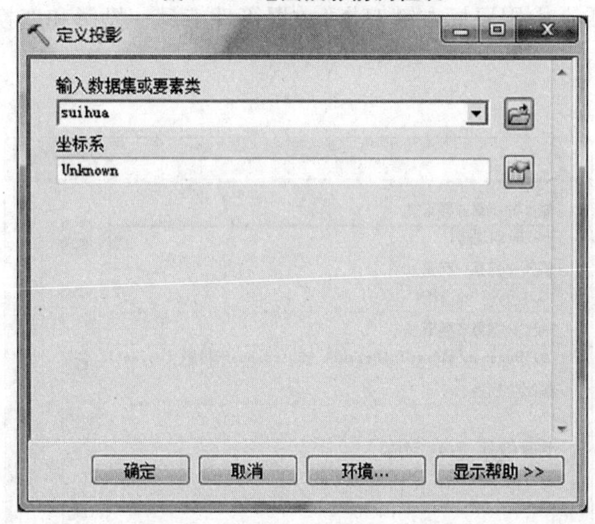

图 6-24　“定义投影”对话框

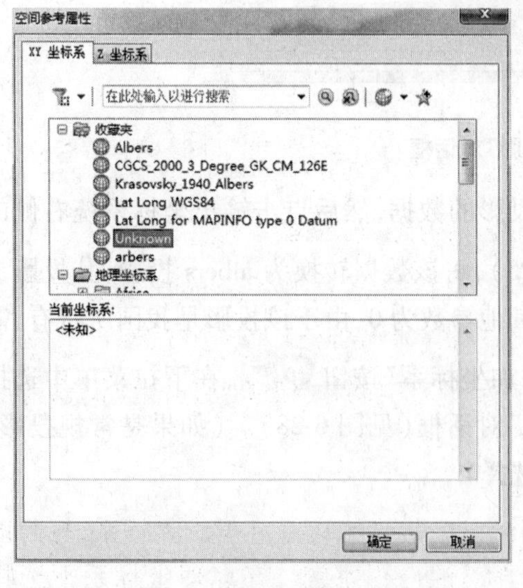

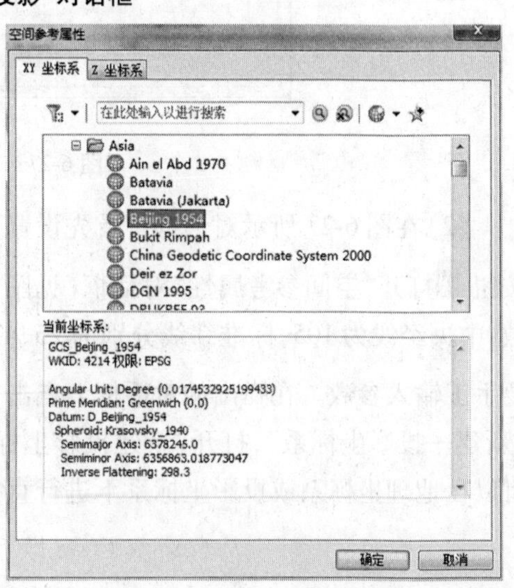

图 6-25　“空间参考属性”对话框　　　　图 6-26　浏览地理坐标系

②当已知原始数据与某一数据的投影相同时,可以单击“空间参考属性”对话框中的“添加坐标系”按钮处的下拉箭头,在下拉选项中选择“导入”,浏览具有该坐标系统的数据,用该数据的投影信息来定义原始数据。

③在“空间参考属性”对话框中“添加坐标系”按钮下拉菜单中选择“新建”,可以新建地理坐标系统或投影坐标系统。

6.2.2.2 **投影变换**

投影变换是指将一种地图投影转换为另一种地图投影,主要包括投影类型、投影参数和椭球体参数等的改变。在工具箱的“数据管理工具”下“投影和变换”工具集中有栅格和要素两种类型的数据变换,这里我们只介绍矢量数据的投影变换。具体步骤如下:

(1)在 ArcToolbox 中用鼠标左键双击“数据管理工具—投影和变换—要素—投影”对话框,如图 6-27 所示。

图 6-27　“投影”对话框

(2)在图 6-27 所示对话框中首先设置要投影的数据,然后点击输出坐标系统右侧的按钮打开“空间参考属性”对话框(见图 6-25),将该数据转换为 albers 投影,其投影参数:中央经线为 105,标准纬线分别为 25、47,其他参数为 0,由于该投影是我国所特有,需要手工输入参数。在弹出的对话框上点击“添加坐标系”按钮,在下拉菜单中选择“新建—投影坐标系”,打开“新建投影坐标系”对话框(见图 6-28)。(如果是常规投影,可以在地理坐标系或投影坐标系下进行直接选择)

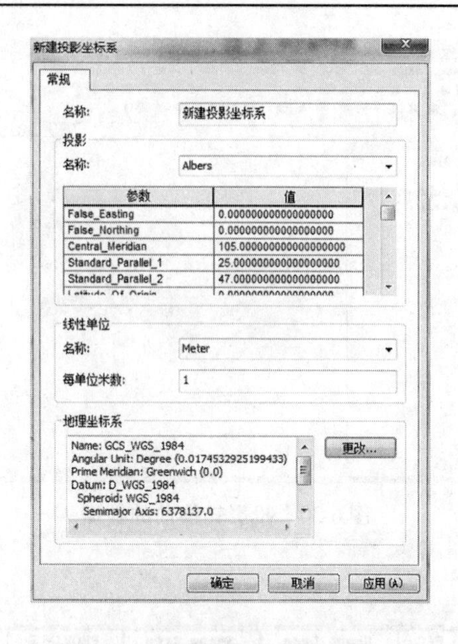

图6-28 "新建投影坐标系"对话框

新建投影坐标系名称可以手工输入,通过投影名称右侧的三角号进行选择"Albers"投影,然后将参数修改为:中央经线为105,第一和第二标准纬线分别为25、47,其他参数均为0。设置完成后点击"确定"完成坐标投影转换。(如果新建的坐标系经常被用到,则可以点击"添加到收藏夹"按钮,将其放入收藏夹中,便于使用时直接调用)

重新建立一个ArcMap文档,加载投影后的数据,如图6-29所示,与投影转换前数据相比较(见图6-30),二者在形状与坐标显示方式上有明显的变化。

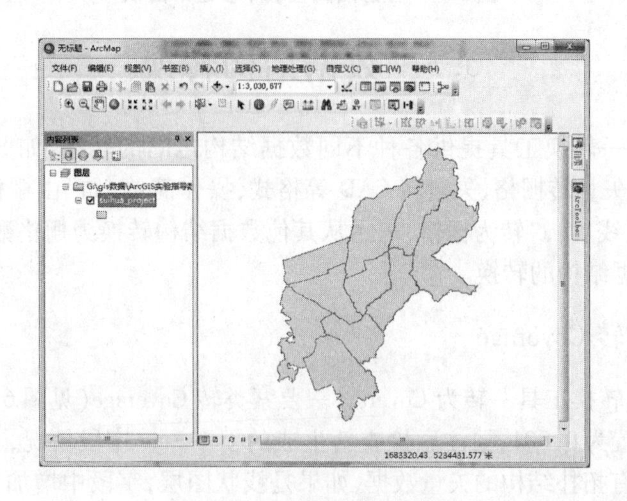

图6-29 投影转换后的数据

打开投影后的属性表,在面积字段上单击鼠标右键,按"4.3.1 计算几何"方法进行面积计算,把单位设置成平方米,计算结果如图6-31所示。

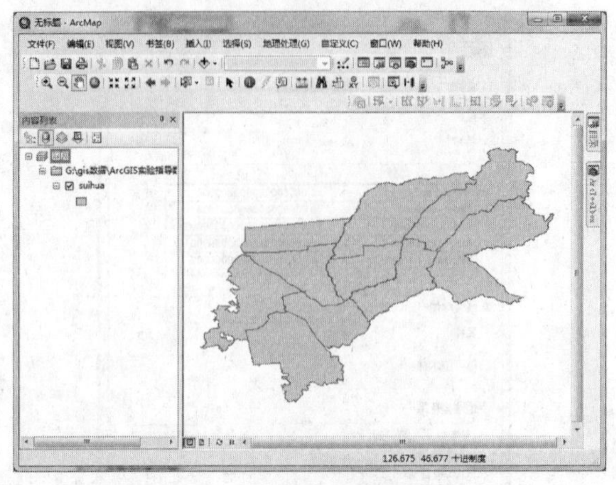

图 6-30 投影转换前的数据

表

suihua未投影

FID	Shape *	PAC	Shape_Leng	Shape_Area	PROVINCE	CITY	COUNTY
0	面	231281	5.502264	3619595722.48642	黑龙江省	绥化市	安达市
1	面	231202	4.652542	2754357947.52517	黑龙江省	绥化市	北林区
2	面	231283	5.445325	4645420297.30365	黑龙江省	绥化市	海伦市
3	面	231222	2.813513	2484321447.50629	黑龙江省	绥化市	兰西县
4	面	231225	3.051003	2296866727.51817	黑龙江省	绥化市	明水县
5	面	231223	3.854582	2676808263.63921	黑龙江省	绥化市	青冈县
6	面	231224	6.656163	5465179924.32560	黑龙江省	绥化市	庆安县
7	面	231226	5.200979	4307606058.34868	黑龙江省	绥化市	绥棱县
8	面	231221	3.628742	2317373276.65372	黑龙江省	绥化市	望奎县
9	面	231282	4.217363	4332562249.14943	黑龙江省	绥化市	肇东市

0 (0 / 10 已选择)

suihua未投影

图 6-31 投影后属性表中多边形面积

6.3 数据结构转换

ArcToolbox——转换工具提供各种不同数据结构之间的转换，如 Shapefile 转 Coverage、栅格转矢量、矢量转栅格、矢量转 CAD 等格式，操作简单，如“由栅格转出”表示从栅格数据转出到点、线、面，“转为栅格”表示从其他数据结构转换为栅格数据结构。这里仅介绍其中几种数据结构的转换。

6.3.1 要素类转 Coverage

ArcToolbox—转换工具—转为 Coverage—要素类转 Coverage（见图 6-32）。

容限值可设置为 0.001，要注意检查新生成的 Coverage 字段情况，在一般情况下，由于 Coverage 是具有拓扑结构的矢量数据，如果是线状图层，字段中增加长度字段，如果是面状图层，字段中增加面积和周长字段，同时要检查是否有丢字段的情况。

6.3.2 要素类转 Shapefile

ArcToolbox—转换工具—转为 Shapefile—要素类转 Shapefile（见图 6-33）。

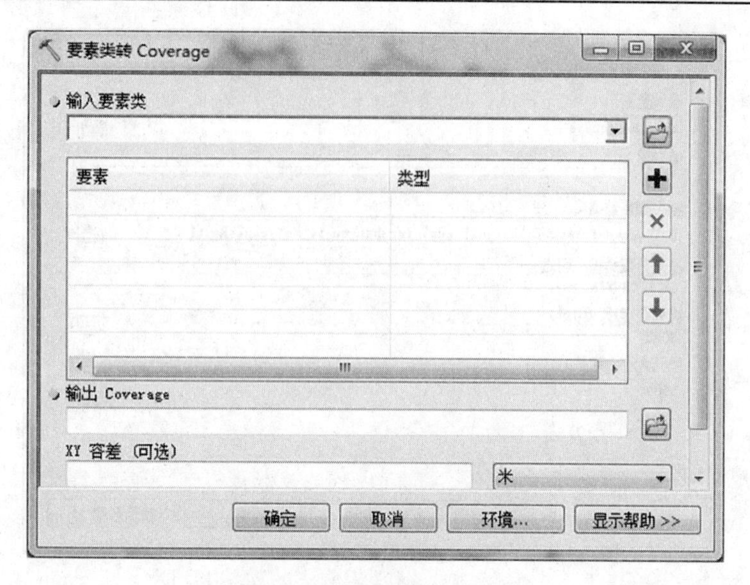

图6-32　要素类转 Coverage

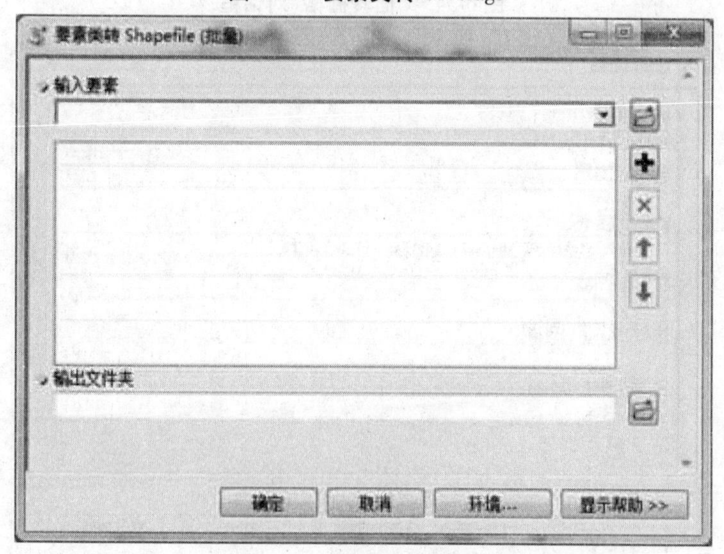

图6-33　要素类转 Shapefile

6.3.3　矢量转栅格

ArcToolbox—转换工具—转为栅格，具体可以分为点、线、面到栅格(见图6-34)。

矢量转栅格时，需要根据要求确定栅格大小、转换为栅格时表达的字段值及像元值分配的方法等。

6.3.4　栅格转矢量

ArcToolbox—转换工具—由栅格转出。

可以将栅格数据转换为矢量数据的点、线、面等(见图6-35)。要根据栅格数据的类型(点、折线、面)来选择，不要把点状栅格转成面或线，容易导致失败。

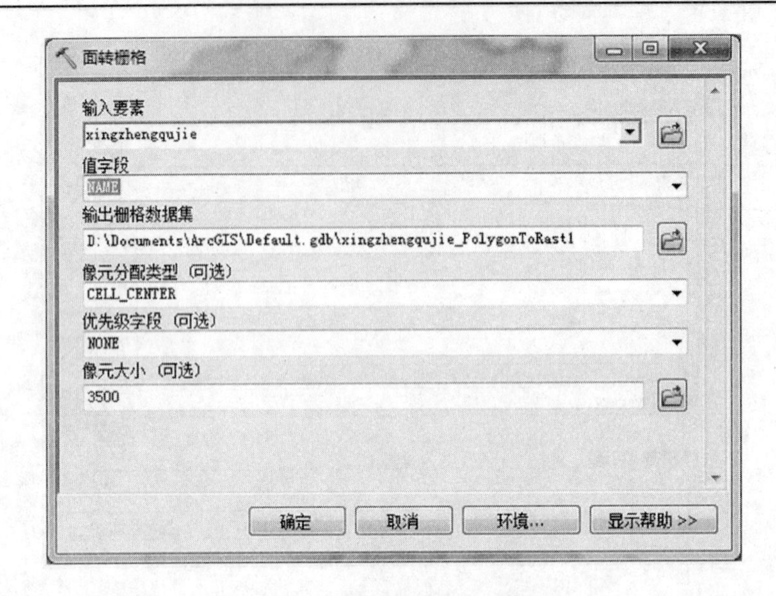

图 6-34　“面转栅格”对话框

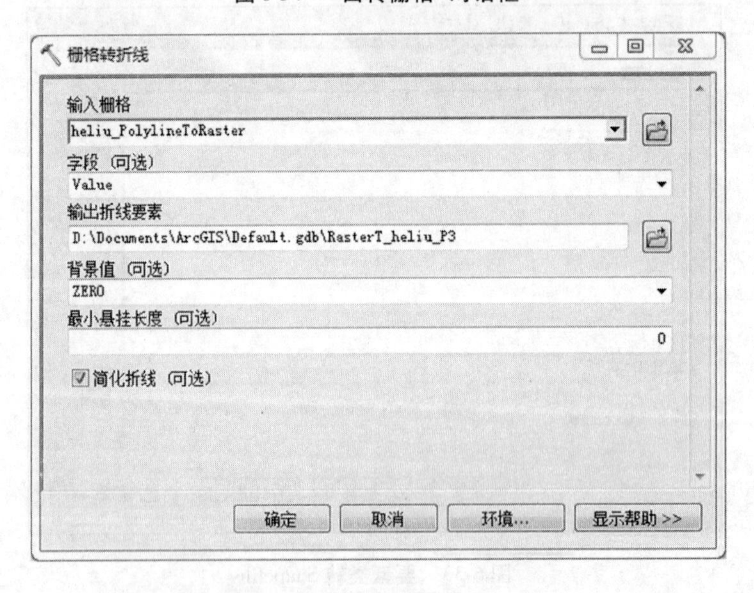

图 6-35　“栅格转折线”对话框

以上是转换工具的主要内容，其他转换工具可以查阅相关资料。

6.3.5　TIN 数据结构的转换

在 ArcGIS 中提供了 TIN 数据的创建及不同类型数据与 TIN 数据之间的转换。

6.3.5.1　创建 TIN 数据

在 ArcToolbox 中点击 3D Analyst—数据管理—TIN—创建 TIN（见图 6-36），打开创建 TIN 对话框（见图 6-37），该工具可以将矢量数据生成 TIN。完成输入、输出及坐标系等设置后点击“确定”，即可完成由矢量数据创建 TIN 的任务，在此输入的数据是表示高程的点状数据，转换结果见图6-38，也可以将等高线数据转为TIN。

在内容列表中可以选择TIN，单击鼠标右键选择"属性"，打开"图层属性"对话框(见图6-39)，在"符号系统"选项卡中修改显示样式。

默认TIN显示为高程，可以通过"色带"下拉选项选择不同的颜色方案。单击"添加"按钮可以添加不同的渲染显示效果(见图6-40)，如果添加的效果没有显示，可通过单击选中该选项后点击向上或向下箭头调整显示顺序。添加边线效果后的TIN图形见图6-41。

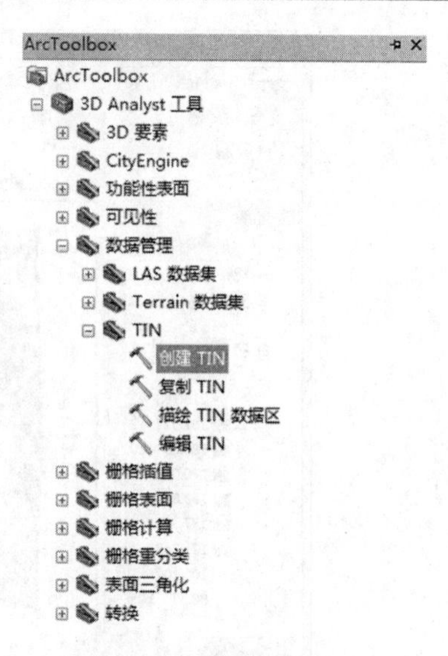

图6-36　创建TIN工具

6.3.5.2　TIN转栅格

在工具箱中ArcToolbox—3D Analyst工具—转换—由TIN转出—TIN转栅格，打开"TIN转栅格"对话框(见图6-42)。设置输入数据、输出栅格路径、输出数据类型、栅格插值方法、采样距离、Z因子等参数。

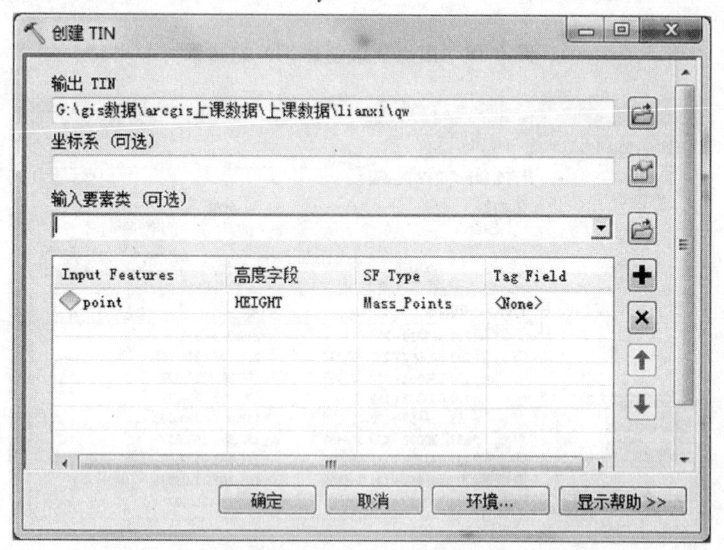

图6-37　创建TIN对话框

输出数据类型中默认为FLOAT，表示输出栅格将使用32位浮点型；若选择INT类型，则输出栅格将使用合适的整型，将Z值四舍五入为最接近的整数值写入每个栅格像元值。

方法包括LINEAR和NATURAL_NEIGHBORS，前者是应用线性插值法来计算栅格像元值，这是默认设置，后者是应用自然邻域插值法计算栅格像元值。

设置完成后点击"确定"，运行TIN转栅格任务，结果见图6-43。

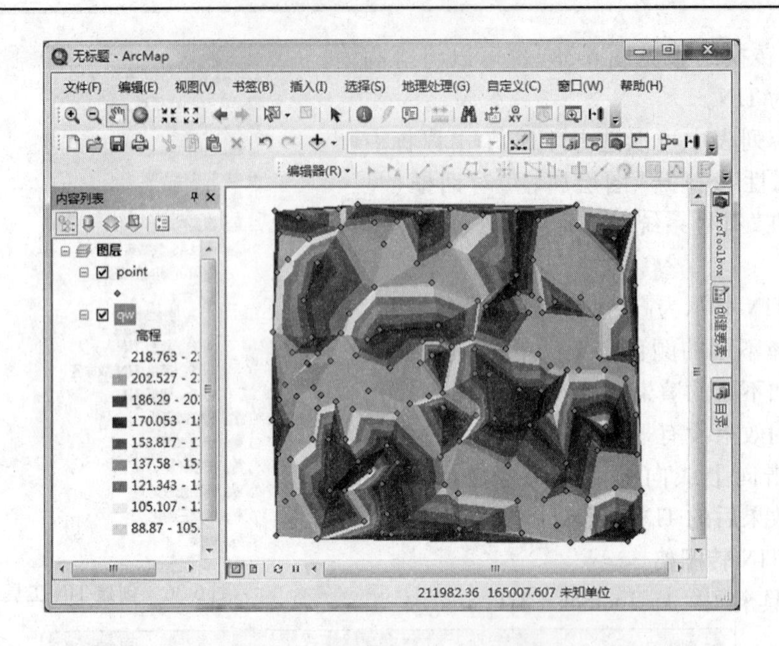

图 6-38　由点要素创建 TIN 的结果

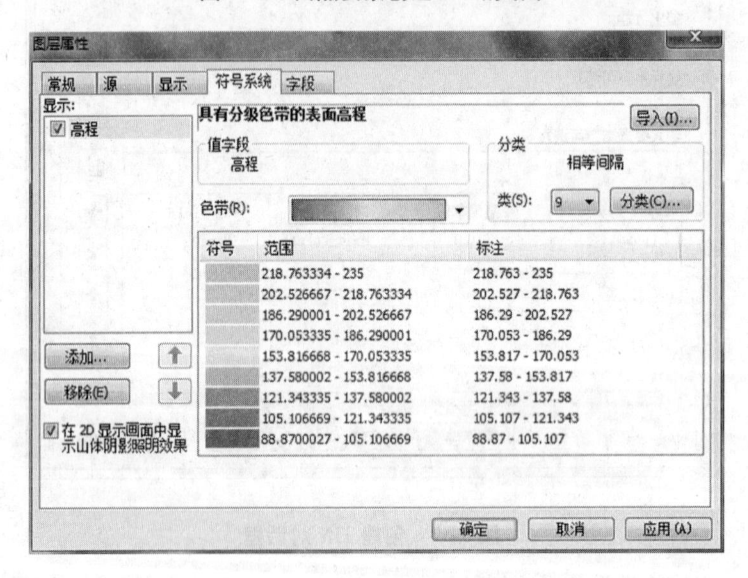

图 6-39　“图层属性”对话框

6.3.5.3　栅格转 TIN

在工具箱中 ArcToolbox—3D Analyst 工具—转换—由栅格转出—栅格转 TIN，打开“栅格转 TIN”对话框(见图 6-44)。参数设置完成后点击“确定”运行由栅格转 TIN 任务，结果见图 6-45。

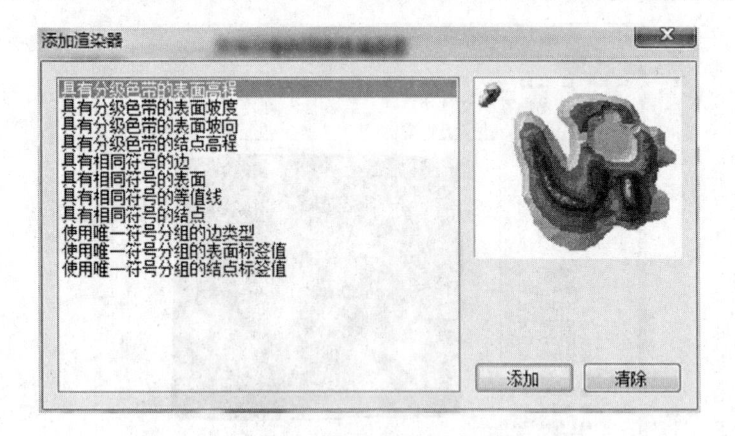

图 6-40　“添加渲染器”对话框

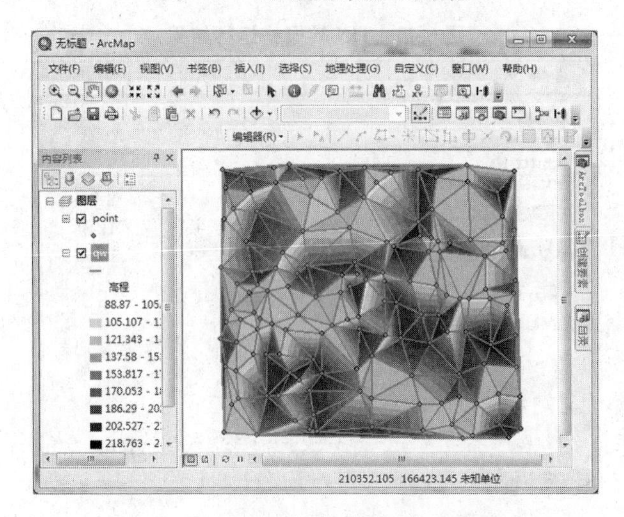

图 6-41　添加边线效果后的 TIN 图形

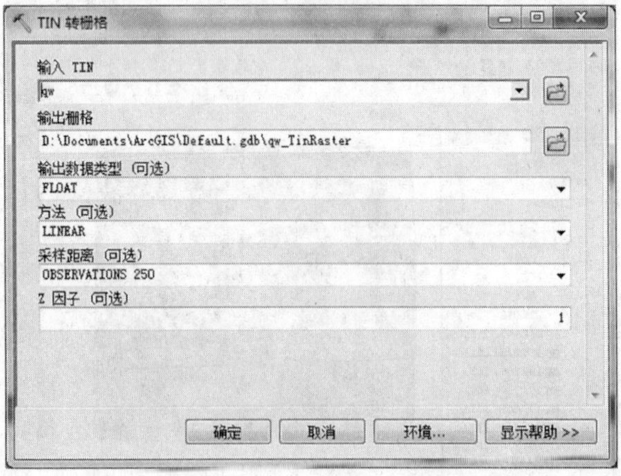

TIN 转栅格
输入 TIN
qw
输出栅格
D:\Documents\ArcGIS\Default.gdb\qw_TinRaster
输出数据类型（可选）
FLOAT
方法（可选）
LINEAR
采样距离（可选）
OBSERVATIONS 250
Z 因子（可选）
1
确定　取消　环境...　显示帮助 >>

图 6-42　“TIN 转栅格”对话框

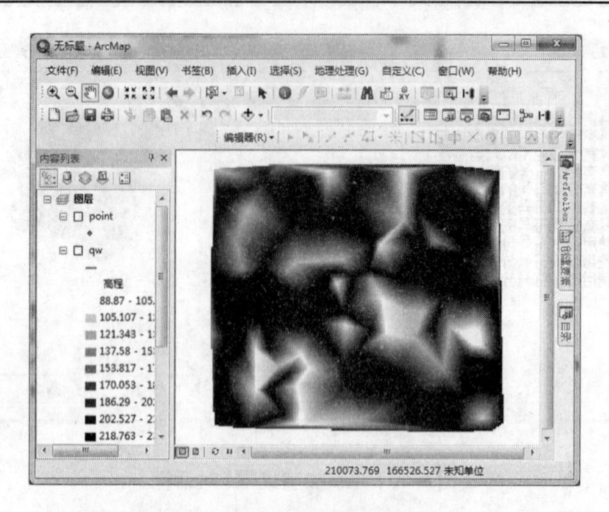

图 6-43　TIN 转栅格运行结果

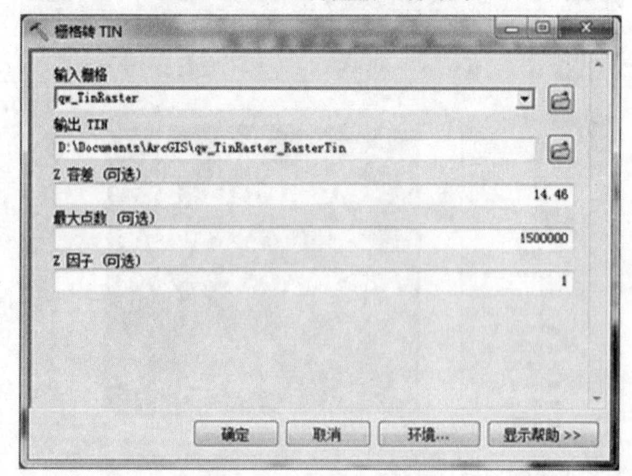

图 6-44　“栅格转 TIN”对话框

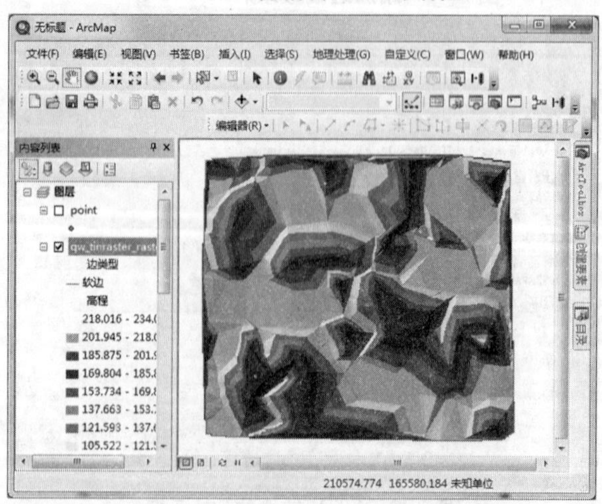

图 6-45　由栅格转 TIN 运行结果

第 7 章　矢量数据空间分析

矢量数据空间分析主要包括数据提取、统计分析、叠加分析和缓冲区分析。

7.1　数据提取

数据提取分析包括裁切、合并、融合、分割与筛选。

7.1.1　裁切(Clip)

将图层进行裁切,如图 7-1 所示。输入数据属性参与运算,裁切数据不参与运算。

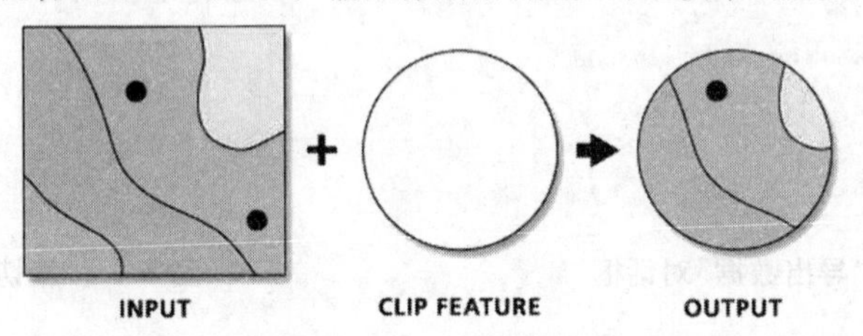

图 7-1　裁切示意图

使用数据为黑龙江地市、河流 1、河流 2、河流 3,目的是把哈尔滨市境内的不同等级河流提取出来,选择“黑龙江地市”,打开属性表,在按属性选择工具中设置“CITY” =“哈尔滨市”,然后在哈尔滨地市上单击鼠标右键选择“数据—导出数据”,将哈尔滨市边界多边形提取出来(见图 7-2)。

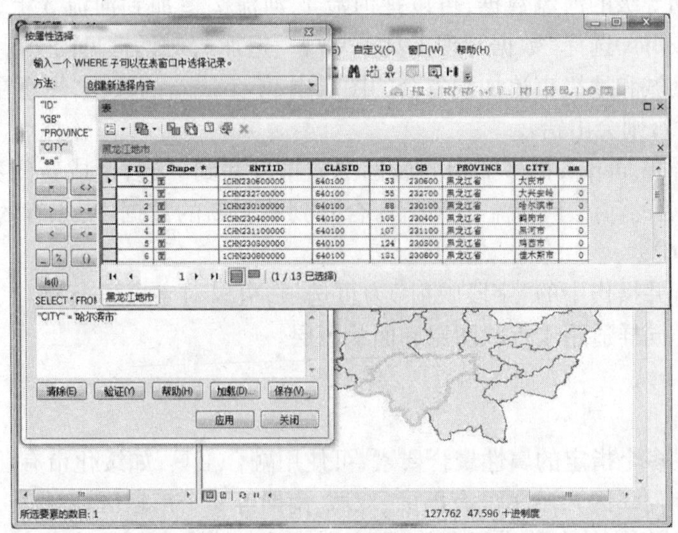

图 7-2　在 ArcMap 中单独输出某个要素

在出现的对话框中设置文件名称和存放路径(见图 7-3),确定后提示是否将生成的数据加载到 ArcMap 中,点击“是”,新生成的黑龙江边界面状图就加载到 ArcMap 地图文档中。

接下来用新生成的哈尔滨市边界数据来裁切河流 1 数据,也可以裁剪其他点或面状数据。

具体操作:选择 ArcToolbox—分析工具—提取分析—裁剪,在输入要素中选择河流 1,在裁切要素中选择刚导出的哈尔滨边界数据(hrb 边界),设置输出要素存放的位置和名称,点击“确定”即可(见图 7-4),或者在“地理处理”下拉菜单中选择“裁剪”,与工具箱中打开的裁剪工具一样。

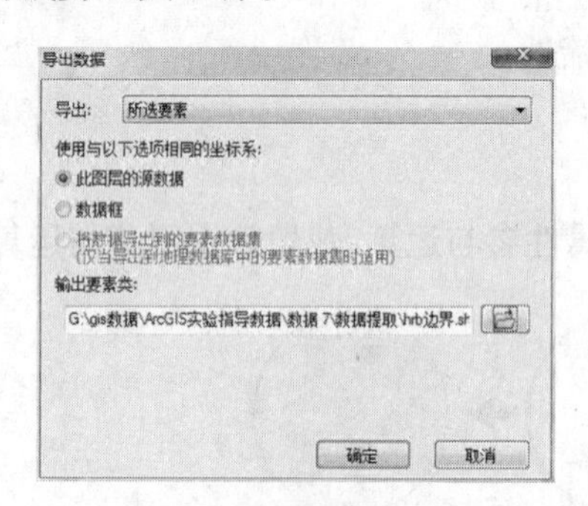

图 7-3　“导出数据”对话框

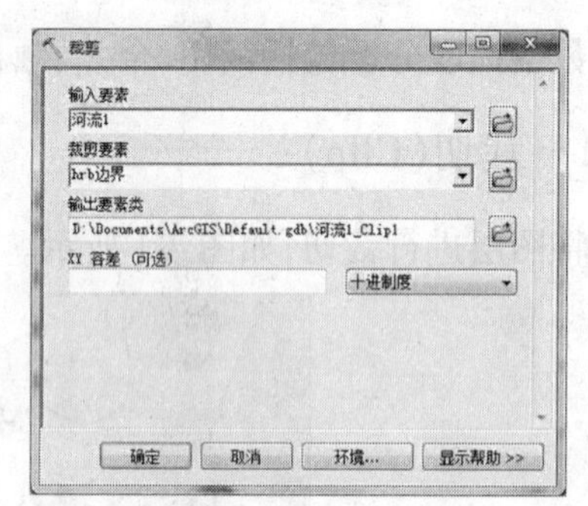

图 7-4　“裁切”对话框

采用同样的方法把哈尔滨市范围内的河流 2 与河流 3 全部裁切,即可得到哈尔滨市境内的不同等级的河流图。

7.1.2　合并

合并有两种操作方式,一种是追加(Append),为已有的数据追加多个数据,如裁剪的哈尔滨市的不同等级的河流数据,可以把河流 1、河流 2 追加到河流 3 上,不生成新的数据。双击 ArcToolbox 选择“数据管理工具—常规—追加”,对话框见图 7-5。

这样就把县城和地级市追加到省会的图层中,不生成新的数据,注意在方案类型中要选择 NO_TEST,否则会出错。

另一种是合并 Merge,把多个相同属性的数据合并到一起,生成新的数据,以上述数据为例,将裁剪后的河流 1、河流 2、河流 3 合并到一个新的数据中,原有的三个数据不发生改变(见图 7-6)。

在追加和合并操作中的“字段映射”为可选项,可以对字段进行删除、调整顺序等操作。这两个操作同样适用于点状图层和面状图层。

7.1.3　融合

基于一个或多个指定的属性聚合要素,可使用融合工具,如绥化市有北林区、肇东市、海伦市等 10 个市县(区),哈尔滨有巴彦、双城、南岗等 9 个市辖区、7 个县,代管 2 个县级市等,如果按照地级市的名称进行合并,则会生成哈尔滨市和绥化市的行政区界线,融合操作一般只针对多边形数据,如图 7-7 所示。

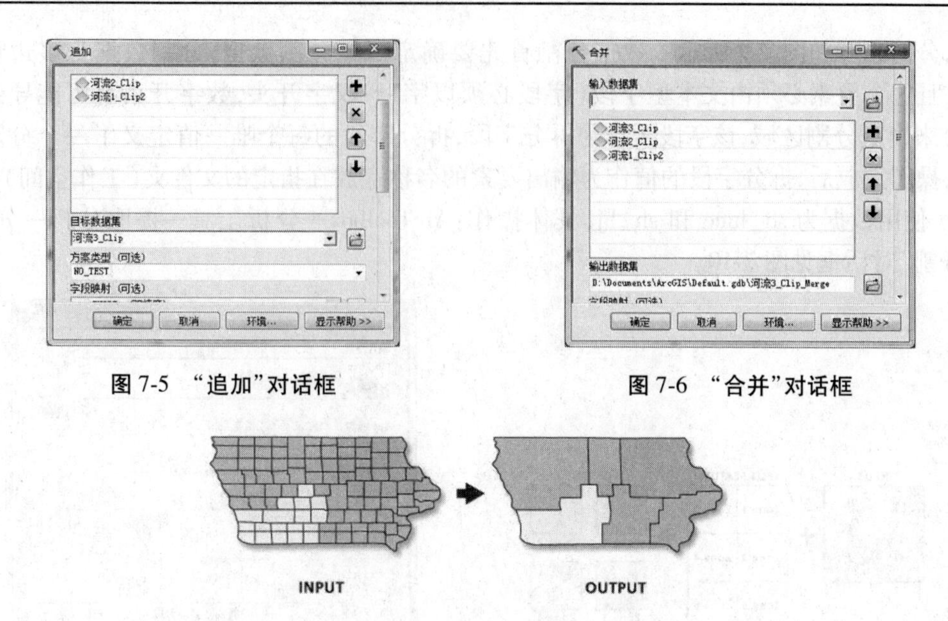

图 7-5　“追加”对话框　　　　图 7-6　“合并”对话框

图 7-7　融合示意图

选择数据“黑龙江县域”,对不同地级市的县域进行融合,具体操作步骤:ArcToolbox—数据管理工具—制图综合—融合,或在“地理处理”下拉菜单中选择“融合”,与在工具箱中打开的一样。“融合”对话框见图 7-8。

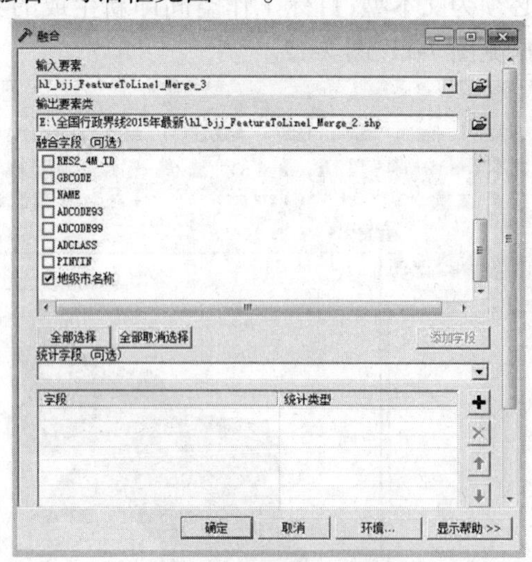

图 7-8　“融合”对话框

该操作的关键点是“融合字段”的选择,本例中选择地级市名称字段“city”,是因为北林区、肇东市、海伦市等都有一个共同的属性,就是归绥化市管辖,而巴彦、双城、南岗等归哈尔滨市管辖,具有相同的属性,才能实现融合,如果选择其他字段则不能实现融合操作。

7.1.4　分割

类似于裁切,或者是裁切的批处理,是按照分割区域将输入要素分割成多个输出要素,分割原理如图 7-9 所示。数据分割首先要确定区域分割数据,分割数据为多边形数据,且这个要素必须由文本型字段(字段必须以字母、汉字开头,数字开头有可能导致错误)来确定分割区域,该字段被称为拆分字段,拆分字段的每个唯一值定义了一个分割区域,操作完成后,拆分字段的值作为输出要素的名称存放在指定的文件夹(工作空间)中。

使用数据为 sh_lucc 和 sh_bj,具体操作:ArcToolbox—分析工具—提取分析—分割。"分割"对话框见图 7-10。

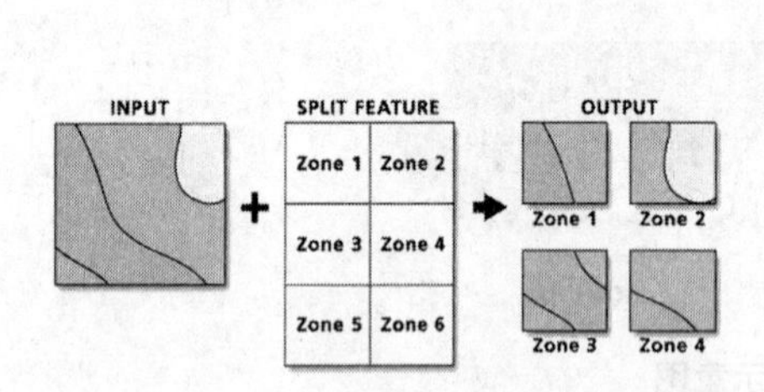

图 7-9　分割示意图

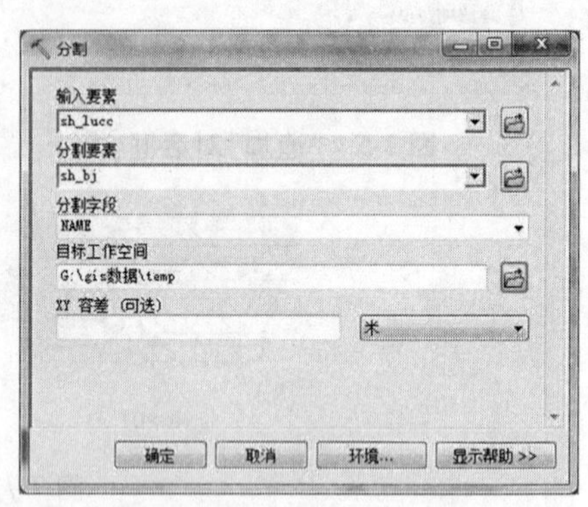

图 7-10　"分割"对话框

图 7-10 中输入要素即要拆分的数据;分割要素指分割的依据,即以该数据作为分割边界,为面状;分割字段必须为文本型;目标工作空间即新生成的文件存放的路径。拆分前的数据和拆分后的数据见图 7-11、图 7-12。

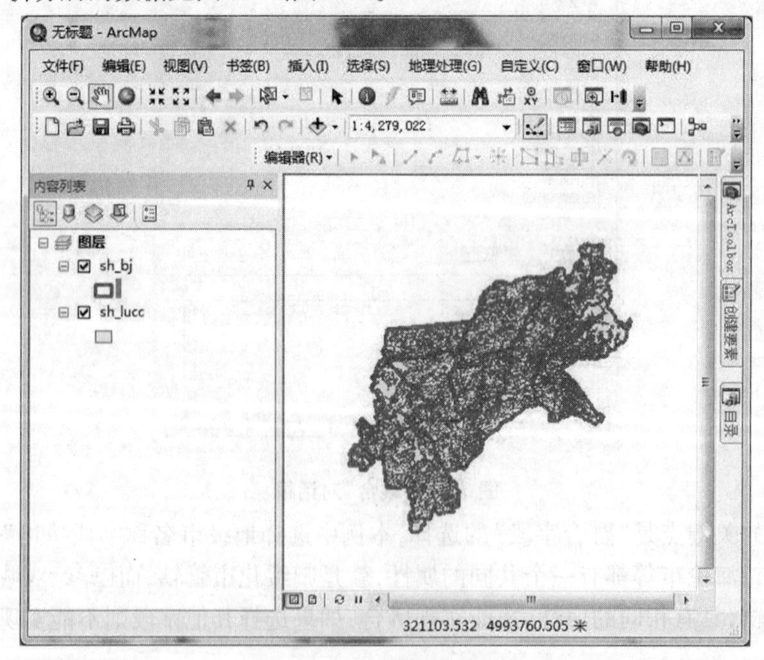

图 7-11　拆分前的数据

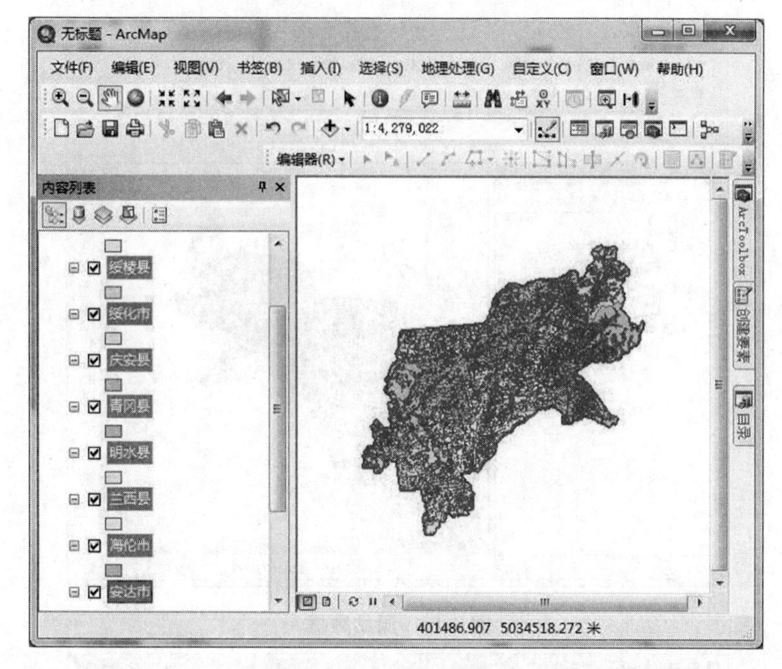

图 7-12　拆分后的数据

7.1.5　筛选

筛选是从输入要素类中提取满足指定条件的要素,并将其存储为输出要素类的过程,通常用 SQL 表达式表示提取条件。具体操作:ArcToolbox—分析工具—提取分析—筛选(Select),确定输入要素与输出要素类,然后点击表达式右侧的 SQL 图标(见图 7-13),出现“查询构造器”对话框(见图 7-14)。

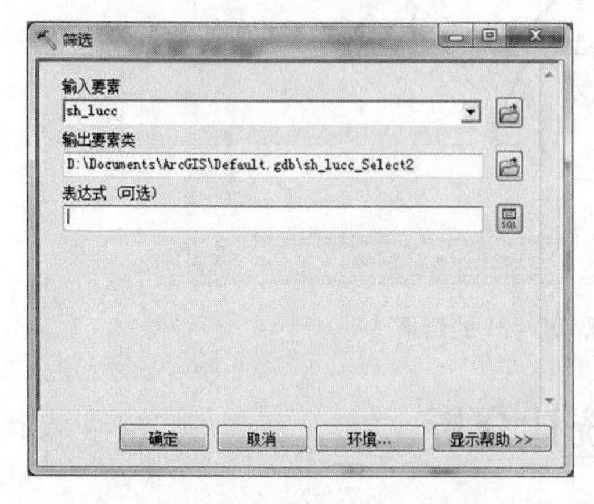

图 7-13　“筛选”对话框

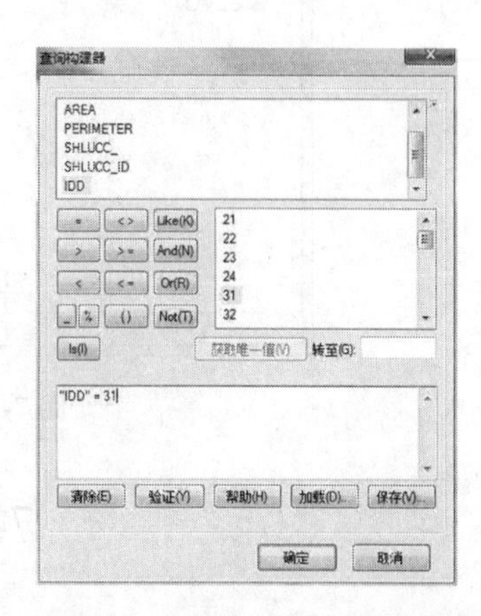

图 7-14　“查询构造器”对话框

在图 7-14 所示对话框中输入要查询的条件,字段处双击,单击运算符号,选择字段后点击“获取唯一值”,字段值在运算符号右侧显示,输入或选择(双击)具体的数值(见图 7-15),提取 IDD=31 的结果见图 7-16。

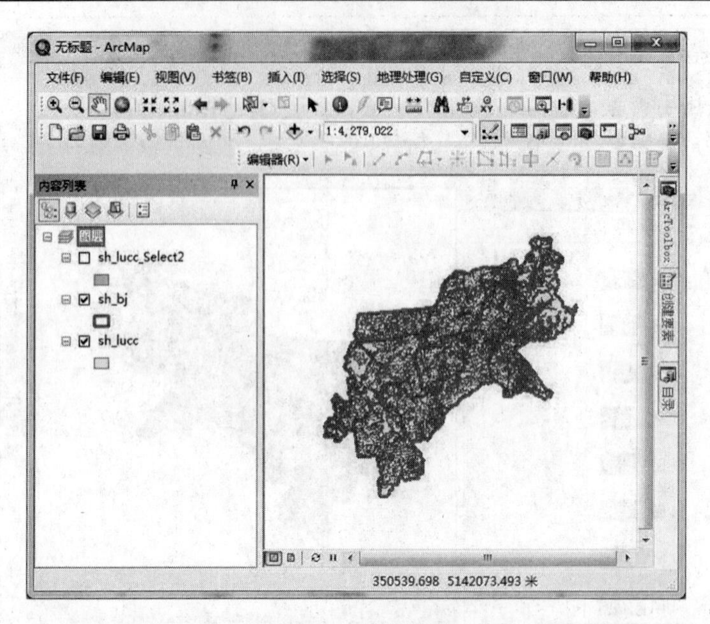

图 7-15　原始数据

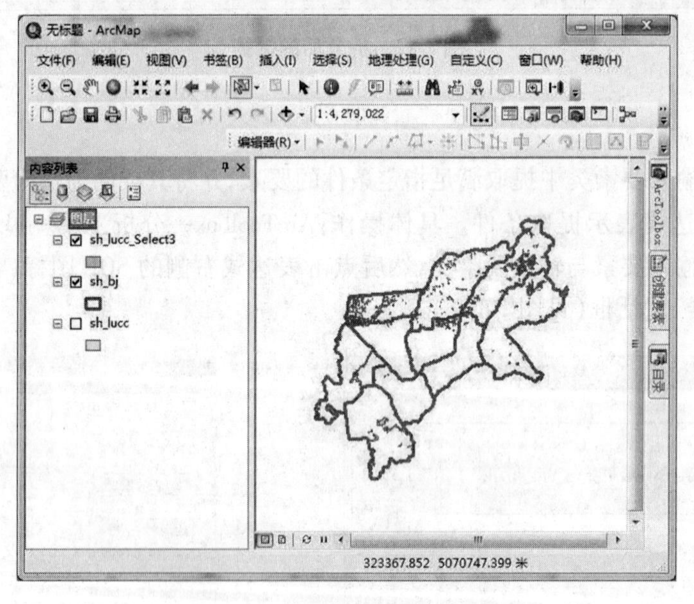

图 7-16　提取 IDD=31 的结果

7.2　统计分析

统计分析用于对表格或属性表的统计计算，如计算频率、平均数、最大值、最小值和标准差等。

7.2.1　频数

在属性表中，统计某个属性值出现的次数，具体操作：ArcToolbox—分析工具—统计分析—频数,出现“频数”对话框(见图7-17),在此我们统计不同土地利用出现的次数,字段IDD表示土地利用类型。

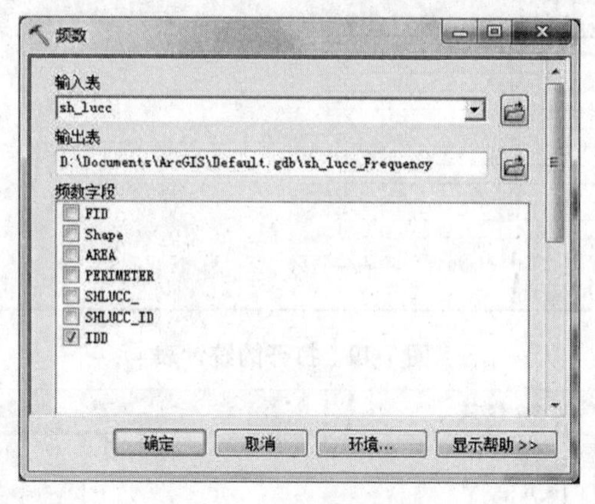

图7-17　“频数”对话框

点击“确定”后,在“内容列表”窗口中显示方式选择“按源列出”按钮,点击则新生产的属性表格便显示在内容列表中(见图7-18)。

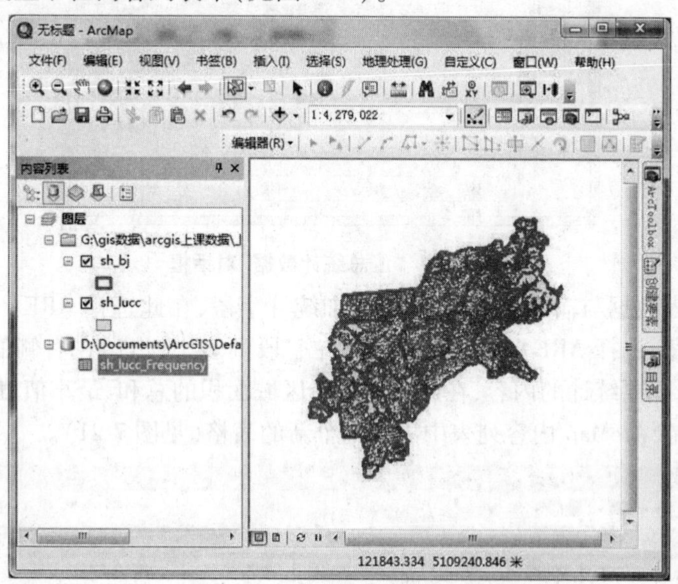

图7-18　“内容列表”中显示的统计表

选择新生成的属性表格,单击鼠标右键,选择“打开”,具体见图7-19,该数据表示IDD为21的出现了286次,IDD为22的出现了240次等。

7.2.2　汇总统计数据

汇总统计数据是对输入表格的字段进行汇总计算,输出结果为表格,表格由包含统计运算结果的字段组成。具体操作:ArcToolbox—分析工具—统计分析—汇总统计数据。打开“汇总统计数据”对话框(见图7-20)。

表

sh_lucc_Frequency

OBJECTID *	FREQUENCY	IDD
1	286	21
2	240	22
3	10	23
4	25	24
5	379	31
6	188	32
7	4	33
8	12	41
9	86	42
10	61	43
11	31	46

(0 / 22 已选择)

sh_lucc_Frequency

图 7-19　打开的统计表

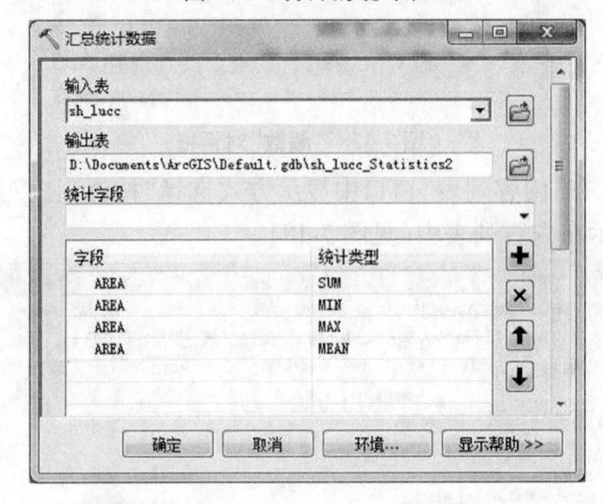

图 7-20　“汇总统计数据”对话框

确定好输入数据与输出要素后，就要添加统计字段，在此选择 AREA 字段，点统计字段右侧的小三角，选择 AREA，AREA 便出现在字段列表中，然后在右侧的统计类型中单击鼠标左键，选择要统计的内容，在此统计整个区域面积的总和、最小值、最大值、平均值，点击“确定”后在 ArcMap 内容列表中出现一个新的表格（见图 7-21）。

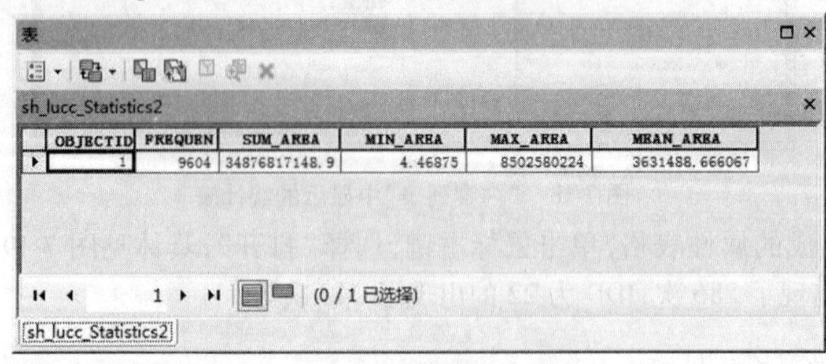

表

sh_lucc_Statistics2

OBJECTID	FREQUEN	SUM_AREA	MIN_AREA	MAX_AREA	MEAN_AREA
1	9604	34876817148.9	4.46875	8502580224	3631488.666067

(0 / 1 已选择)

sh_lucc_Statistics2

图 7-21　汇总统计结果表格

由于以上分组字段中没有选择任何分类字段，所以该统计表只有一条记录。如果在分组字段选择 IDD 字段，如图 7-22 所示，统计结果将按照 IDD 进行分类统计，分别统计不同 IDD 值（不同土地利用类型）的面积的总和、最小值、最大值、平均值等内容。按 IDD 分组统计结果见图 7-23。

图 7-22　按 IDD 字段分组汇总统计设置

表

sh_lucc_Statistics3

OBJEC	IDD	FREQUE	SUM_AREA	MIN_AREA	MAX_AREA	MEAN_AREA
1	21	286	4534320391.010529	28.3125	2300989952	15854267.101435
2	22	240	321211126.839355	56.875	52471700	1338379.695164
3	23	10	4409821.261719	5350.660156	1426660	440982.126172
4	24	25	303280963.902344	35268.300781	139448992	12131238.556094
5	31	379	869660735.900444	4.46875	91584896	2294619.355938
6	32	188	2310831412.054932	507.781006	874041984	12291656.447101
7	33	4	1472819.898438	58750.898438	787571	368204.974609
8	41	12	14381757.902344	20581.199219	5326820	1198479.825195
9	42	86	156935806.420898	99.9375	33579200	1824834.958383
10	43	61	113319636.57373	4292.720215	18321700	1857698.960225
11	46	31	719964346.566895	524.062988	317771008	23224656.340868
12	51	21	124977409	839133	18949000	5951305.190476
13	52	6781	1057719816.073731	606.343994	3164610	155982.866255

(0 / 22 已选择)

sh_lucc_Statistics3

图 7-23　按 IDD 分组统计结果

该统计方式也可通过另一种方法来完成。在 ArcMap 的内容列表中选择要统计的图层，打开其属性表，在 IDD 字段上单击鼠标右键，选择“汇总”，如图 7-24 所示。

表

sh_lucc

FID	Shape *	AREA	PERIMETER	SHLUCC_	SHLUCC_ID	IDD
0	面	287288000	321302	2	3	
1	面	20552100	73553.9	3	3	
2	面	1861.75	202.198	4	3	
3	面	56.875	68.6879	5	3	
4	面	3907.22	445.565	6	3	
5	面	806.594	132.41	7	3	
6	面	12638200	50915.1	8	8	
7	面	13984800	69773	9	3	
8	面	659875	6218.25	10	1	
9	面	167225000	291866	11	3	
10	面	4344780	23507.8	12	4	
11	面	2674530	14784.2	13	1	
12	面	223606	1928.85	14	7	

(0 / 9004 已选择)

sh_lucc

升序排列(A)
降序排列(E)
高级排序(V)...
汇总(S)...
统计(T)...
字段计算器(F)...
计算几何(C)...
关闭字段(O)
冻结/取消冻结列(Z)
删除字段(D)

图 7-24　属性表中的选项菜单

打开“汇总”对话框，如图 7-25 所示。

在如图 7-25 所示对话框中，“选择汇总字段”是确定分类汇总的依据，本例中选择 IDD，即以不同的土地利用类型为分类依据。选择汇总统计的内容，如要统计 AREA 的最大值、最小值、平均值和总和，勾选相应的选项，确定输出表格的存放位置和名称，点击“确定”后，ArcMap 中又出现一个表格，如图 7-26 所示。

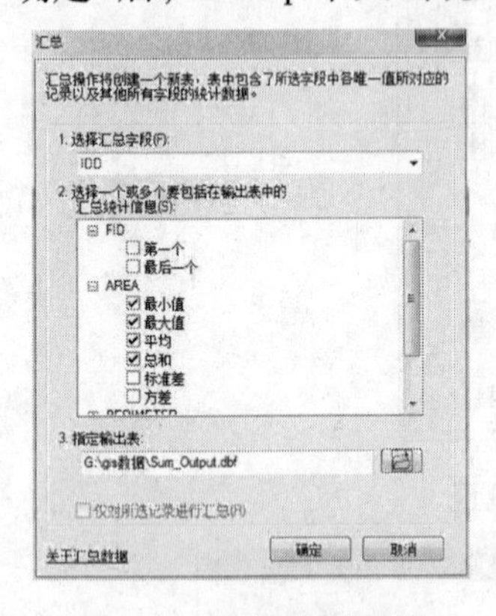

图 7-25　属性表“汇总”对话框

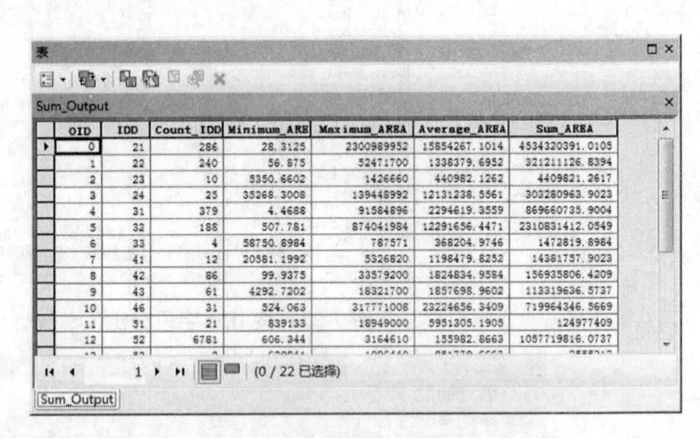

表

Sum_Output

OID	IDD	Count_IDD	Minimum_ARE	Maximum_AREA	Average_AREA	Sum_AREA
0	21	286	28.3125	2300989952	15854267.1014	4534320391.0105
1	22	240	56.875	52471700	1338379.6952	321211126.8394
2	23	10	5350.6602	1426660	440982.1262	4409821.2617
3	24	25	35268.3008	139448992	12131238.5561	303280963.9023
4	31	379	4.4688	91584896	2294619.3559	869660735.9004
5	32	188	507.781	874041984	12291656.4471	2310831412.0549
6	33	4	58750.8984	787571	368204.9746	1472819.8984
7	41	12	20581.1992	5326820	1198479.8252	14381757.9023
8	42	86	99.9375	33579200	1824834.9584	156935806.4209
9	43	61	4292.7202	18321700	1857698.9602	113319636.5737
10	46	31	524.063	317771008	23224656.3409	719964346.5669
11	51	21	839133	18949000	5951305.1905	124977409
12	52	6781	606.344	3164610	155982.8663	1057719816.0737

1　(0 / 22 已选择)

Sum_Output

图 7-26　分类汇总表格

7.3　叠加分析

叠加分析是地理信息系统提取空间隐含信息的常用手段之一，是指在统一空间坐标系统下，将两个数据(要素)进行的一系列集合运算(如交、并、差的运算)，产生新数据的过程。根据操作形式的不同，叠加分析可以分为擦除分析(Erase)、标识分析(Identity)、相交分析(Intersect)、联合分析(Union)、更新分析(Update)等内容。

7.3.1　擦除分析

擦除分析是在输入数据图层中去除与擦除数据层相交的部分，形成新的矢量数据层的过程，其原理如图 7-27 所示。

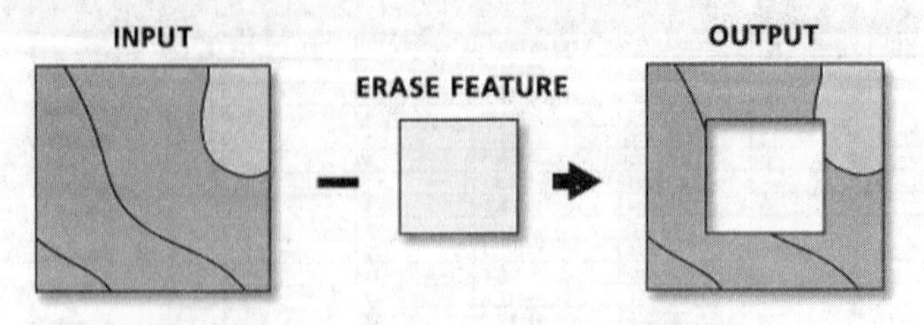

图 7-27　擦除分析(Erase)示意图

具体操作：ArcToolbox—分析工具—叠加分析—擦除(Erase)，出现“擦除”对话框(见图 7-28)。擦除前的数据和擦除结果见图 7-29 和图 7-30。

图 7-28　“擦除”对话框

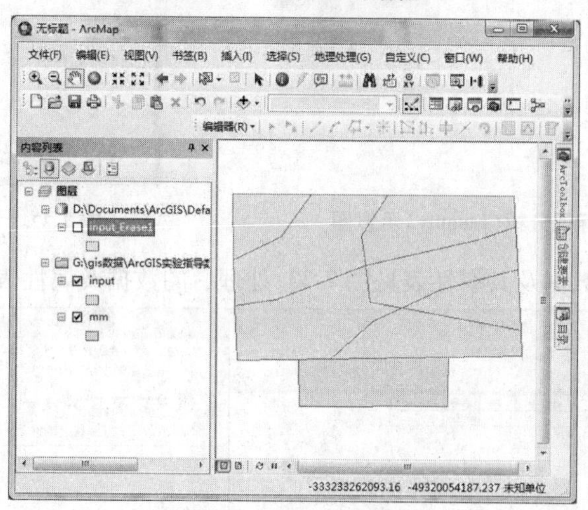

图 7-29　擦除前的数据

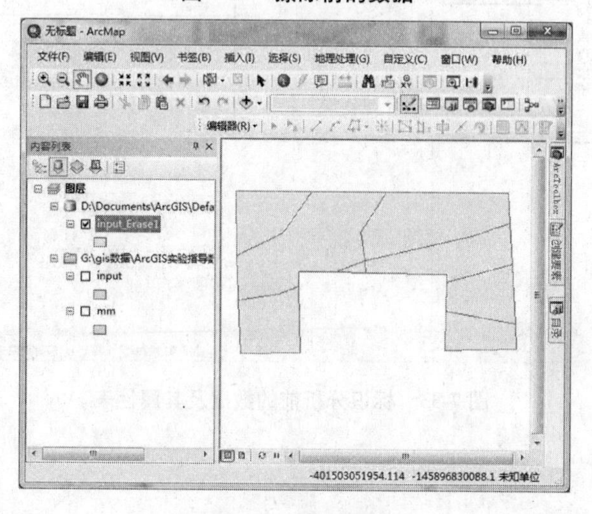

图 7-30　擦除结果

7.3.2　标识分析

标识分析是计算输入要素和标识要素的集合，输入要素与标识要素的重叠部分将获得标识要素的属性，输入要素可以是点、线、面，标识要素必须是面，标识分析主要有面面、线面和点面三种。其原理如图 7-31 所示。

具体操作：ArcToolbox—分析工具—叠加分析—标识分析（Identity），出现“标识”对话框，见图 7-32。

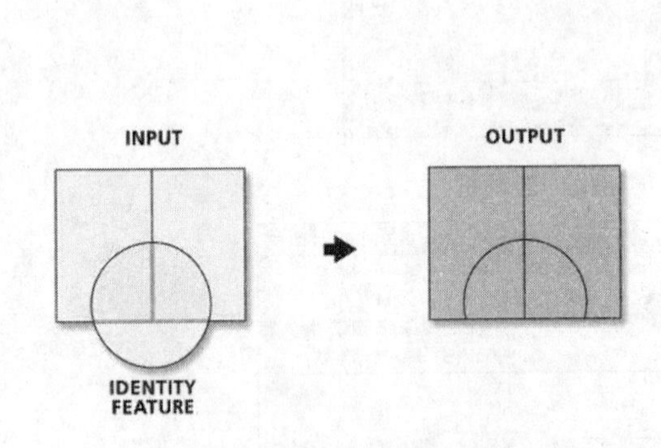

图 7-31　标识分析（Identity）示意图

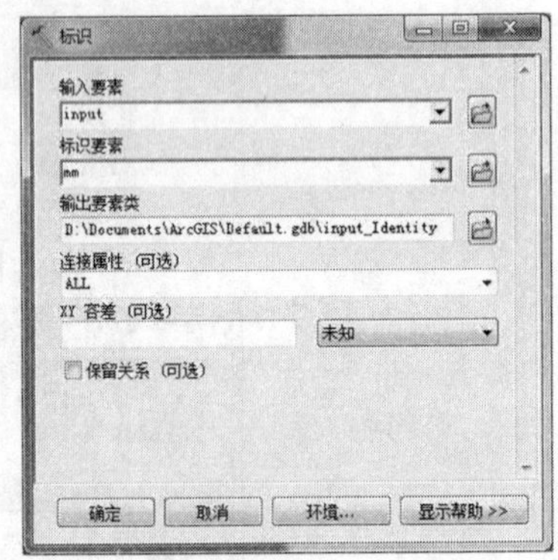

图 7-32　“标识”对话框

标识分析前的数据及其属性表见图 7-33，处理后的数据及属性表见图 7-34。

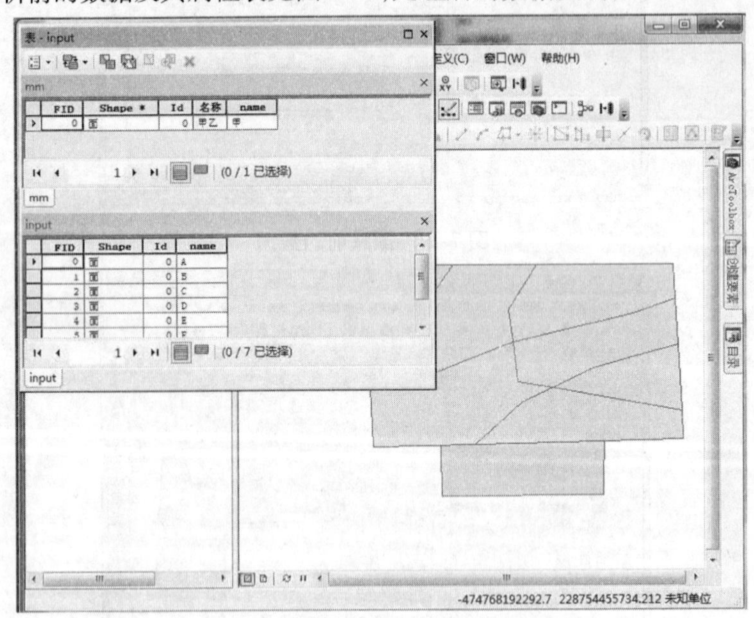

图 7-33　标识分析前的数据及其属性表

7.3.3　相交分析

相交分析是计算输入要素的几何交集的过程，其原理如图 7-35 所示。

具体操作：ArcToolbox—分析工具—叠加分析—相交分析（Intersect），出现“相交”对

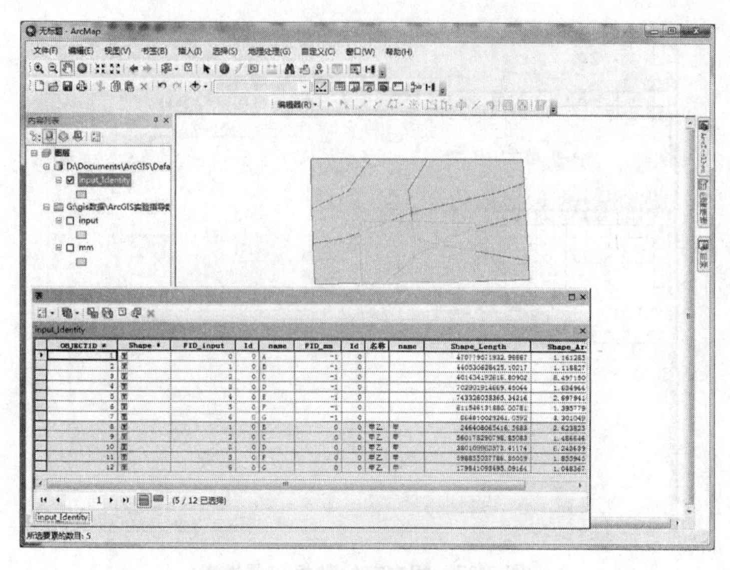

图 7-34　处理后的数据及属性表

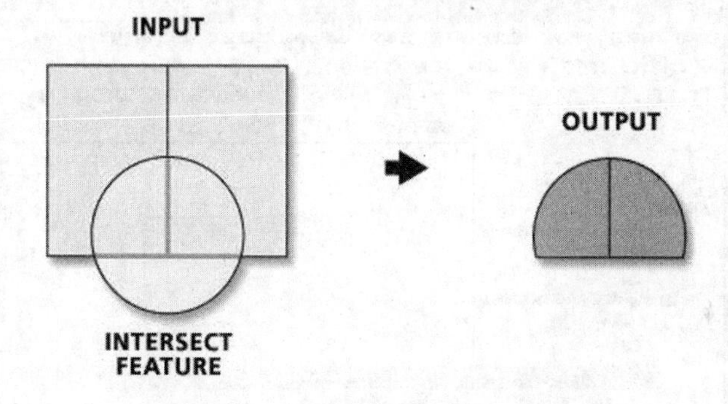

图 7-35　相交分析(Intersect)示意图

话框，如图 7-36 所示。

图 7-36　“相交”对话框

相交前、后的数据和属性表分别见图 7-37、图 7-38。

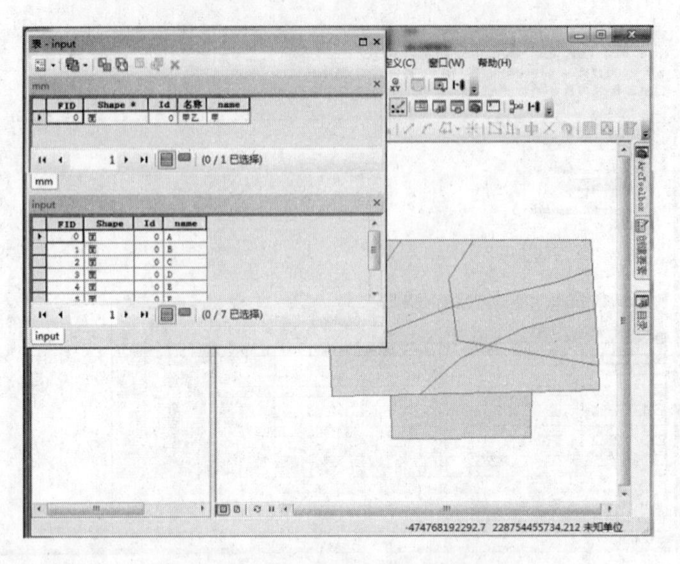

图 7-37　相交前的数据和属性表

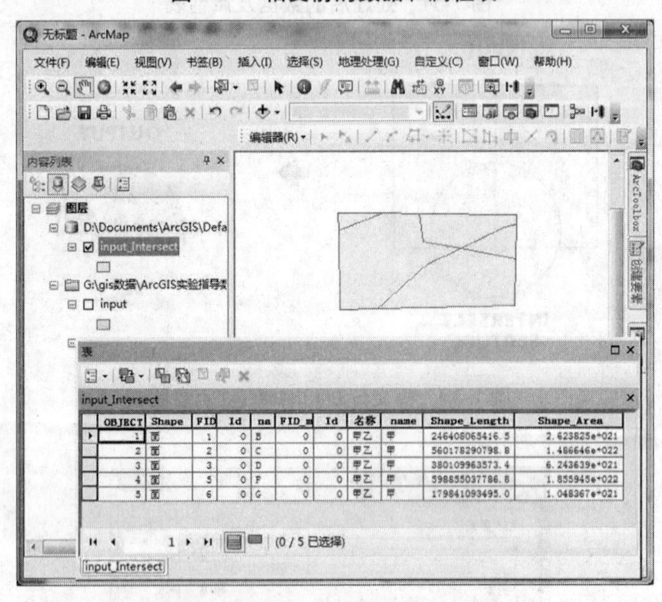

图 7-38　相交后的数据和属性表

从图 7-38 可以看出，在空间位置上取了两幅图共有的部分，即交集，在属性表中，把两个属性表进行合并，新数据的属性表字段包括参与运算的两幅数据的所有属性。

7.3.4　联合分析

联合分析即求参与运算的所有数据的并集，所有输入要素都将写入输出要素中，在该项分析中输入要素必须是多边形。其原理如图 7-39 所示。

具体操作：ArcToolbox—分析工具—叠加分析—联合(Union)，出现“联合”对话框，见图 7-40。

原始数据及表格见图 7-41，联合分析后的数据及属性表见图 7-42、图 7-43。

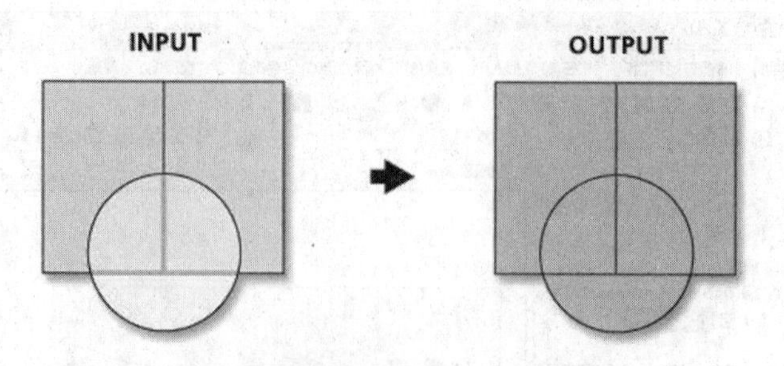

图 7-39　联合分析(Union)示意图

图 7-40　“联合”对话框

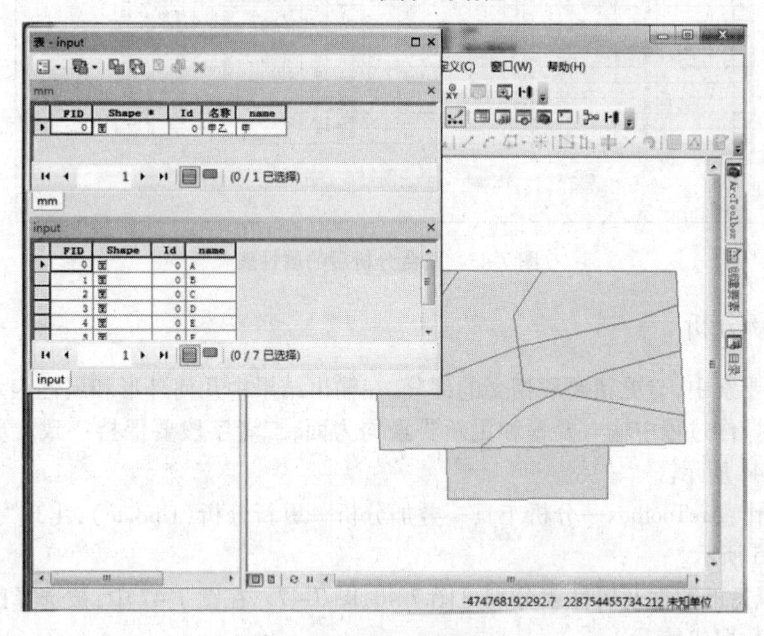

图 7-41　原始数据及表格

从图 7-43 中可看出，相交部分属性都全部赋值了，没有相交的部分则出现空白。

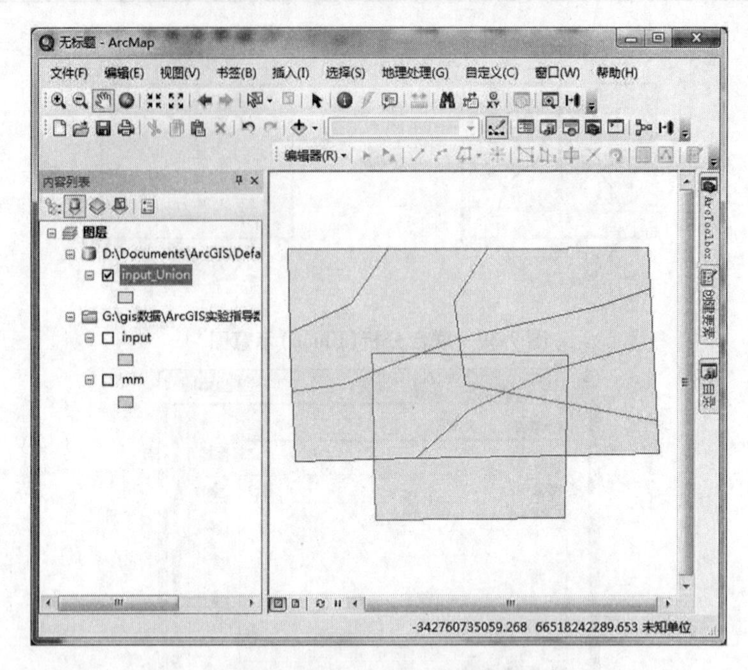

图 7-42　联合分析后的数据

表

input_Union

OBJECTID *	Shape	FID_inp	Id	name	FID_mm	Id	名称	na	Shape_Length	Shape_Area
1	面	0	0	A	-1	0			470779571932.	1.161285e+022
2	面	1	0	B	-1	0			440530628425.	1.118827e+022
3	面	2	0	C	-1	0			401434192616.	8.497150e+021
4	面	3	0	D	-1	0			702901914669.	1.634966e+022
5	面	4	0	E	-1	0			743326058365.	2.697941e+022
6	面	5	0	F	-1	0			611546131880.	1.395779e+022
7	面	6	0	G	-1	0			864810029261.	3.301049e+022
8	面	-1	0		0	0	甲乙	甲	747026427630.	2.541605e+022
9	面	1	0	B	0	0	甲乙	甲	246408065416.	2.623825e+021
10	面	2	0	C	0	0	甲乙	甲	560178290798.	1.486646e+022
11	面	3	0	D	0	0	甲乙	甲	380109963573.	6.243639e+021
12	面	5	0	F	0	0	甲乙	甲	598855037786.	1.855945e+022
13	面	6	0	G	0	0	甲乙	甲	179841093495.	1.048367e+021

4　(0 / 13 已选择)

input_Union

图 7-43　联合分析后的属性表

7.3.5　更新分析

在输入要素中,与更新要素相交的部分,在输出结果中几何外形和属性表均被更新要素更新。在操作过程中输入要素和更新要素均为面,二者字段要保持一致。更新分析的原理如图 7-44 所示。

具体操作:ArcToolbox—分析工具—叠加分析—更新分析(Update),出现“更新”对话框,如图 7-45 所示。

更新前、后的数据及属性表分别见图 7-46、图 7-47。在图 7-47 中,被选择区域中属性已经被更新数据代替。

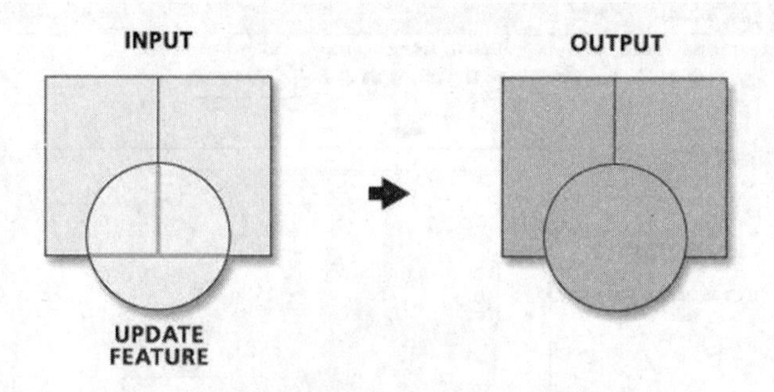

图 7-44　更新分析(Update)示意图

图 7-45　"更新"对话框

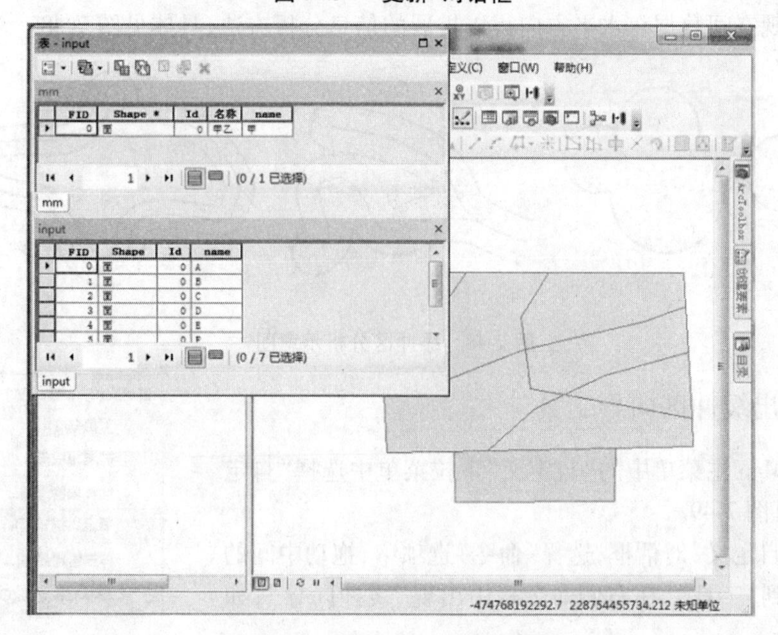

图 7-46　更新前的数据及属性表

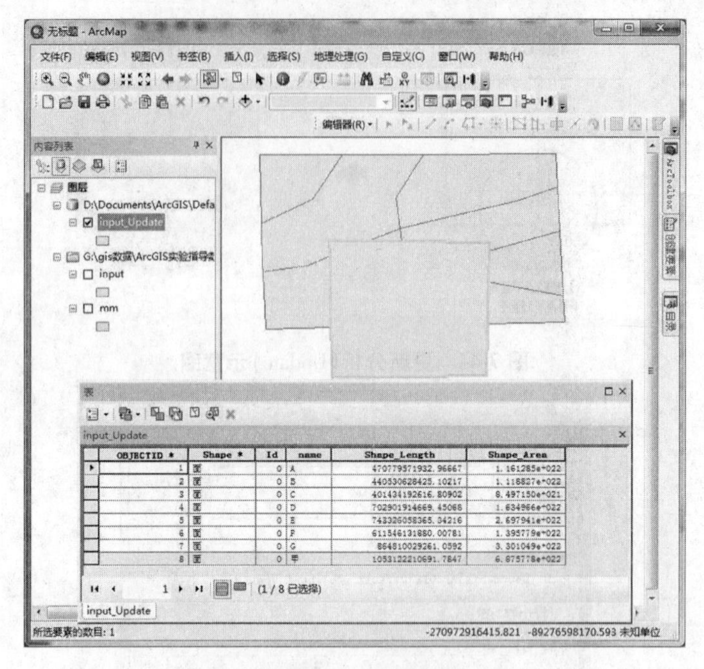

图 7-47 更新后的数据和属性表

7.4 缓冲区分析

缓冲区是地理空间,是目标的一种影响范围或服务范围在尺度上的表现。缓冲区分析是研究根据数据的点、线、面实体,自动建立其周围一定宽度范围内的缓冲区多边形实体,从而实现空间数据在水平方向得以扩展的信息分析方法,具体见图 7-48。

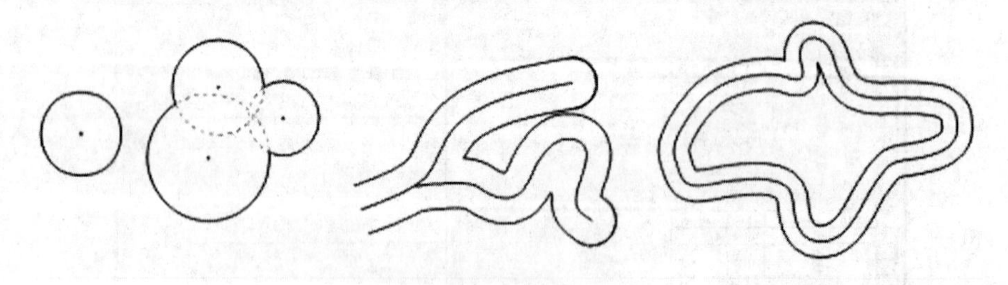

图 7-48 缓冲区分析示意图

7.4.1 调出缓冲区向导工具

在 ArcMap 主菜单中的"自定义"下拉菜单中选择"自定义模式",见图 7-49。

出现"自定义"对话框,选择"命令"选项卡,拖动中间的滚动条,找到"工具",在右侧命令栏中出现"缓冲向导",如图 7-50 所示。

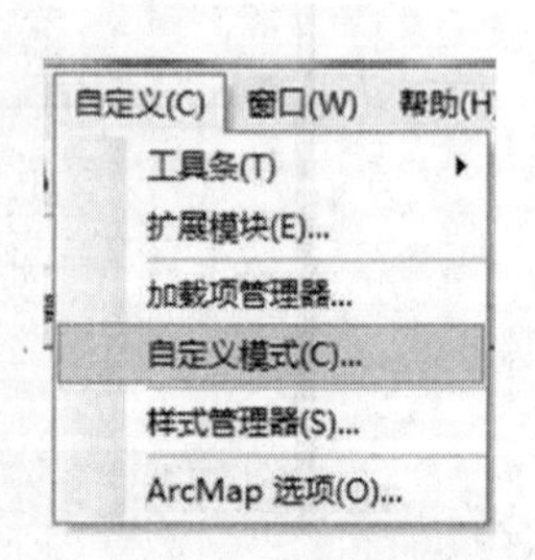

图 7-49 自定义菜单栏

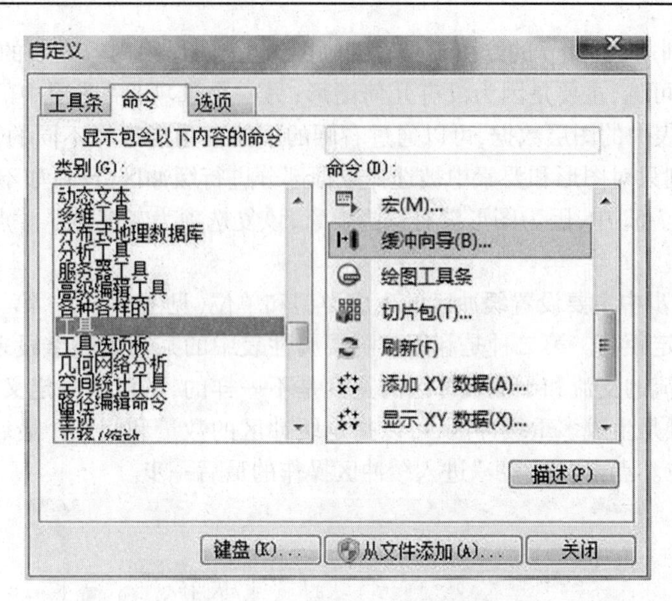

图 7-50　“自定义”工具对话框

单击鼠标左键选择缓冲向导，按住左键不放，同时拖动鼠标直接到 ArcMap 工具条处，松开鼠标，工具条上便出现了缓冲向导工具（见图 7-51），在自定义工具对话框未关闭的情况下可以移动该工具到任何位置，但自定义工具对话框关闭后则不能移动，因此要想删除该工具条，必须先打开自定义工具对话框，选择缓冲向导工具，然后拖至自定义工具对话框就删除了。

图 7-51　在工具条上添加缓冲向导工具

7.4.2　建立缓冲区

点击缓冲向导工具，便出现建立缓冲区的向导，具体见图 7-52。

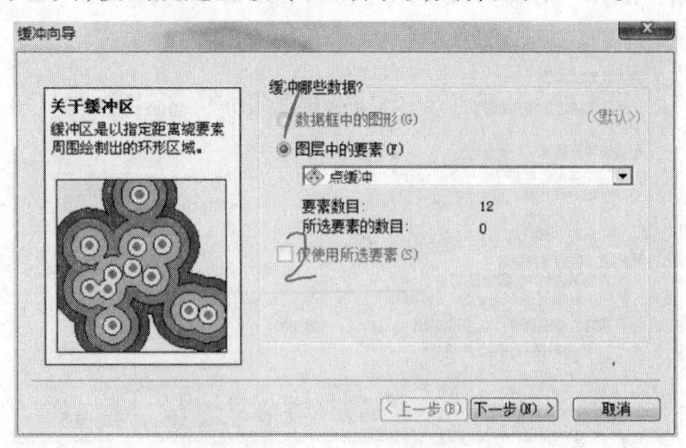

图 7-52　“缓冲向导”对话框

（1）在图 7-52 所示对话框中有两个选项，1 是对缓冲数据的选择，包括根据“数据框中的图形”,即利用 ArcMap 的绘图工具直接画图,这个图形跟内容列表的图层没有关系,此时是灰色,不可选,主要是因为没有几何图形;另一个选项是“图层中的要素”,就是在 ArcMap 内容列表中的图层数据,可以通过右侧的下拉三角形选择不同的数据。2 是复选框,如果选择,则只对图形和要素中被选择数据部分进行缓冲区分析;如不选,则对全部对象进行操作,图 7-52 中,因为图形没有选择要素,该复选项为灰度显示。点击“下一步”进行第二步。

(2)在第二步中主要设置缓冲区的生成类型和单位(见图 7-53)。第一种是生成单个缓冲区,同时制定距离。第二种是利用该图层属性表中的某个属性字段来生成不同宽度的缓冲区,如河流的支流和干流缓冲区的宽度是不一样的,可以事先定义一个字段,然后选择它。第三种是生成多重缓冲区,可以指定缓冲区的数量和间距。最后一项是设置缓冲区的距离单位。点击“下一步”进入缓冲区操作的最后一步。

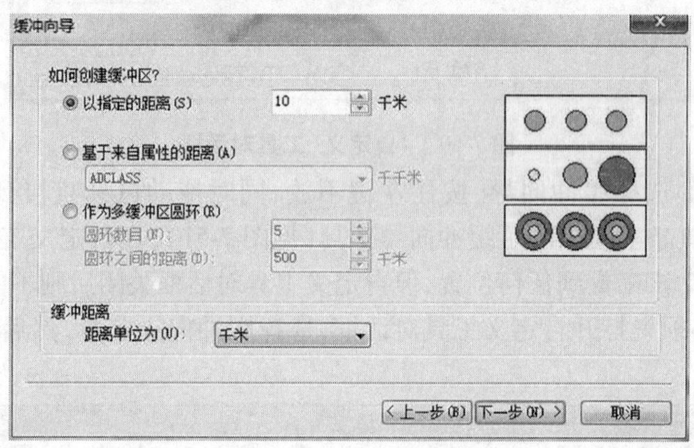

图 7-53　缓冲区设置第二步

(3)在第三步中有三个设置,第一个是对缓冲区相交部分障碍是否融合的处理,具体见图 7-54;第二个是针对多边形缓冲区的处理,包括四种形式(见图 7-54);第三个是存储管理,一种是以数据框中的图形形式存在,另外一种是存在可编辑的图层中,最后一种是在新的图层中存储。点击“完成”,便生成了缓冲区(见图 7-55～图 7-28)。

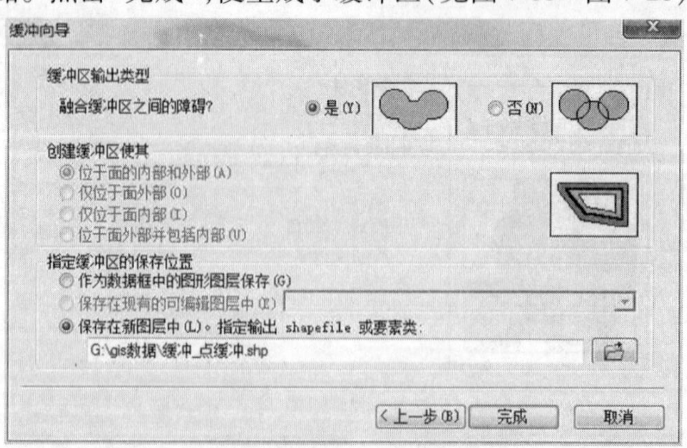

图 7-54　缓冲区设置第三步

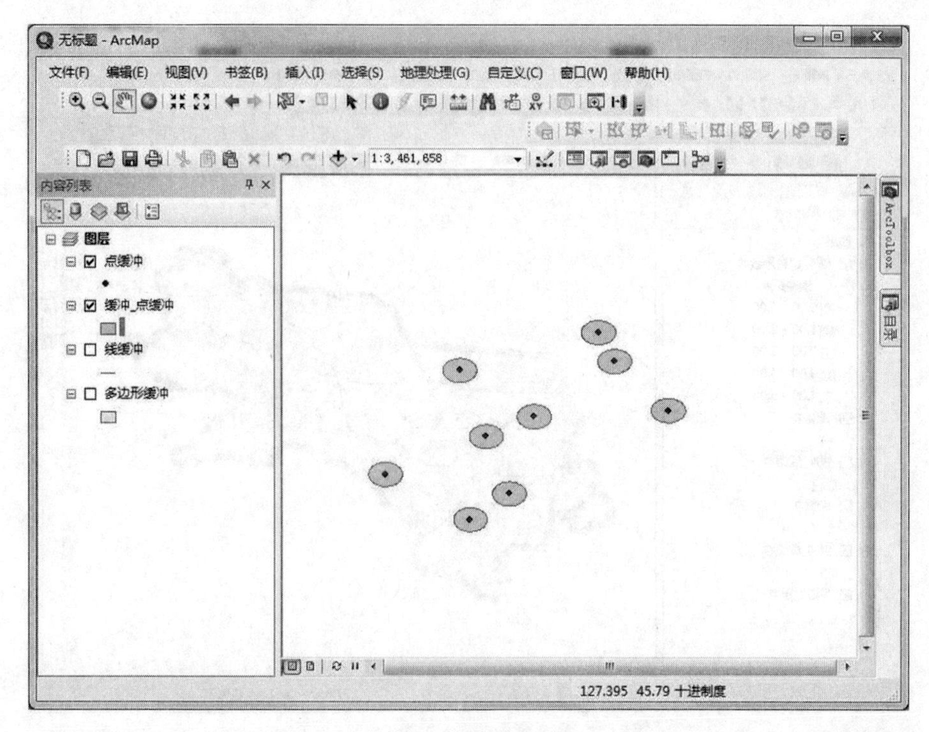

图 7-55　点的缓冲区

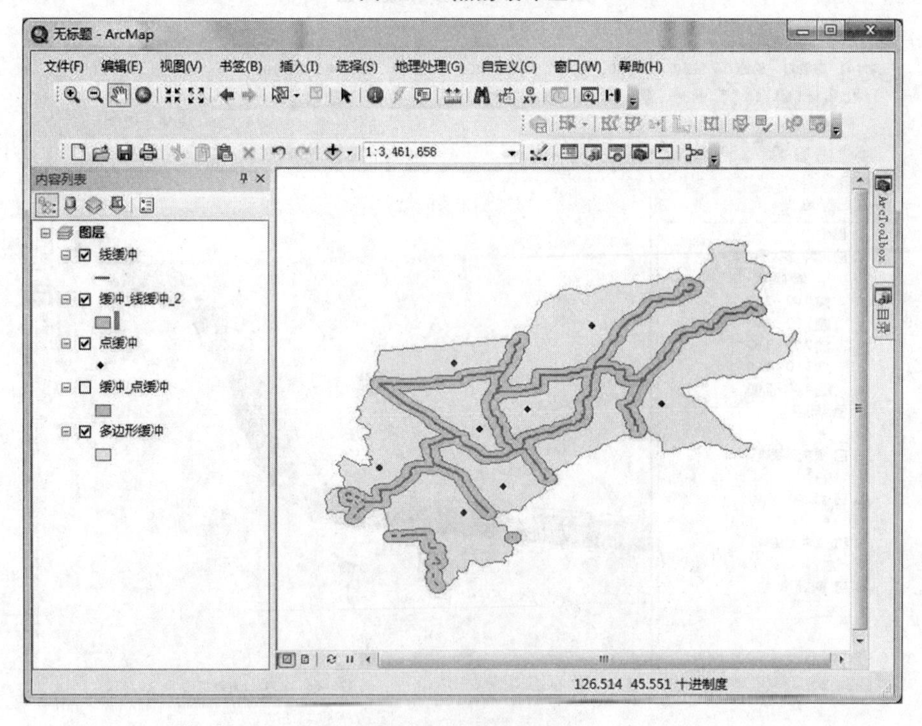

图 7-56　线的缓冲区

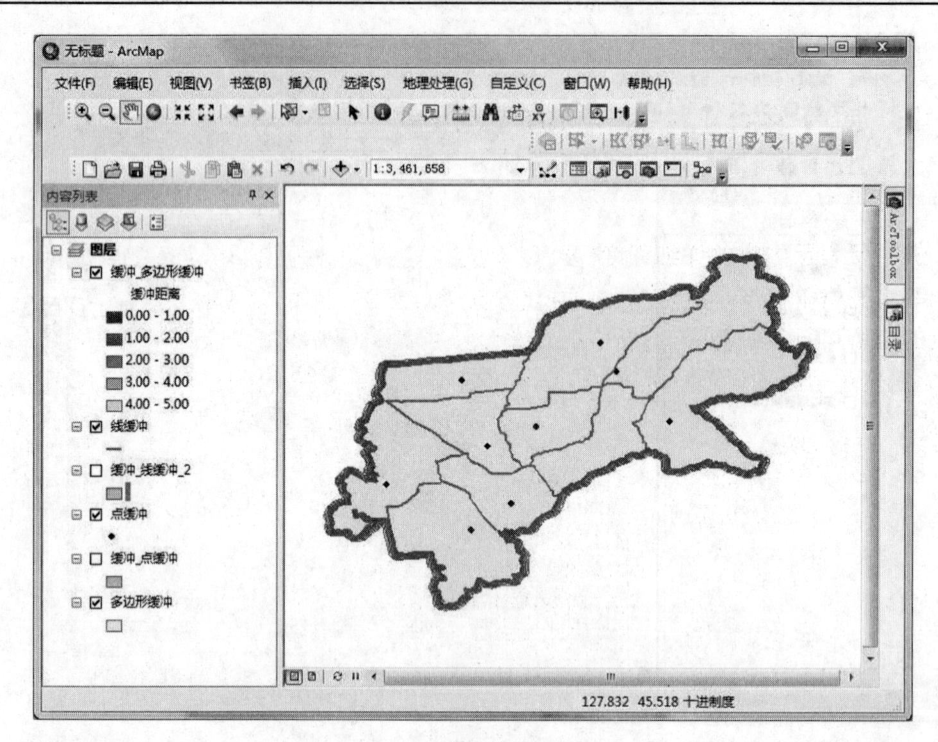

图 7-57　面的多环缓冲区

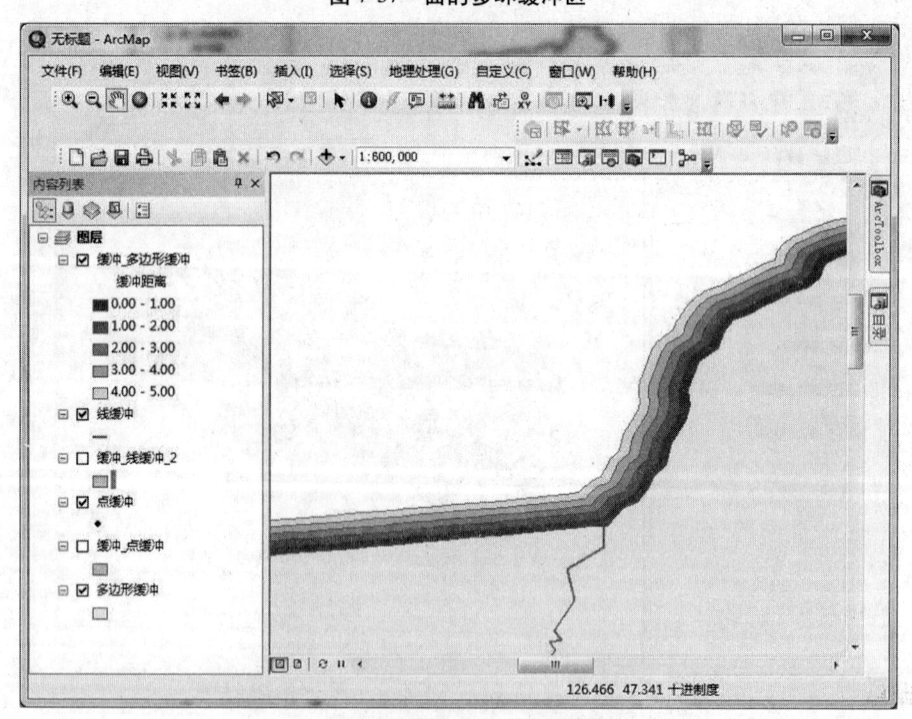

图 7-58　面的缓冲区——局部放大

第 8 章　栅格数据空间分析

栅格所表示内容的详细程度(要素/现象)通常取决于栅格的单元(像素)大小或空间分辨率。栅格单元越小,可以表达的信息越详细,但数据在计算机中的存储空间增大,计算机的分析运行效率会降低;栅格单元增大,可以减少计算机的空间存储和提高分析执行效率,但表达信息的详细程度减弱。因此,必须合理确定栅格的尺寸,图 8-1 为栅格数据示意图。

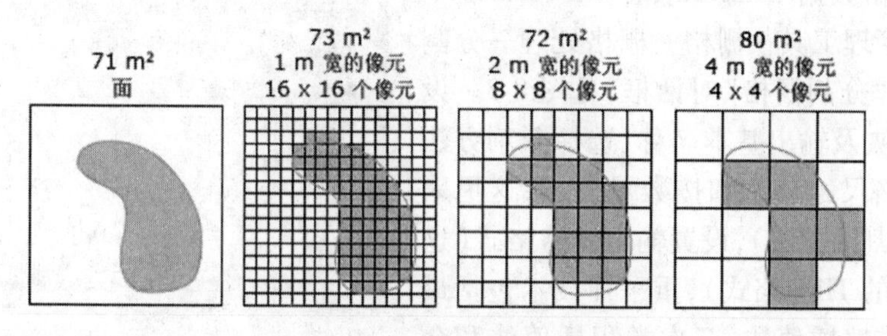

图 8-1　栅格数据示意图

基于栅格数据的空间分析必须在其扩展模块(空间分析,Spatial Analyst)被激活的情况下才能使用,激活空间分析模块的步骤是,在 ArcMap 的“自定义”主菜单下拉菜单中,选择扩展模块,在出现的对话框中将“Spatial Analyst”复选框选中即可(见图 8-2)。

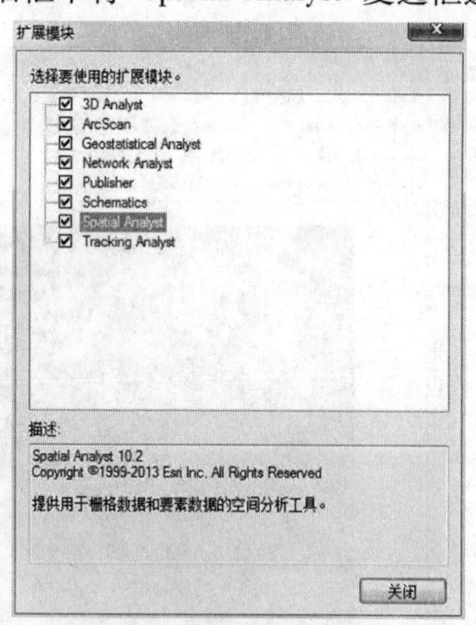

图 8-2　加载空间分析“扩展模块”对话框

栅格数据的空间分析主要包括栅格数据的拼接与裁切、栅格提取分析、距离分析、表面分析及重分类、栅格计算器等内容。

8.1 栅格数据的分割与拼接

栅格数据的分割是将一幅栅格图分割成几个栅格图。栅格数据的拼接是将两幅或多幅具有相同坐标系的在空间位置上相邻的栅格数据合并成一幅大的数据,具体拼接方式有两种:一种是把数据 1 直接拼接到数据 2 上,不生成新的数据,数据 2 发生改变;第二种是将数据 1 和数据 2 一起合并到一个新的数据 3 上,数据 1 和数据 2 不变。

8.1.1 栅格数据分割

打开栅格数据 shange.tif,在 ArcToolbox 中选择“数据管理工具—栅格—栅格处理—分割栅格”,打开“分割栅格”对话框,见图 8-3。设置输出文件夹及输出基本名称,选择分割方法(包括按栅格尺寸分割和按数量分割,这里采用按数量分割的方法),设置输出栅格格式(这里采用默认的 TIFF 格式),重采样技术包括最近邻法、双线性插值法、三次卷积插值法和众数重采样法等,在输出栅格数选项中 X 坐标填写 2,Y 坐标填写 2,即将原栅格按 2×2 数量分成 4 个栅格。点击“确定”,运行分割栅格命令,将原来栅格分成 4 个,名称为基础名称后面分别加“0、1、2、3”。分割前和分割后栅格图见图 8-4、图 8-5。

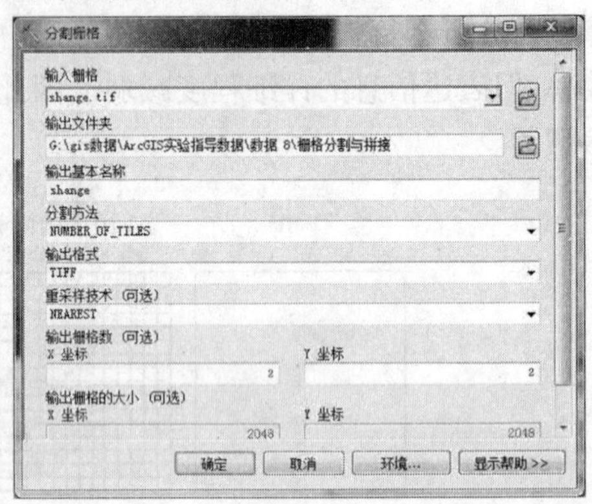

图 8-3 “分割栅格”对话框

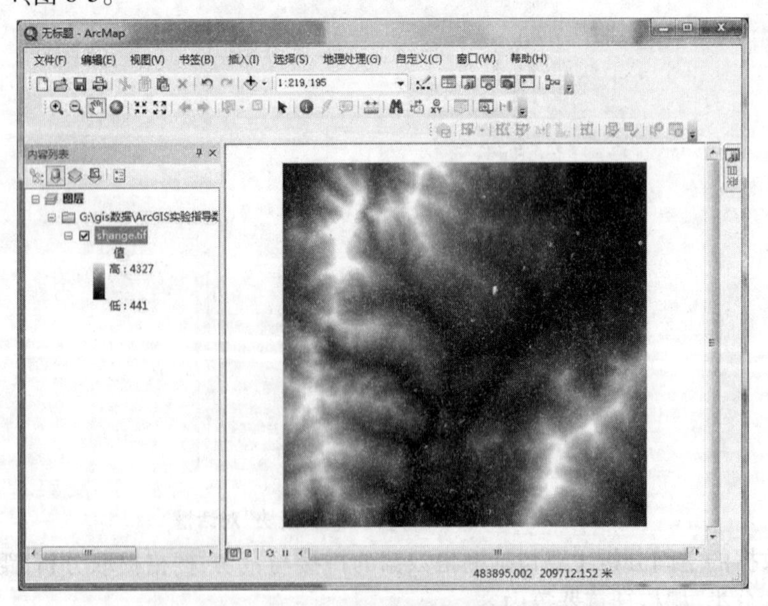

图 8-4 分割前栅格图

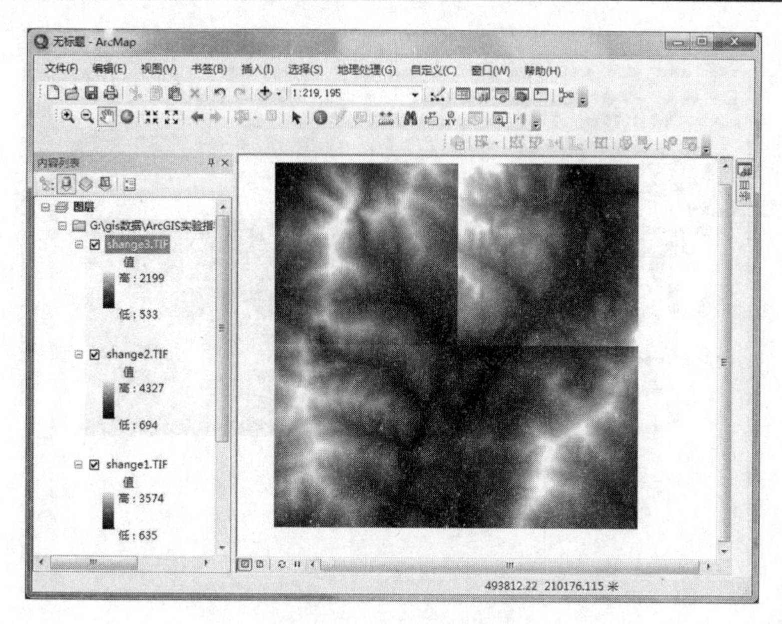

图 8-5　分割后栅格图

8.1.2　栅格数据拼接

在 ArcMap 窗口中打开分割后的两个栅格数据，在 ArcToolbox 中选择"数据管理工具—栅格—栅格数据集—镶嵌"，这种操作是将数据 1 合并到数据 2 上，在出现的对话框中确定输入栅格、目标栅格（见图 8-6），点击"确定"后，可以执行合并操作。镶嵌后图形变化见图 8-7。

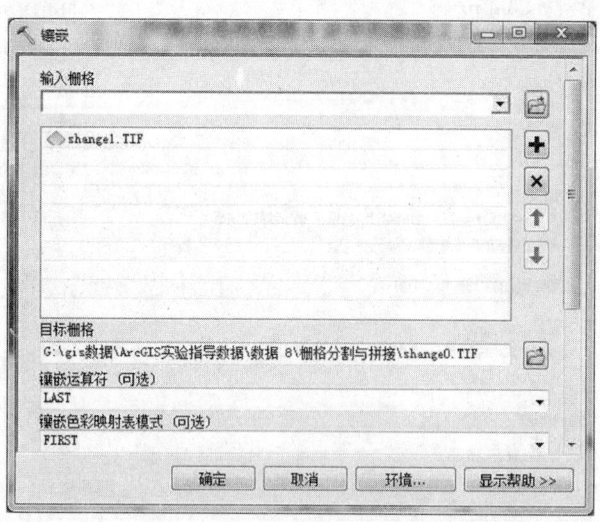

图 8-6　"镶嵌"对话框

此外也可以通过在 ArcToolbox 中选择"数据管理工具—栅格—栅格数据集—镶嵌至新栅格"来完成栅格镶嵌，只不过这种方法不是在原来栅格图上镶嵌，而是形成新的栅格

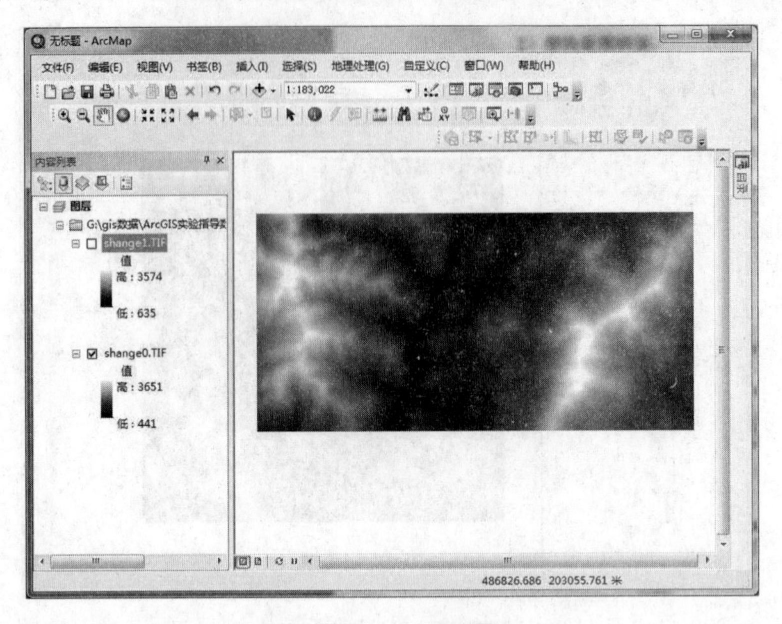

图 8-7　镶嵌后图形变化

图。在出现的对话框中添加输入栅格数据，确定输出数据存放的输出位置及具有扩展名的数据集名称，在波段数选项中填写的波段数应与输入数据的波段数一致，设置完成后点击“确定”运行镶嵌至新栅格功能。拼接后的栅格数据见图 8-9。

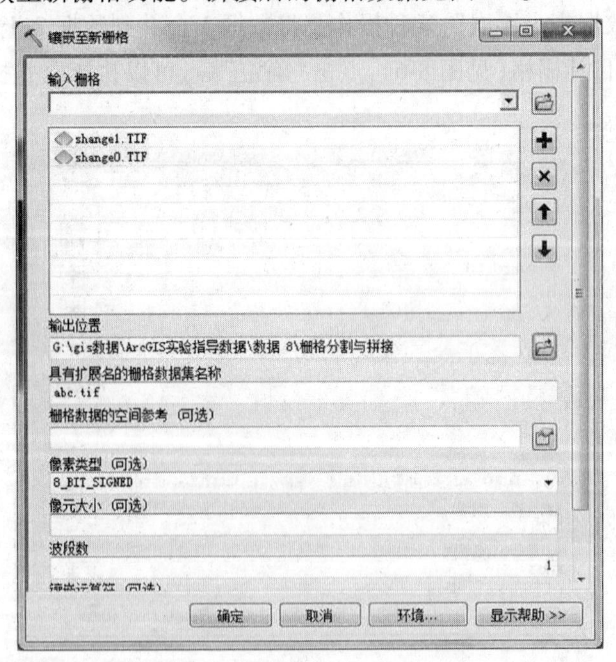

图 8-8　“镶嵌至新栅格”对话框

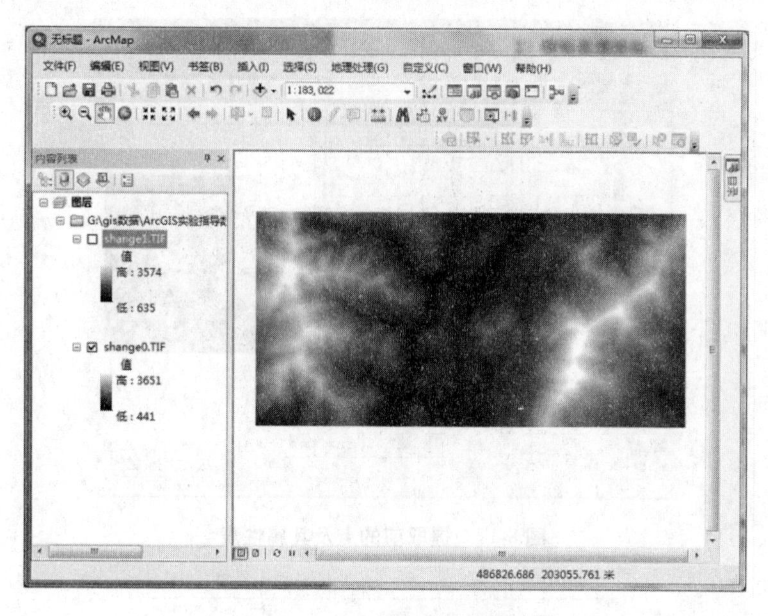

图 8-9　拼接后的栅格数据

8.2　栅格数据提取

数据提取(裁切)分为规则提取(按圆、矩形提取等)、不规则提取(按多边形提取)、属性提取等(见图 8-10)。

8.2.1　值提取至点

该操作事先要有点要素(Shape)文件,其结果是把点所在位置的栅格属性添加到点的属性表中。

从图 8-11 中可以看出,在属性表中没有关于栅格的任何数据,进行值提取至点的操作,具体步骤为“ArcToolbox—Spatial Analyst 工具—提取分析—值提取至点”,打开“值提取至点”对话框(见图 8-12)。

图 8-10　提取工具

设置输入点要素、输入栅格、输出点要素的保存位置,设置完成后点击“确定”,运行“值提取至点”,结果生成一个新的点要素,新点要素比原点状要素增加栅格提取值的一个属性字段(见图 8-13)。

8.2.2　多值提取至点

该工具是基于点要素的位置提取多个栅格值,将值存储在新的点要素的属性表中,并可以为存储栅格值设定字段名称。具体操作为“ArcToolbox—Spatial Analyst 工具—提取分析—多值提取至点”,打开“多值提取至点”对话框,见图 8-14。

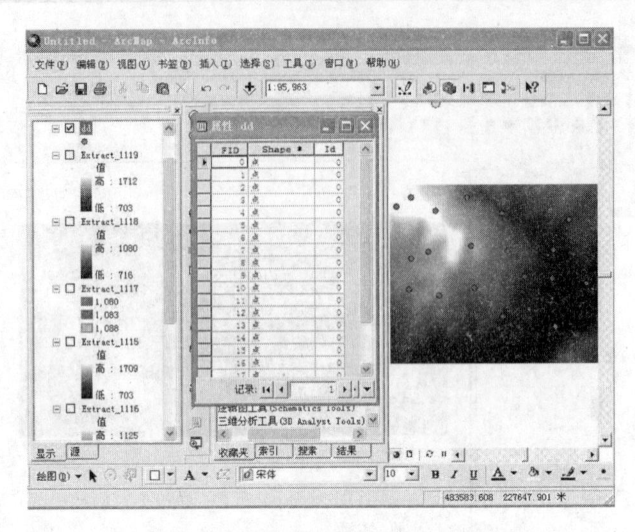

图 8-11　提取前的点及其属性表

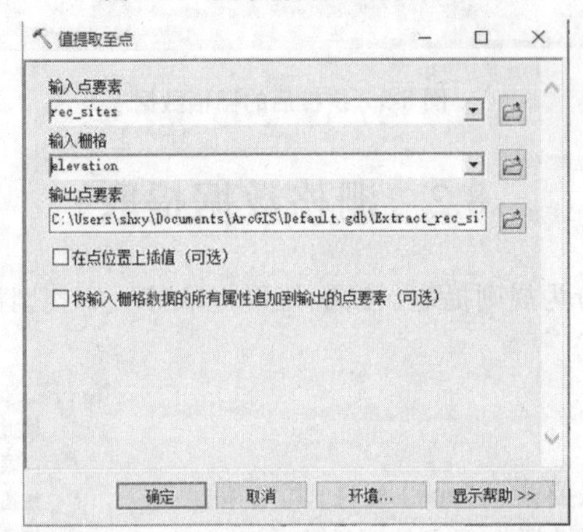

图 8-12　“值提取至点”对话框

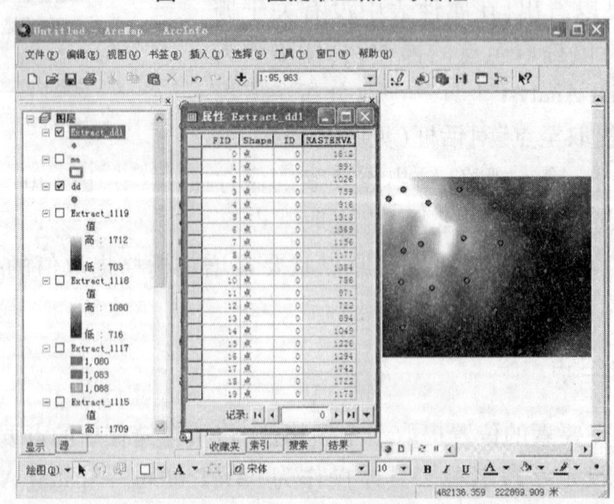

图 8-13　提取后 Shape 文件属性表的变化

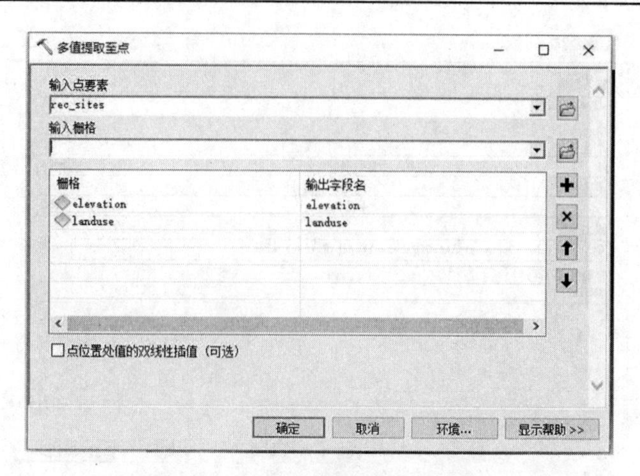

图 8-14　“多值提取至点”对话框

选定要添加值的点要素，在输入栅格位置选择要提取值的多个栅格，对栅格输出字段名称可以进行修改，设置完成后点击“确定”，多值提取至点工具运行，在点要素的属性表中即增加添加的栅格值的字段（见图 8-15），与值提取至点不同的是多值提取至点是在原点要素属性表中增加提取值的字段。

表

rec_sites

SCALE	ANGLE	landuse	elevation
1	0	5	793
1	0	4	748
1	0	5	882
1	0	5	794
1	0	5	712
1	0	4	734
1	0	4	732
1	0	2	749
1	0	4	719

0　(0 / 29 已选择)

rec_sites

图 8-15　多值提取至点后的属性表

8.2.3　按圆提取

按圆提取即提取结果为圆形，需要定义圆心坐标及半径，首先把鼠标放在图形中间的位置，记下需要提取圆形的圆心坐标，假定半径为 150 m。具体操作为“ArcToolbox—Spatial Analyst 工具—提取分析—按圆提取”，按图 8-16 设置相关参数，点击“确定”，执行操作得到结果见图 8-17。

8.2.4　按多边形提取

按多边形提取即生成的结果为多边形，但需要定义多边形拐点的坐标。具体操作为“ArcToolbox—Spatial Analyst 工具—提取分析—按多边形提取”，打开“按多边形提取”对话框（见图 8-18）。按多边形提取结果见图 8-19。

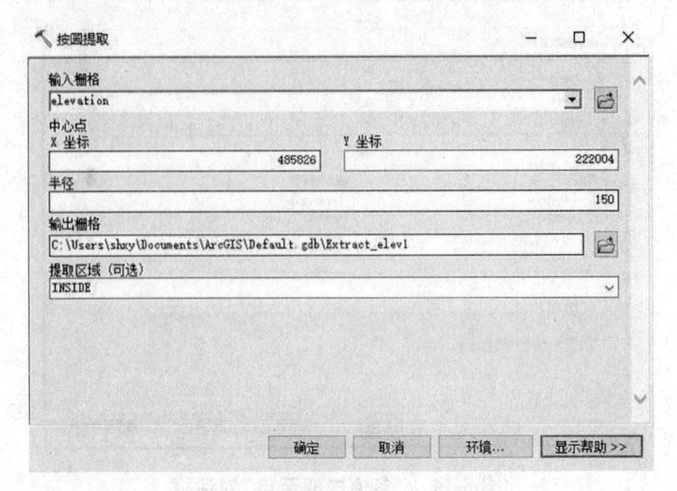

按圆提取
输入栅格
elevation
中心点
X 坐标
485826
Y 坐标
222004
半径
150
输出栅格
C:\Users\shxy\Documents\ArcGIS\Default.gdb\Extract_elev1
提取区域（可选）
INSIDE
确定
取消
环境...
显示帮助 >>

图 8-16　"按圆提取"参数设置

无标题 - ArcMap
文件(F)
编辑(E)
视图(V)
书签(B)
插入(I)
选择(S)
地理处理(G)
自定义(C)
窗口(W)
帮助(H)
1:4,483
内容列表
图层
Extract_rec_sit1
rec_sites
Extract_elev1
值
高：1125
低：1027
elevation
值
高：4327
低：441
485749.113　222120.676 米

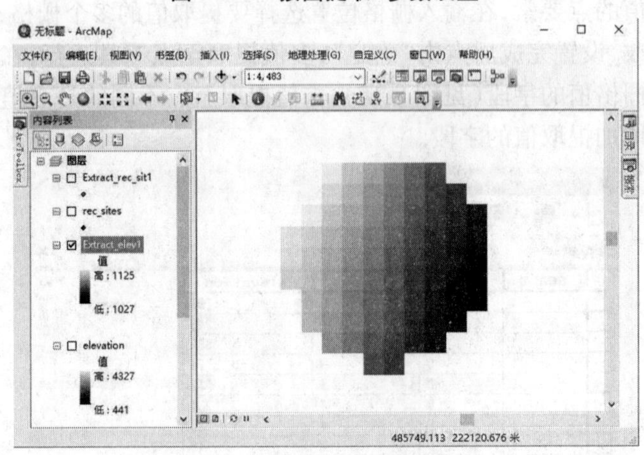

图 8-17　按圆形区域裁切的结果

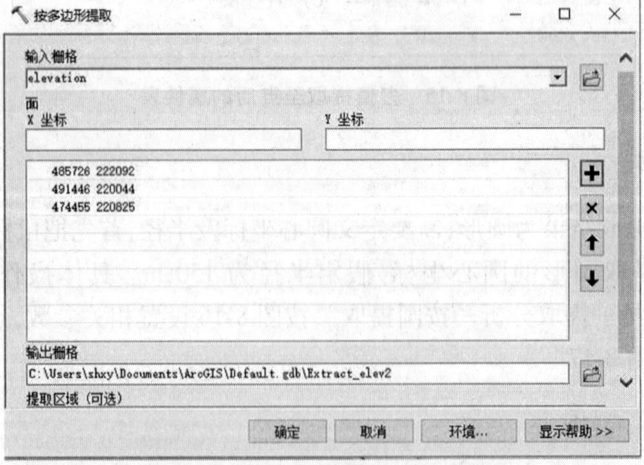

按多边形提取
输入栅格
elevation
面
X 坐标
Y 坐标
485726 222092
491446 220044
474455 220825
输出栅格
C:\Users\shxy\Documents\ArcGIS\Default.gdb\Extract_elev2
提取区域（可选）
确定
取消
环境...
显示帮助 >>

图 8-18　"按多边形提取"对话框

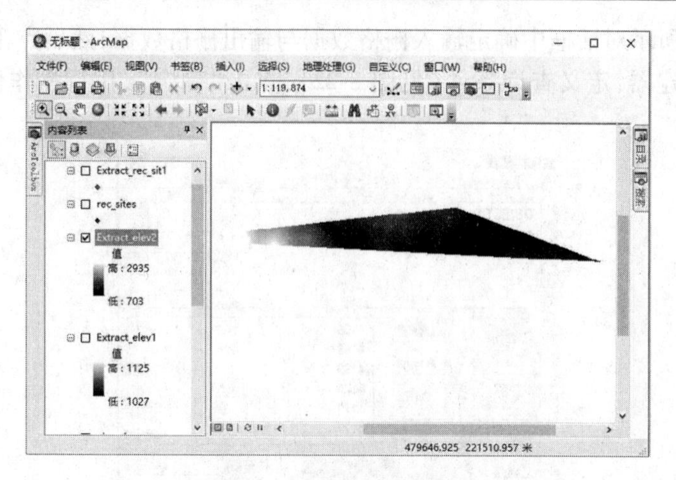

图 8-19　按多边形提取结果

8.2.5　按属性提取

按属性提取是按照给定的条件提取相应的属性值,其原理如图 8-20 所示。

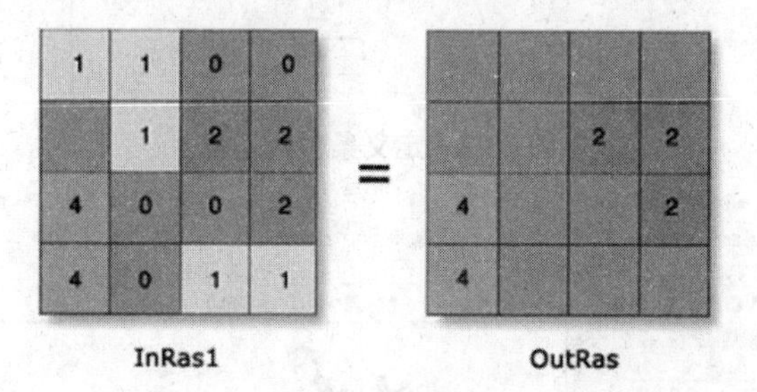

图 8-20　提取栅格值大于等于 2 的结果

具体操作步骤为“ArcToolbox—Spatial Analyst 工具—提取分析—按属性提取”,打开“按属性提取”对话框(见图 8-21)。

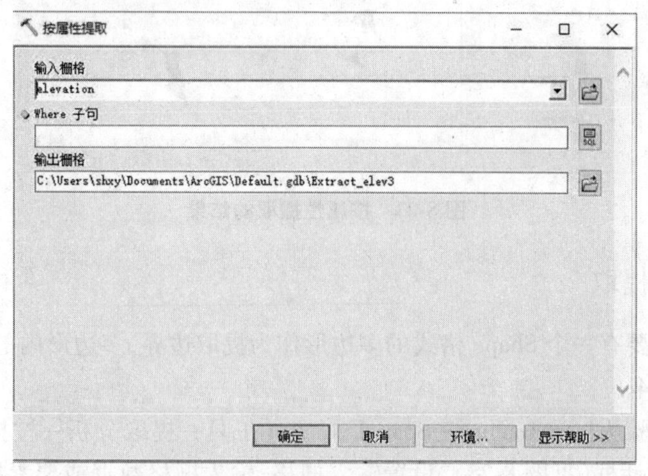

图 8-21　“按属性提取”对话框

在图 8-21 所示对话框中确定输入栅格数据与输出栅格数据，然后点击条件语句右侧的 SQL 查询构建器，定义查询条件（见图 8-22），点击“确定”，执行操作便得到结果（见图 8-23）。

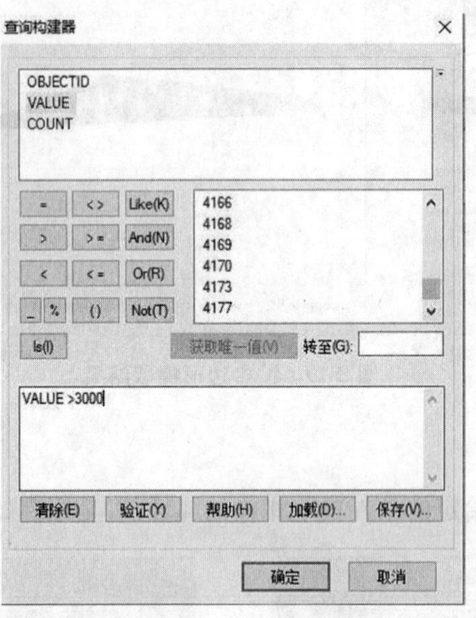

图 8-22　定义条件对话框

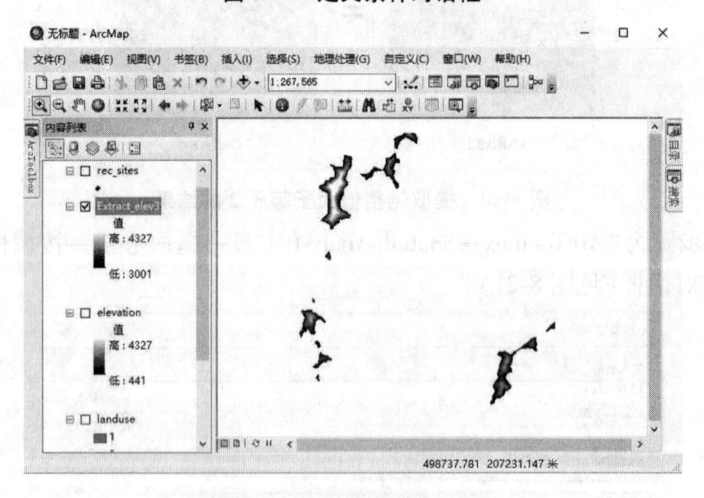

图 8-23　按属性提取的结果

8.2.6　按掩膜提取

掩膜提取需要有一个 Shape 格式的多边形作为提取边界，多边形内的栅格保留，以外的删除，见图 8-24。

具体操作步骤为“ArcToolbox—Spatial Analyst 工具—提取分析—按掩膜提取”，打开“按掩膜提取”对话框（见图 8-25），设置输入栅格、输入栅格数据或要素掩膜数据及输出栅格保存路径后点击“确定”，得到提取结果见图 8-26。

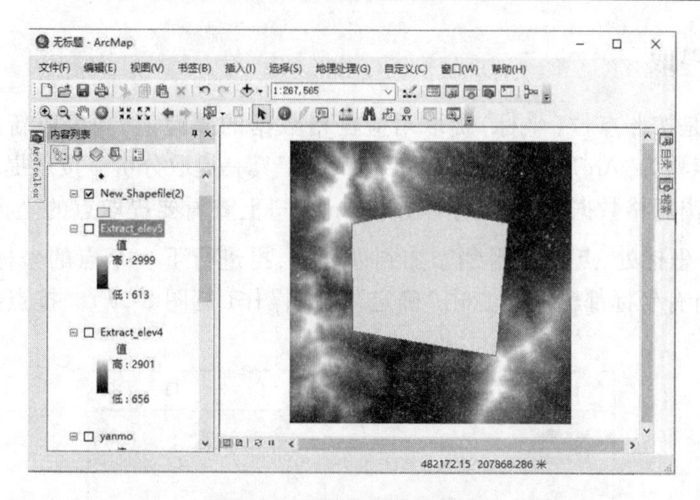

图 8-24　删除之前的数据

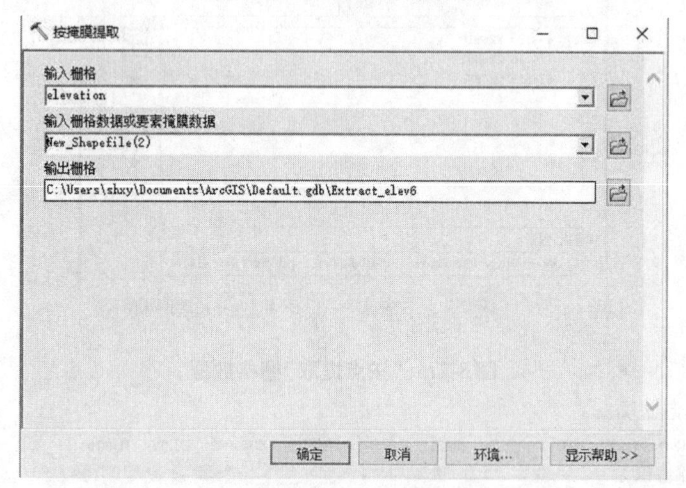

图 8-25　“按掩膜提取”对话框

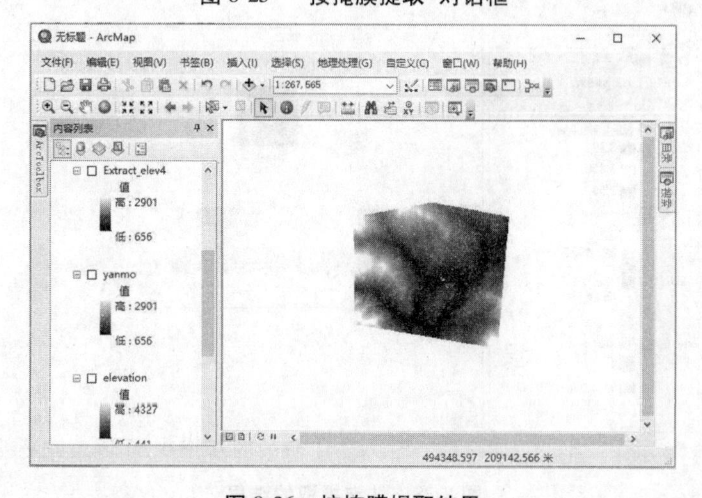

图 8-26　按掩膜提取结果

8.2.7　按点提取

按点提取是按照点位(坐标)提取对应栅格数据的属性值,并生成新的点状栅格数据,具体操作步骤为“ArcToolbox—Spatial Analyst 工具—提取分析—按点提取”,确定输入栅格数据与输出栅格数据后,用鼠标在 ArcMap 窗口上查看要提取点的坐标,将坐标输入到 X 坐标与 Y 坐标处,点击右侧➕添加到列表中,再进行下一个点的坐标输入,然后添加到列表中,所有坐标都输入后点击“确定”完成操作(见图 8-27)。按点提取的结果见图 8-28。

图 8-27　“按点提取”栅格数据

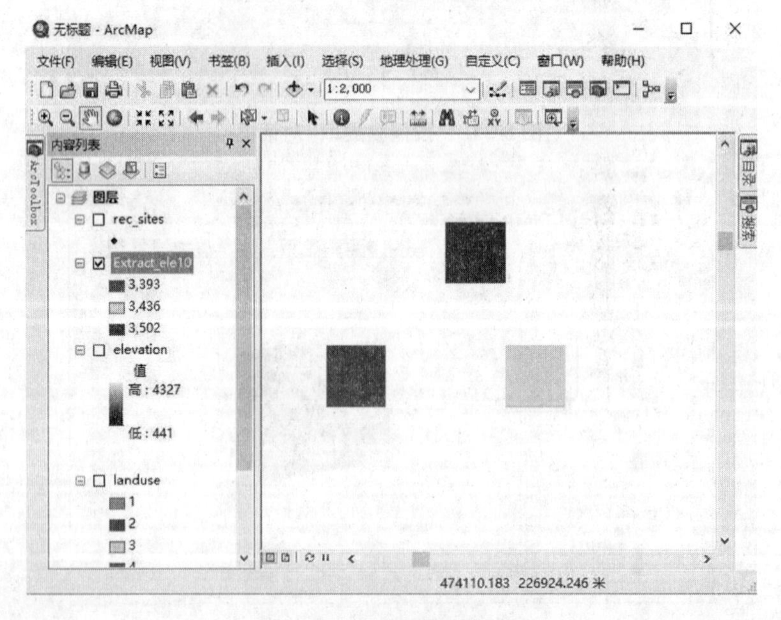

图 8-28　按点提取的结果

8.2.8 按矩形提取

按矩形提取生成结果为矩形，提取时需要定义四个角点的坐标，或者有 Shape 的多边形文件，在这种情况下提取多边形的最上、最下、最左、最右点坐标作为矩形四个角点坐标，具体操作步骤为“ArcToolbox—Spatial Analyst 工具—提取分析—按矩形提取”，打开“按矩形提取”对话框（见图 8-29）。按矩形提取结果见图 8-30。

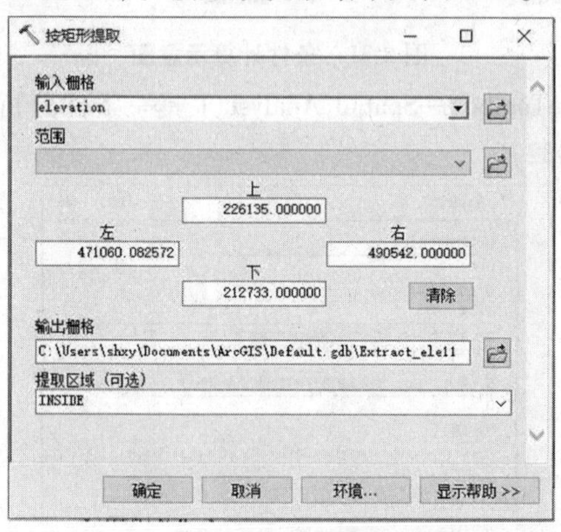

图 8-29 “按矩形提取”对话框

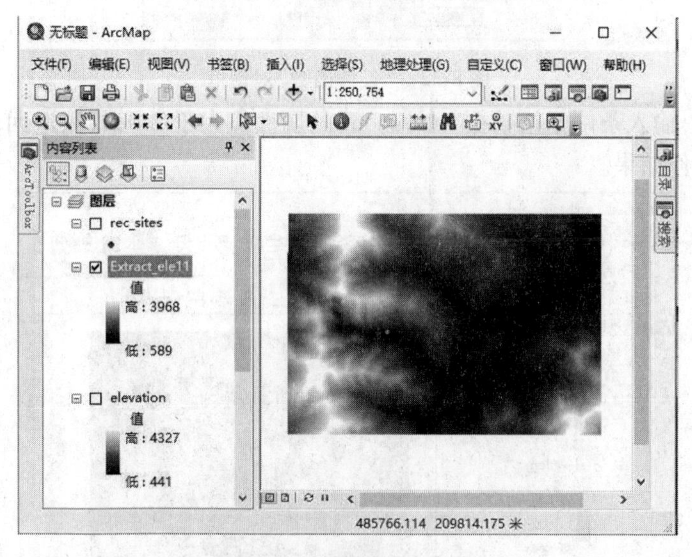

图 8-30 按矩形提取结果

8.3 条件分析

满足某条件返回一个值，不满足返回另一个值，如图 8-31 所示，如果栅格值大于等于 2 则返回值为 40，若不满足则返回 30。

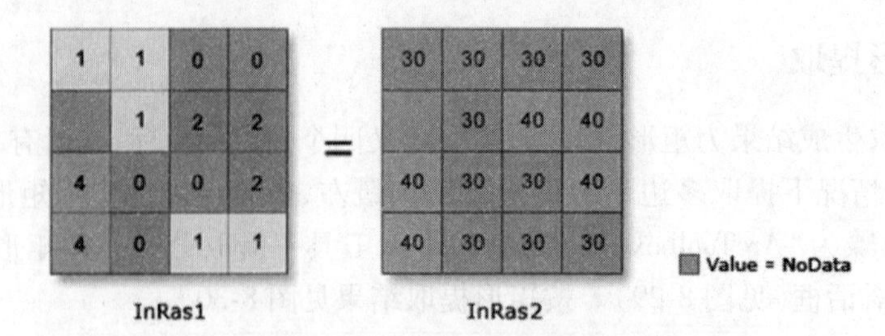

图 8-31　条件计算示意图

具体操作步骤:"ArcToolbox—Spatial Analyst 工具—条件分析—条件函数",打开"条件函数"对话框(见图 8-32)。

图 8-32　"条件函数"对话框

图 8-32 中,输入条件栅格数据"elevation"的属性值大于 2 000,则返回值为 1,否则为 0,图 8-33 为操作结果。

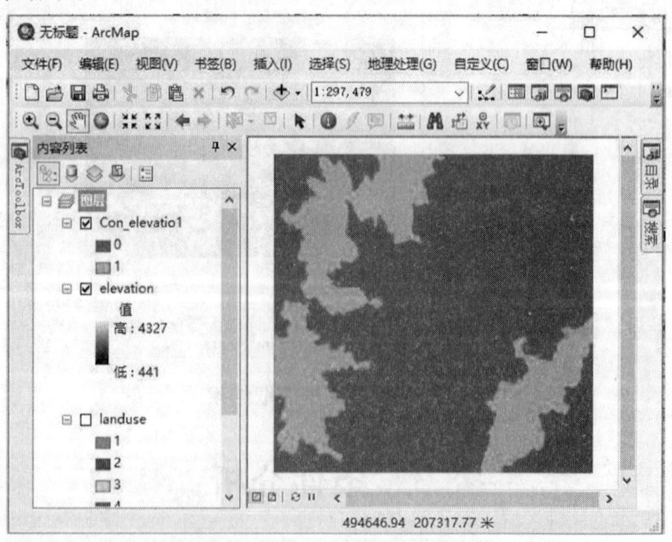

图 8-33　条件函数分析结果

8.4　叠加分析

叠加分析(加权总和)表示具有相同坐标系同一地区不同的栅格数据按照不同的权重求和,例如某地区的坡度图、温度图和降水量图,三个图层所占的权重分别为 0.4、0.3、0.3,则综合评价该区域的土地质量可以用公式表示:

坡度图×0.4+温度图×0.3+降水量图×0.3

其中权重可以自由确定,最终目的是将不同的栅格数据合到一起。具体操作步骤为"ArcToolbox—Spatial Analyst 工具—叠加分析—加权总和";打开"加权总和"对话框(见图 8-34)。设置好输入栅格及各栅格的权重及保存路径后点击"确定",即可运行三个栅格图层的加权叠加分析。

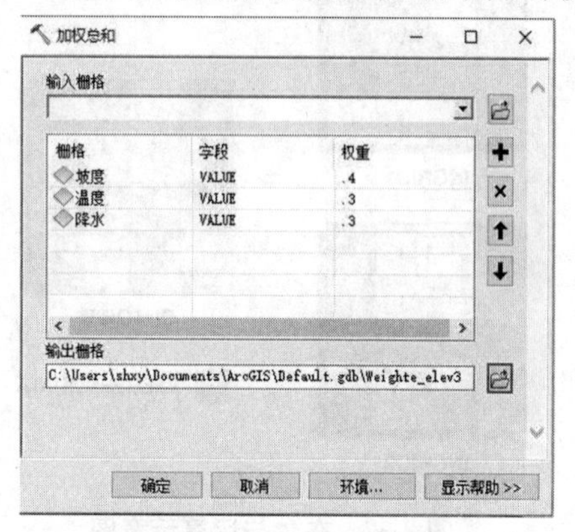

图 8-34　"加权总和"对话框

8.5　算数运算

ArcToolbox提供了几十种函数,以Abs(绝对值)为例,只需提供输入栅格数据,然后确定输出栅格数据即可,操作比较简单,但该运算是对整个栅格数据进行的函数运算。

(1)函数运算:"ArcToolbox—Spatial Analyst 工具—数学分析—Abs",打开"Abs"运算对话框(见图 8-35)。

(2)三角函数运算:"ArcToolbox—Spatial Analyst 工具—数学分析—三角函数—ACos",打开"ACos"运算对话框(见图 8-36)。

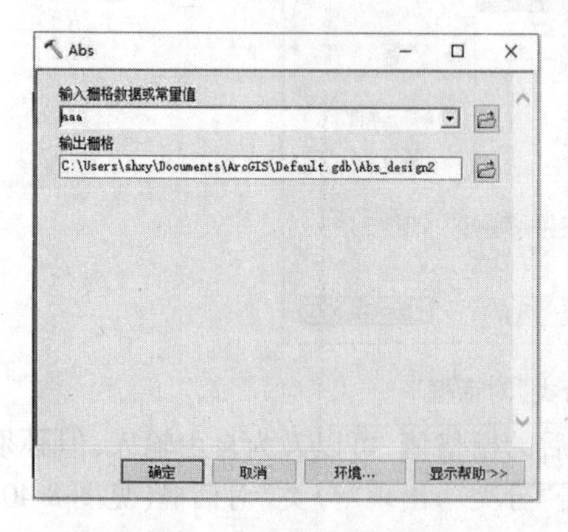

图 8-35　"Abs"运算对话框

图 8-36　"ACos"运算对话框

(3)逻辑运算:以布尔与为例,寻找两个栅格数据,如果两个输入值都为真(非零),则输出值为 1;如果一个或两个输入值为假,则输出为 0。具体如图 8-37 所示。

具体操作步骤为“ArcToolbox—Spatial Analyst 工具—数学分析—逻辑运算—布尔与，打开“布尔与”运算对话框(见图 8-38)。

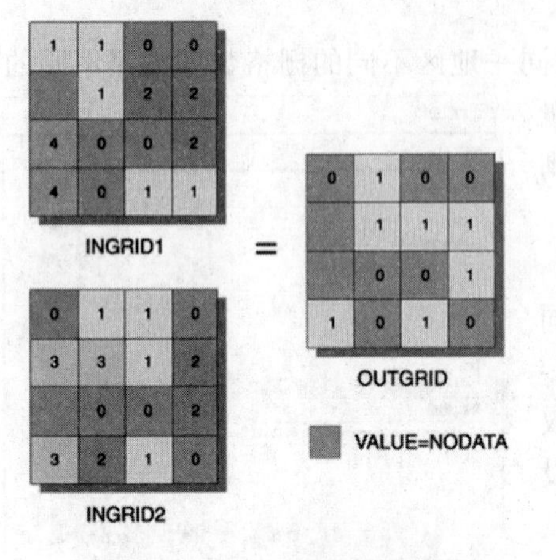

图 8-37 布尔与运算示意图

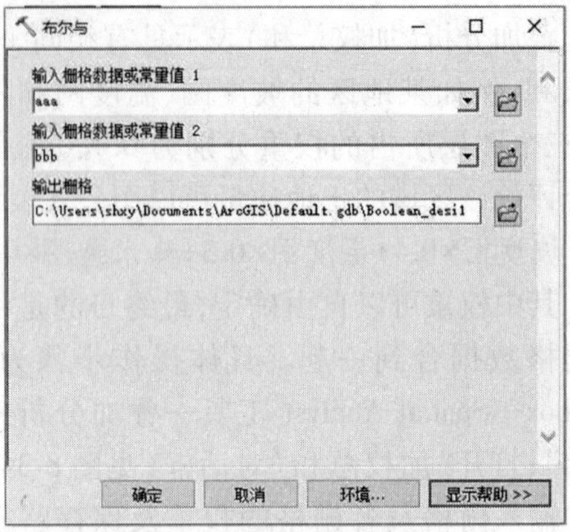

图 8-38 “布尔与”运算对话框

8.6 重分类

重分类是将给定的栅格数据的属性值按照需求重新进行分类，具体操作步骤为“ArcToolbox—Spatial Analyst 工具—重分类”，打开“重分类”对话框(见图 8-39)。

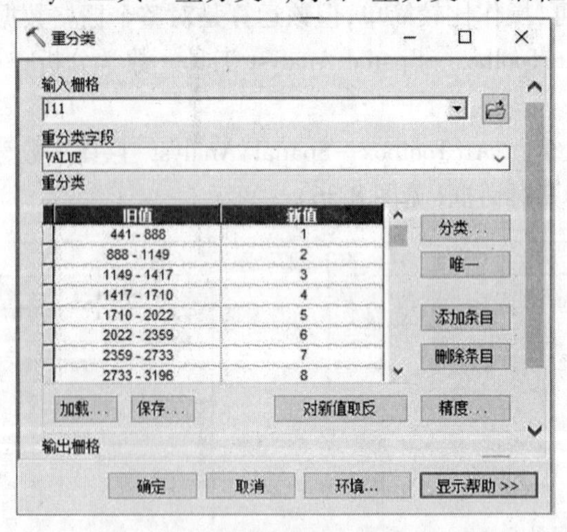

图 8-39 “重分类”对话框

确定输入栅格与输出栅格后，新值即分类后的栅格值，可以人为自由输入，但必须为数字，分类数量与分类标准可以自己确定，点击“分类”，出现“分类”对话框(见图 8-40)。

在图 8-40 所示对话框中首先选择分类方法，在其下有分类数量，也可调整，分类值可以直接输入，也可拖动蓝色线(分类线)来确定。分类前的栅格数据和分类后的栅格数据分别见图 8-41、图 8-42。

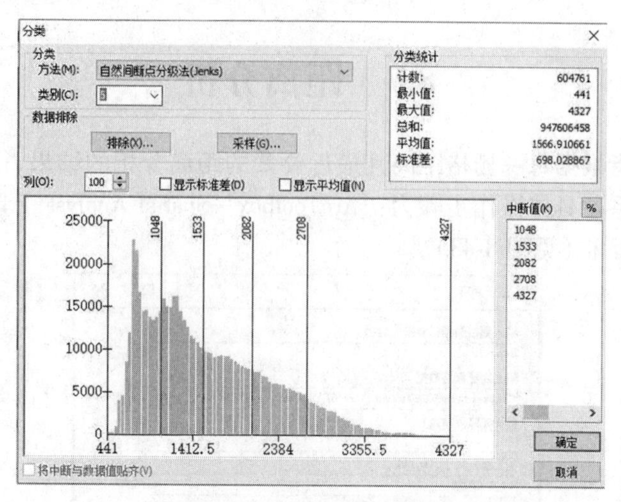

图 8-40 “分类”对话框

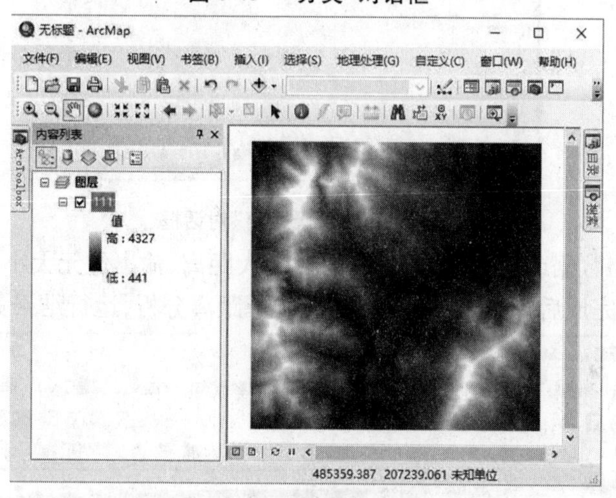

图 8-41　分类前的栅格数据

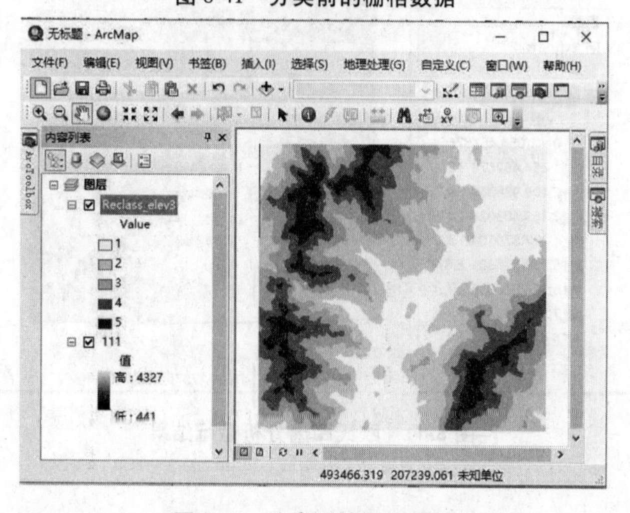

图 8-42　分类后的栅格数据

8.7　距离分析

距离分析是指根据每一栅格距离其最近要素的距离分析的结果,得到每一栅格与其临近源的相互关系。具体操作步骤为:“ArcToolbox—Spatial Analyst 工具—欧氏距离”,打开“欧氏距离”对话框(见图 8-43)。

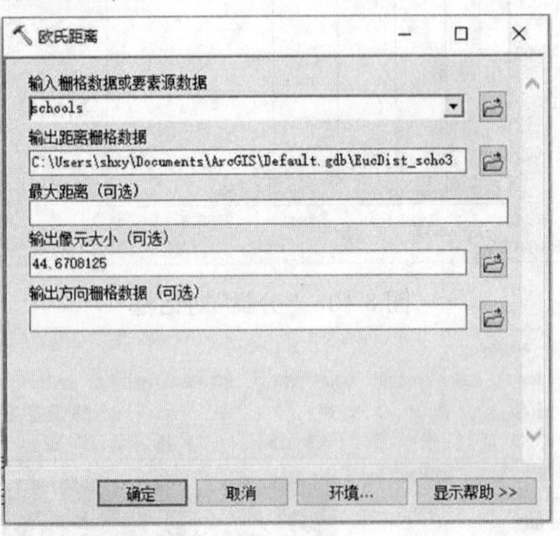

图 8-43　“欧氏距离”对话框

设置输入栅格数据或要素源数据及输出,最大距离、输出像元大小及输出方向栅格数据为可选项,设置完成后点击“确定”,即运行欧氏距离分析,运行结果见图 8-44。

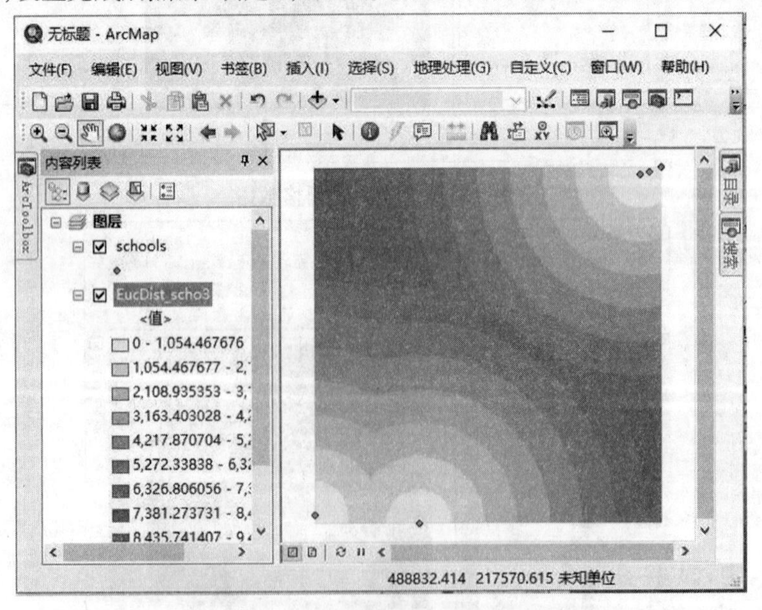

图 8-44　欧氏距离分析运行结果

8.8　表面分析

表面分析是为了获得原始数据中暗含的空间特征信息,以数字地形模型为基础数据,在其上进行坡向、坡度、阴影、曲率、等值线、等值线序列、观察点和视域等设置。

8.8.1　坡向分析

在 ArcGIS 中将坡向分成 8 个方向,具体见图 8-45,以数值形式来表示,从正北(N)起算,为 0°,顺时针转一圈到 360°,其中 337.5 ~ 360 为正北,0 ~ 22.5 为北,22.5 ~ 67.5 为东北,以此类推,共 8 个,还有一个为水平方向,共 9 个。

具体操作步骤为:“ArcToolbox—Spatial Analyst 工具—表面分析—坡向”,打开“坡向”对话框(见图 8-46)。

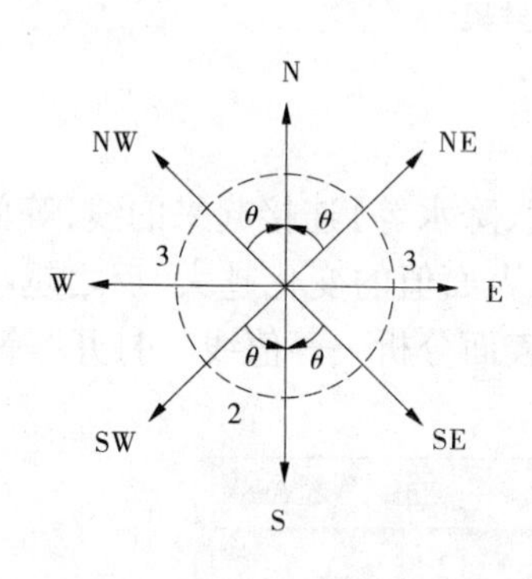

图 8-45　ArcGIS 坡向示意图

图 8-46　“坡向”对话框

设置输入数据与输出栅格后,点击“确定”即完成操作。原始数据和坡度分析的结果见图 8-47、图 8-48。

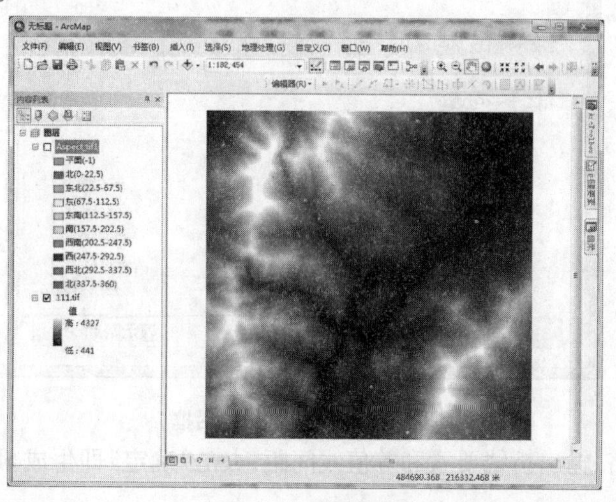

图 8-47　原始数据

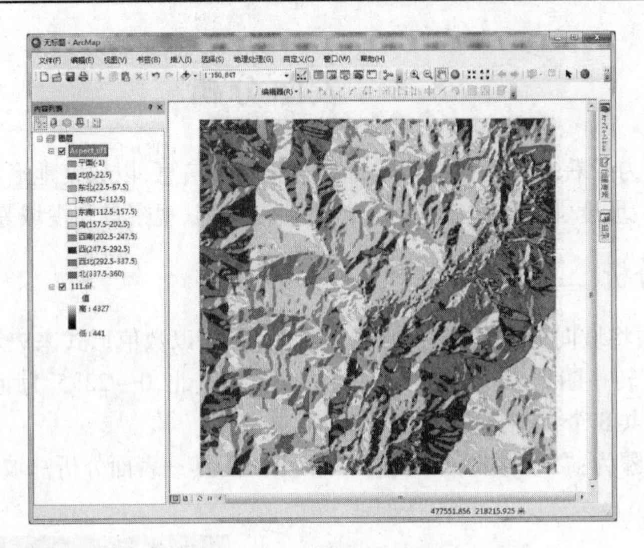

图 8-48　坡度分析的结果

8.8.2　等值线分析

该工具是将表面上相邻的等值点（如高程、温度、降水等）连接起来的线，等值线的分布显示出整个表面上值的变化情况，等值线越密集，表面值的变化越大，反之越小。具体的操作步骤为："ArcToolbox—Spatial Analyst 工具—表面分析—等值线"，打开"等值线"对话框（见图 8-49）。

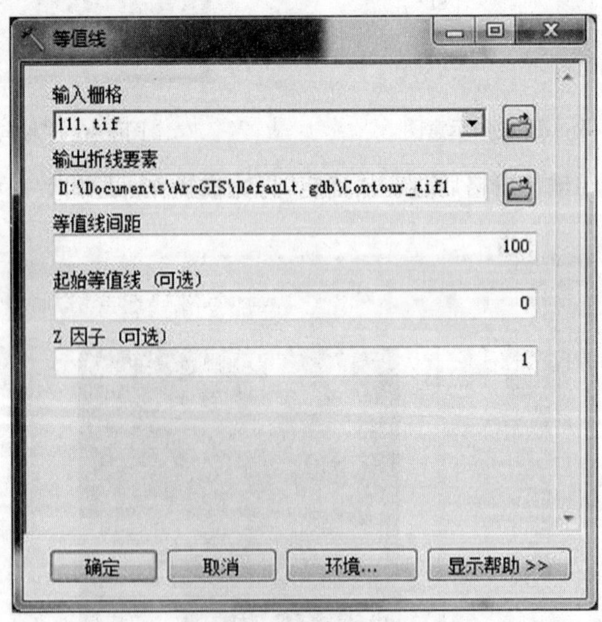

图 8-49　"等值线"对话框

设置输入栅格、输出折线要素和等值线间距，点击"确定"即生成 Shape 形式的等高线（见图 8-50）。

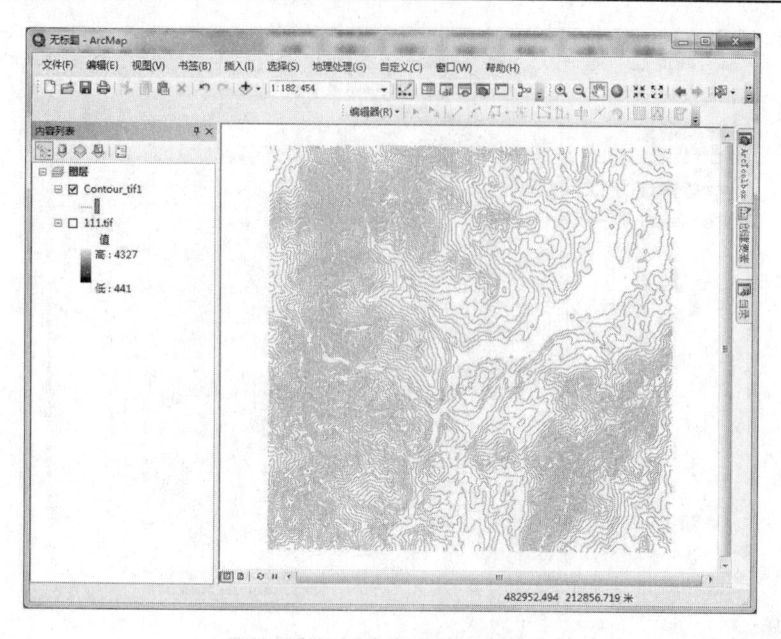

图 8-50　等值线分析的结果

8.8.3　等值线序列

该工具是生成指定高度的等高线，具体操作步骤为："ArcToolbox—Spatial Analyst 工具—表面分析—等值线序列"，打开"等值线序列"对话框见图 8-51。等值线序列运行的结果见图 8-52。

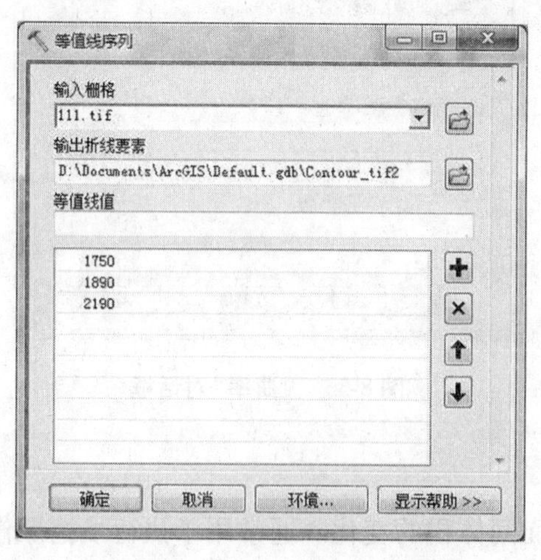

图 8-51　"等值线序列"对话框

8.8.4　曲率分析

该工具主要输出结果为每个像元的表面曲率。曲率为正，说明该像元的表面向上凸；曲率为负，说明该像元的表面开口朝上凹入。值为 0 说明表面是平的。具体操作步骤为："ArcToolbox—Spatial Analyst 工具—表面分析—曲率"，打开"曲率"对话框（见

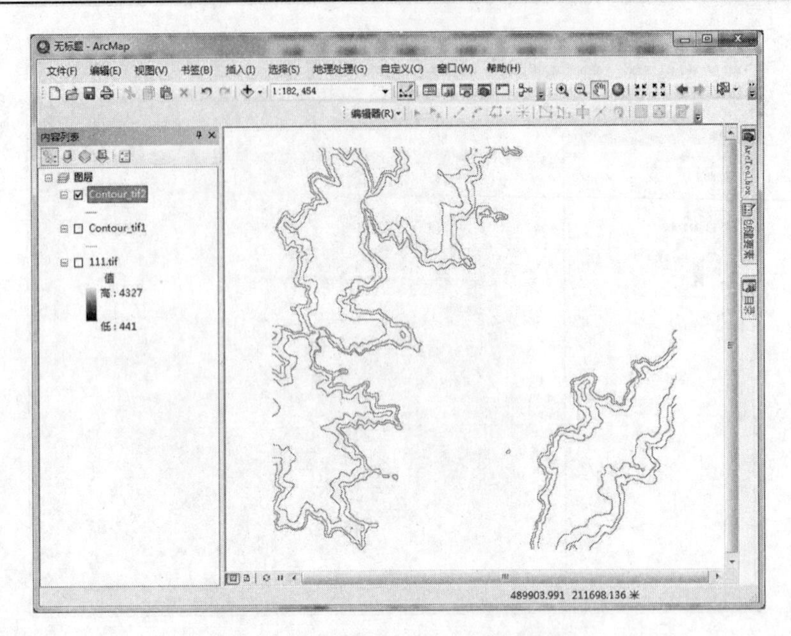

图 8-52　等值线序列运行的结果

图 8-53)。曲率分析结果见图 8-54。

图 8-53　“曲率”对话框

8.8.5　填挖方分析

该工具是计算两表面间体积的变化。通常用于执行填挖操作,默认情况下,将使用专用渲染器来高亮显示执行填挖操作的位置。该渲染器将被挖的区域绘制成蓝色,将被填的区域绘制成红色。没有变化的区域将显示为灰色。具体操作步骤为:“ArcToolbox—Spatial Analyst 工具—表面分析—填挖方”,打开“填挖方”对话框(见图 8-55)。填挖方运用结果见图 8-56。

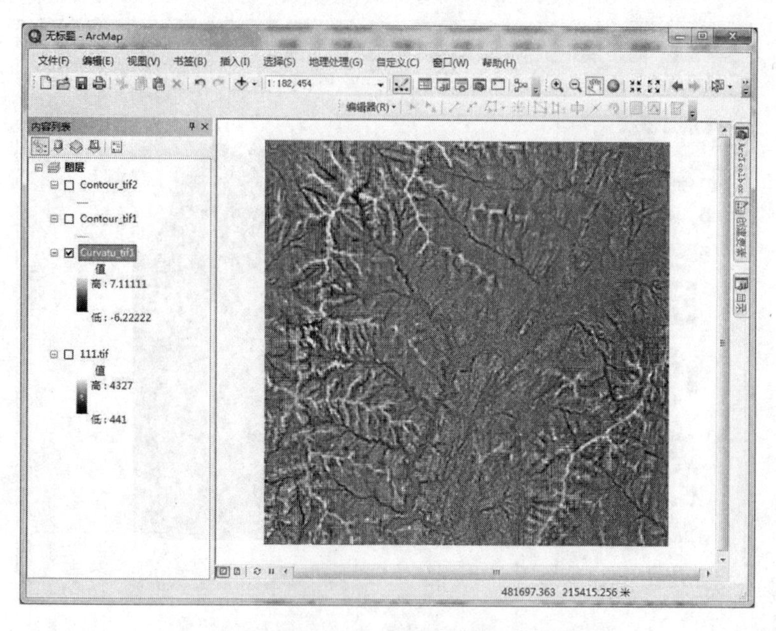

图 8-54　曲率分析结果

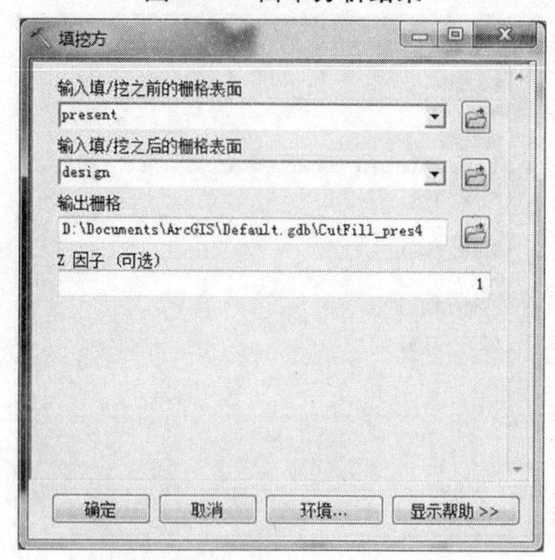

图 8-55　“填挖方”对话框

8.8.6　山体阴影分析

该工具考虑的主要因素是太阳(照明源)在天空中的位置。“方位角”(Azimuth)指的是太阳的角度方向,是以北为基准方向在 0°~360°内按顺时针进行测量的。90°的方位角为东。此工具默认方向角为 315°(NW)。“高度角”(Altitude)指的是太阳高出地平线的角度或坡度。高度的单位为度,范围为 0°(位于地平线上)~90°(位于头上)。此工具默认值为 45°。具体操作步骤为:“ArcToolbox　Spatial Analyst 工具—表面分析—山体阴影”,打开“山体阴影”对话框(见图 8-57)。山体阴影分析的结果见图 8-58。

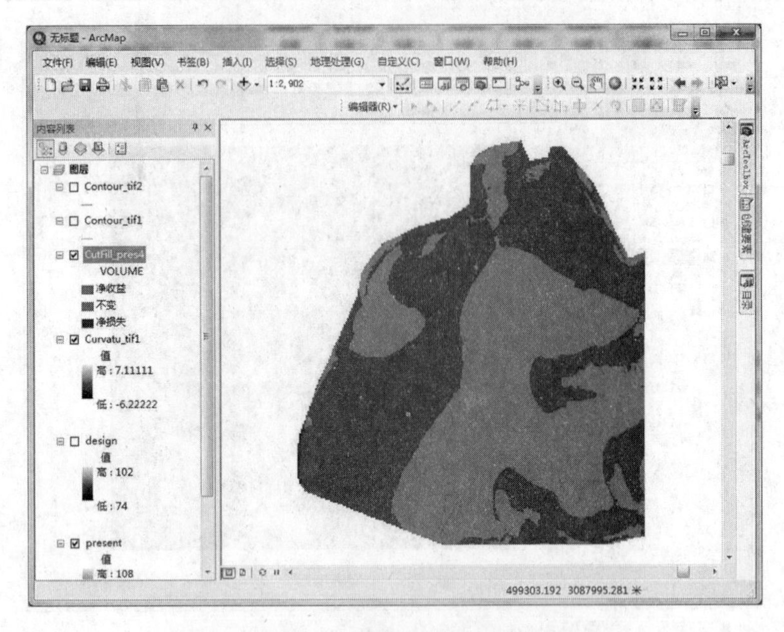

图 8-56　填挖方运行结果

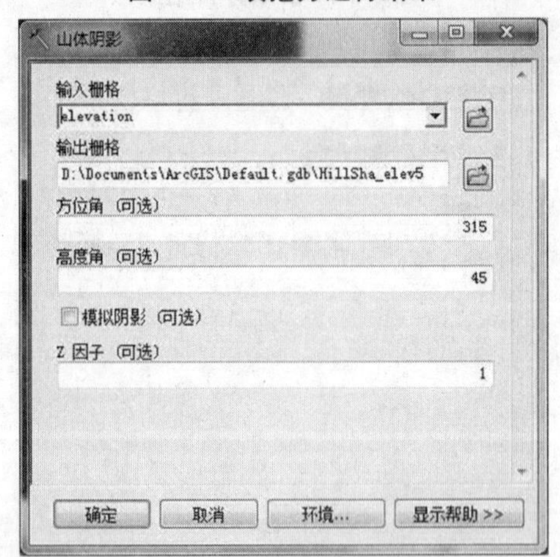

图 8-57　“山体阴影”对话框

8.8.7　视点分析

视点分析工具生成的是在观测点处能够看到哪些位置的像元的二进制编码信息，可见性信息存储在 VALUE 项中。如果要显示通过视点 fid 值等于 1 时能看到的所有栅格区域，就打开输出栅格属性表，然后选择视点 1（OBS1）等于 1 而其他所有视点等于 0 的记录。具体操作步骤为：“ArcToolbox—Spatial Analyst 工具—表面分析—视点分析”，打开“视点分析”对话框（见图 8-59）。视点分析的结果见图 8-60。

有一点需要注意，视点分析的观察点要素中观察点数量不能多于 16 个，否则运行会出错。

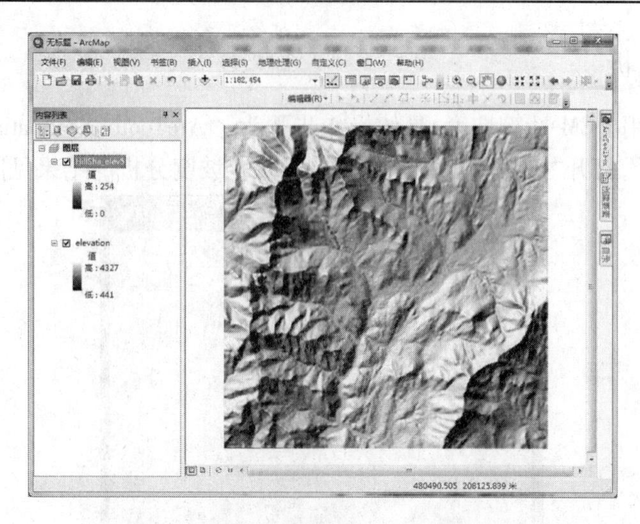

图 8-58　山体阴影分析的结果

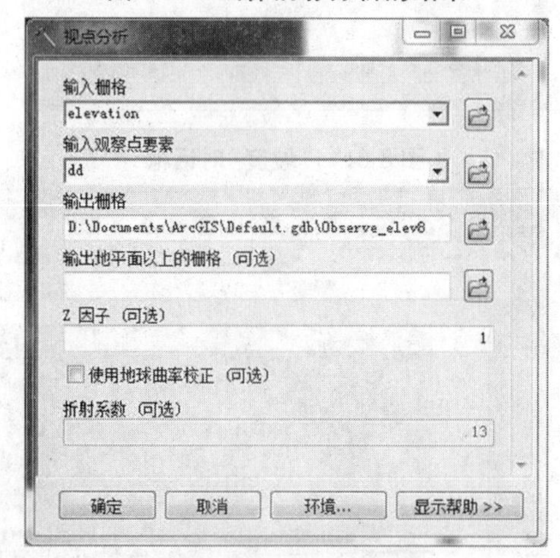

图 8-59　“视点分析”对话框

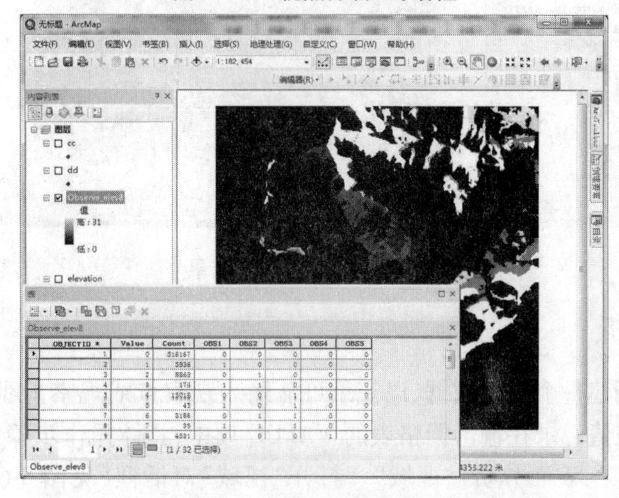

图 8-60　视点分析的结果

8.8.8　坡度分析

该工具是利用 DEM 计算坡度,具体操作步骤为:“ArcToolbox—Spatial Analyst 工具—表面分析—坡度”,打开“坡度”对话框(见图 8-61)。坡度分析的结果见图 8-62。

图 8-61　“坡度”对话框

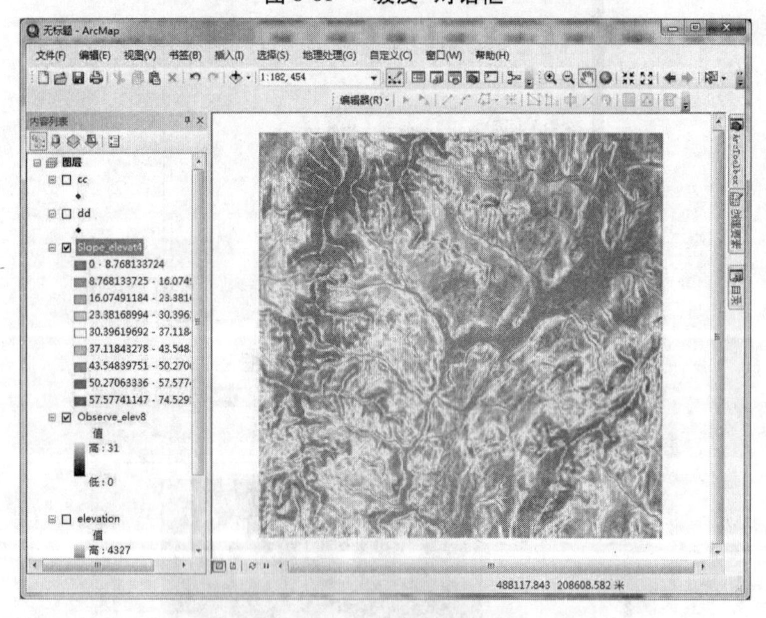

图 8-62　坡度分析的结果

8.8.9　视域分析

视域工具会创建一个栅格数据,以记录可从输入观察点或观察折线要素位置看到每个区域的次数。该值记录在输出栅格表的 VALUE 项中,具体操作步骤为:“ArcToolbox—Spatial Analyst 工具—表面分析—视域”。打开“视域”对话框(见图 8-63)。视域分析的观察点数量没有上限限制。视域分析结果及属性表见图 8-64。

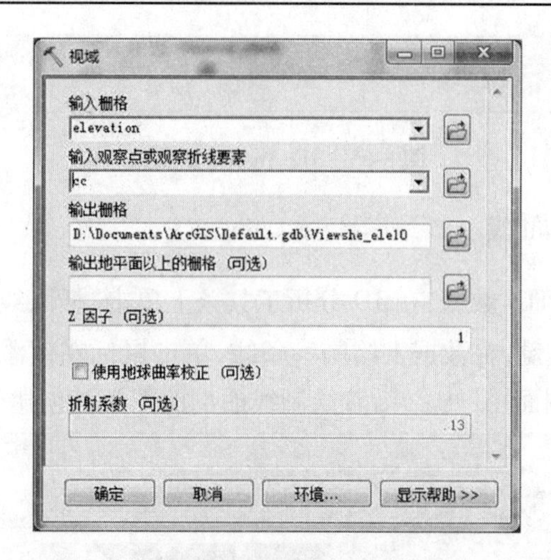

图 8-63　“视域”对话框

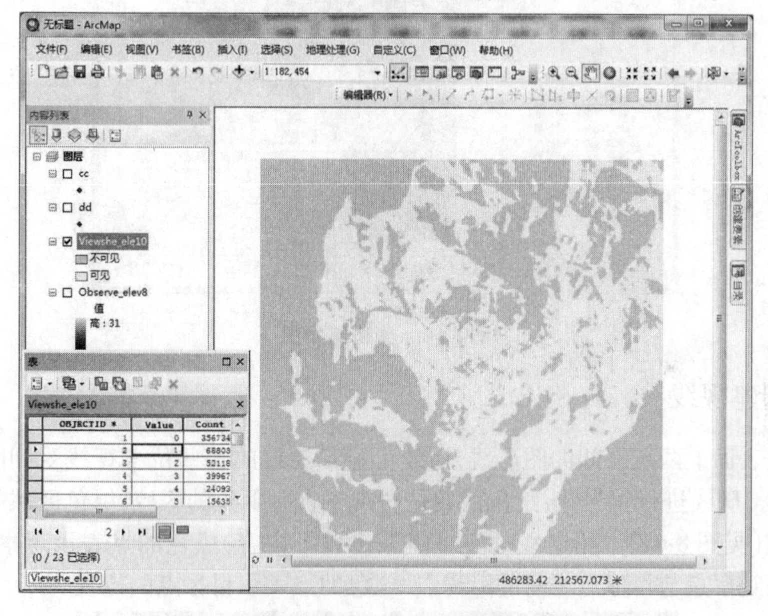

图 8-64　视域分析结果及属性表

8.9　3D 分析

ArcGIS 3D Analyst 工具条在 ArcMap 和 ArcScene 中均可使用，可以使用其中的工具在 3D 表面上为数字化点、线和面插入高度，或者创建等值线，表示最陡路径的线、视线或线结果的剖面图等。这些工具可以处理 TIN、栅格、terrain 数据集或 LAS 数据集表面，这里打开的是 TIN 数据。在菜单或工具条任意处单击鼠标右键，在浮动工具条中选择 3D Analyst，将 3D Analyst 工具条调出来，见图 8-65。

图 8-65　3D Analyst 工具条

8.9.1　生成地形剖面线

在 ArcMap 中加载 TIN 数据,在 3D 分析工具条上单击"插入线" 工具按钮,然后在数据窗口上单击鼠标左键,在数据上绘制一条线,单击鼠标左键添加折点,双击鼠标左键结束输入,然后点击"剖面图" ,沿着绘制线的剖面图就被创建(见图 8-66)。

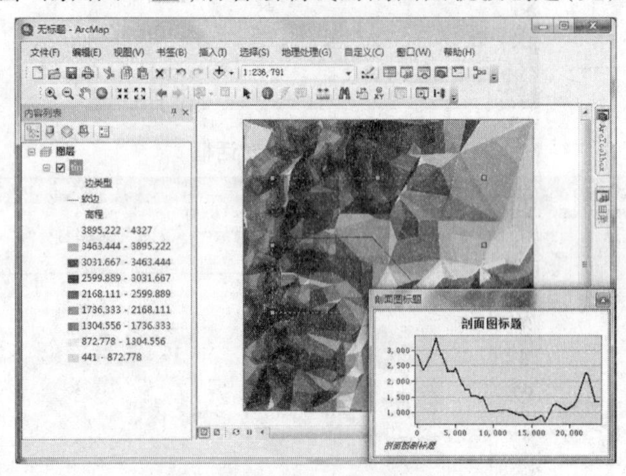

图 8-66　创建剖面图

8.9.2　创建视线

视线是表面上两点之间的图形线,该线可显示沿线的哪些位置视线受到阻碍。使用以下颜色对 3D 线进行符号化:红色区域是对观察点有阻碍的区域,绿色区域是对观察点可见的区域(见图 8-67)。沿着线的三个点表示以下内容:黑色的点表示观察点的位置,蓝色的点是观察点与目标点之间的障碍点,红色的点表示目标点的位置。

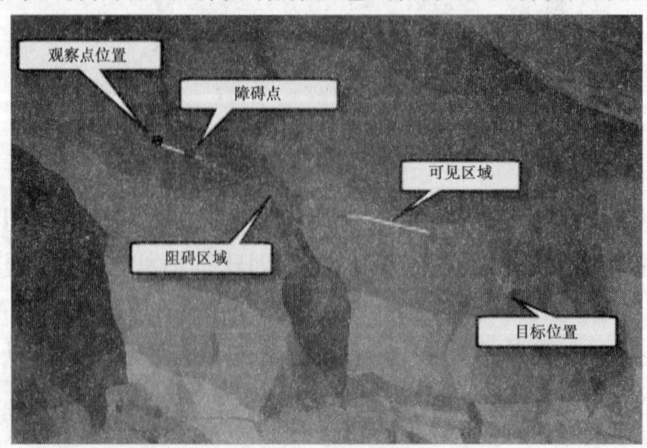

图 8-67　视线示意图

具体操作步骤为:在 3D 分析工具条上的“创建视线”工具按钮 上单击鼠标左键,鼠标变成“十”字状,然后在图形上单击鼠标左键选择一点为起点,拖动鼠标到另一点单击鼠标左键为终点,可以绘制出一条视线。该视线的可视情况就表现出来了。创建视线的结果见图 8-68。

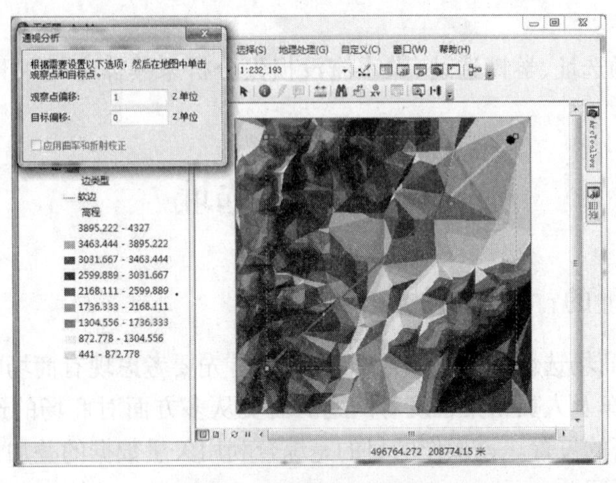

图 8-68　创建视线的结果

8.9.3　创建最陡路径

可以使用创建最陡路径工具在表面模型上评估径流模式、计算在表面的给定点释放球时球将滚动的方向,可以根据最陡路径表面分析结果创建剖面图。单击“创建最陡路径”工具 ,在图上某位置单击鼠标左键,就出现一条该点的最陡路径。然后,点击创建剖面图工具就创建了该路径的剖面线。如果创建了多条最陡路径,可以用选择工具 全选后再点击剖面线工具,则生成多条路径的剖面线(见图 8-69)。

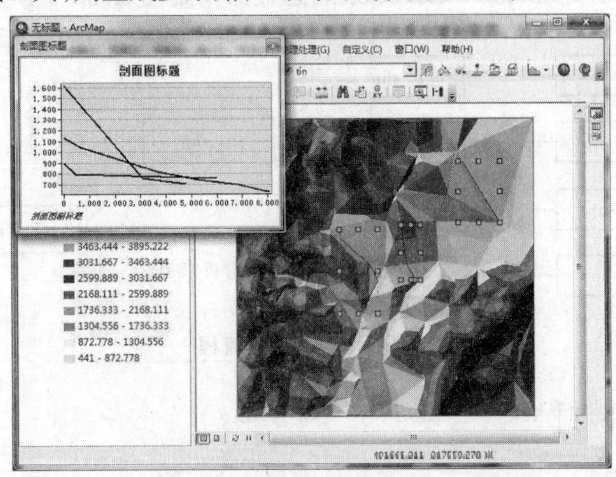

图 8-69　创建最陡路径的剖面线

第 9 章 矢量栅格数据综合分析

本章基于商场选址、学校选址、洪水淹没损失分析来具体介绍矢量栅格数据综合分析。

9.1 商场选址

9.1.1 商场选址的背景与目的

在城市，大型商场选址是一件非常麻烦的事，首先要考虑现有商场的分布，不能太近，还要考虑交通、停车及人员密集程度等问题。需要从多方面对商场的选址进行分析才能得到区位条件较好的位置。该操作的目的是综合利用矢量数据的叠加分析功能和缓冲区分析功能解决实际问题。

9.1.2 数据及流程

本例的数据存放在数据 9/商场选址文件夹下，共 4 个 shape 文件，分别为：城市地区主要交通道路图(dl. shp)、城市主要居民区图(jmq. shp)、城市停车场分布图(tcc. shp)、城市主要商场分布图(sc. shp)。结合商场选址的背景，可以确定如下条件：距离城市主要交通线路 50 m 以内，以保证商场交通的通达性；在居民区 100 m 范围内，便于居民步行到达商场；距离现有停车场 100 m 范围内，便于顾客停车；距离已经存在的商场 500 m 之外，减小竞争压力。结合选址背景、要求及数据，选址操作流程如图 9-1 所示。

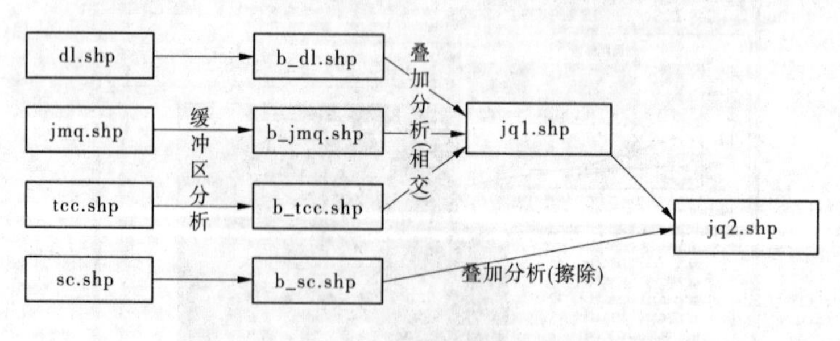

图 9-1 商场选址流程

9.1.3 具体操作过程

9.1.3.1 添加数据

运行 ArcMap，添加所有数据：城市地区主要交通道路图(dl. shp)、城市主要居民区图(jmq. shp)、城市停车场分布图(tcc. shp)、城市主要商场分布图(sc. shp)。结果如图 9-2

所示。

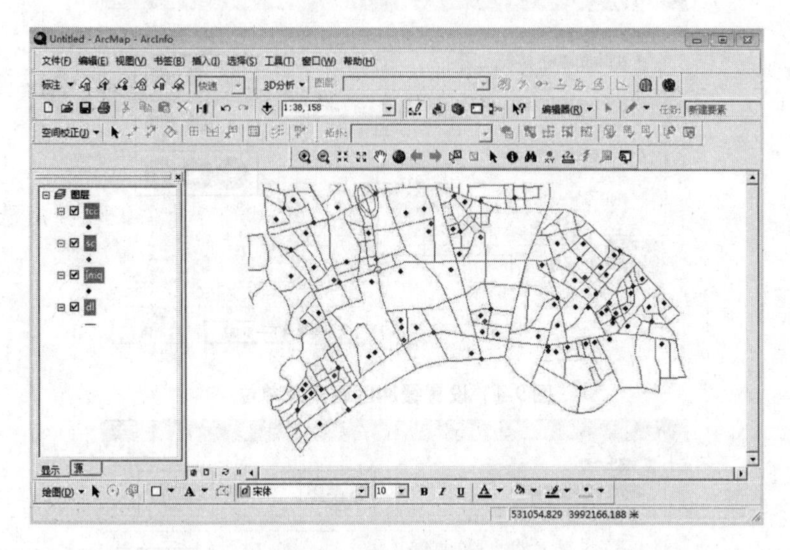

图 9-2　添加数据的结果

9.1.3.2　**缓冲区操作**

点击缓冲区向导 ，对道路生成 50 m 缓冲区，对居民地、停车场生成 100 m 缓冲区，对现有商场生成 500 m 缓冲区，具体见图 9-3。

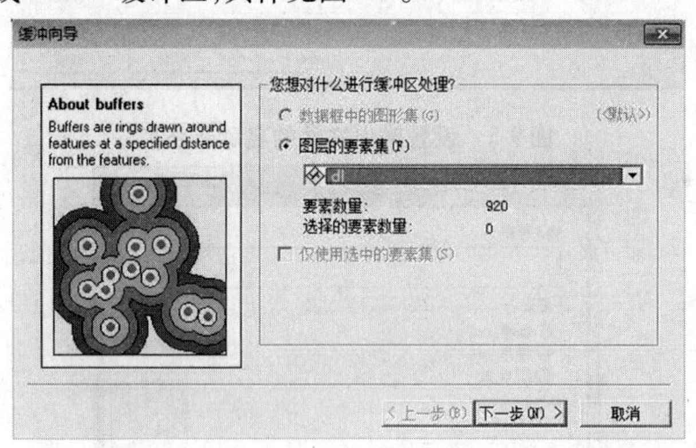

图 9-3　“缓冲区向导”——选择数据

选择道路后点击“下一步”，设置缓冲区距离及单位(见图 9-4)。

再选择“下一步”，设置溶解缓冲区间的障碍和输出数据名称及存放位置，点击“完成”后生产缓冲区(见图 9-5)。

利用同样的方法生成其他数据的缓冲区。

9.1.3.3　**相交操作**

根据题目要求，需要将道路、居民区和停车场三个数据的缓冲区进行相交操作。在 ArcToolbox 中选择“分析工具　叠加　相交”，打开“相交”操作对话框(见图 9-6)，相交操作的结果见图 9-7。

9.1.3.4　**擦除操作**

根据题目要求，需要将 9.1.3.3 生成的结果与商场缓冲区数据做擦除操作，具体操作

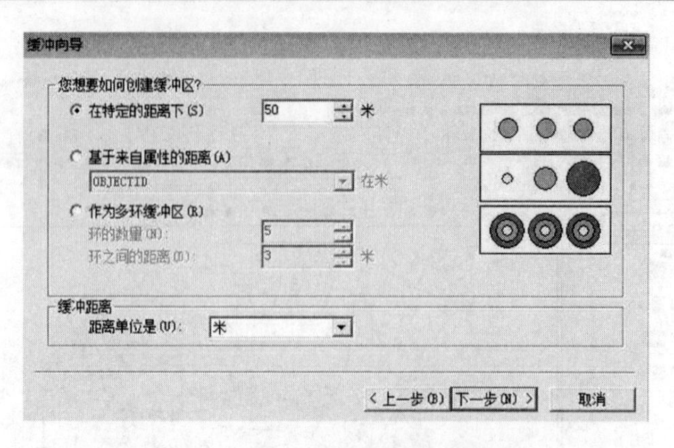

图 9-4　设置缓冲区距离及单位

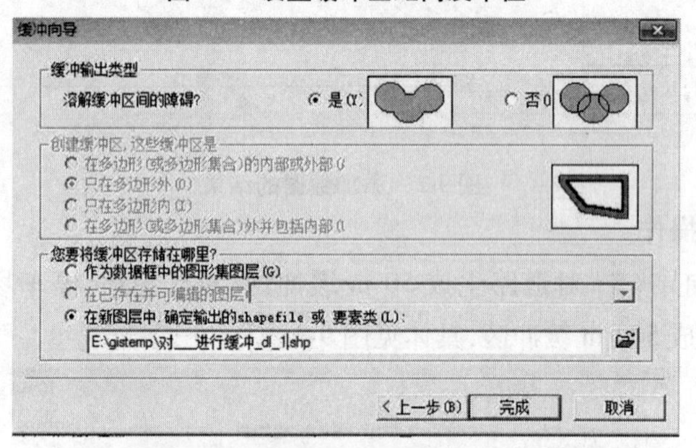

图 9-5　设置输出文件的名称及路径

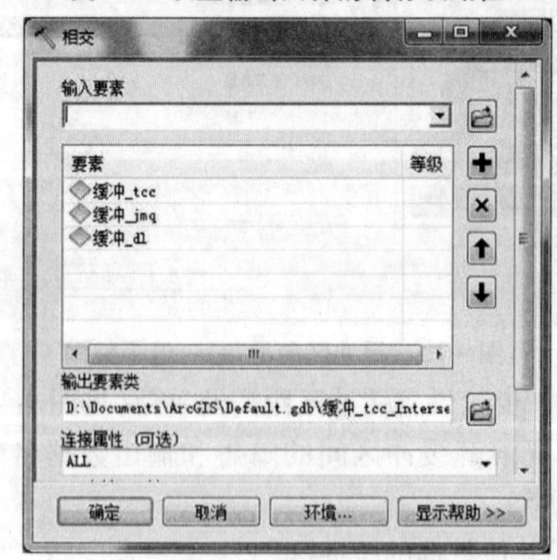

图 9-6　“相交”操作对话框

步骤为:“分析工具—叠加—擦除(erase)”,打开“擦除”对话框(见图 9-8)。

在该对话框中将 9.1.3.3 中生成的结果作为输入要素或图层,将商场缓冲区数据作为擦除要素确定后获取最终结果(见图 9-9)。

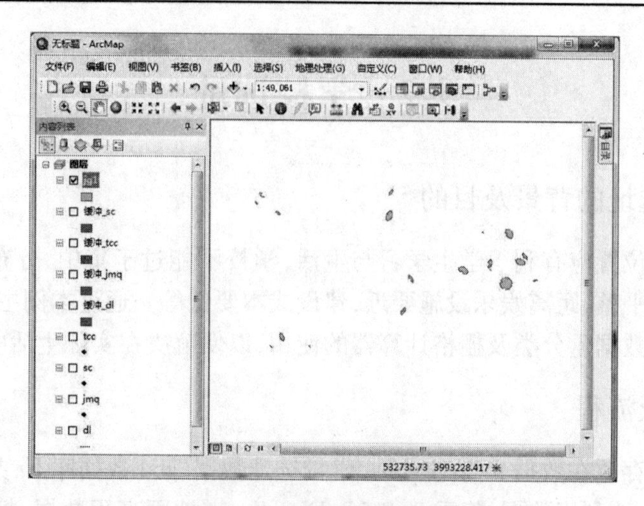

图 9-7　相交操作的结果

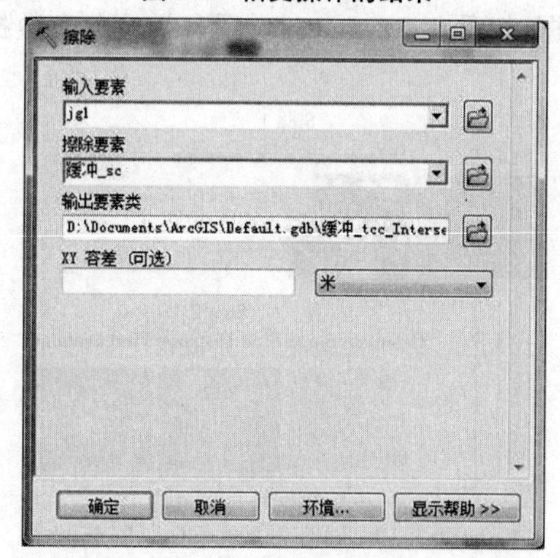

图 9-8　“擦除”对话框

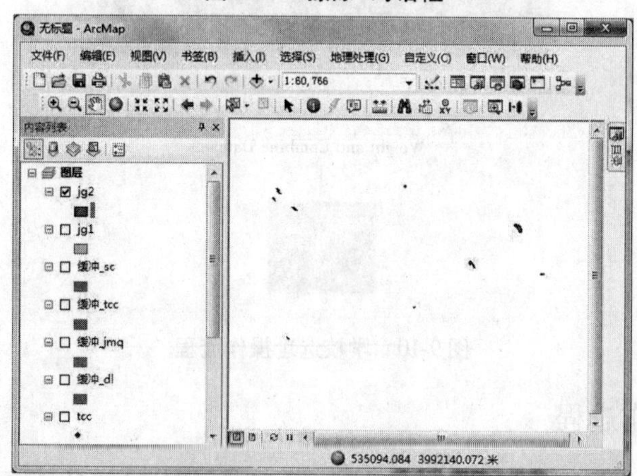

图 9-9　商场选址结果

9.2　学校选址

9.2.1　学校选址的背景及目的

合理的学校位置应有利于学生学习与生活，学校不能过于集中，分布要合理，建设学校所需的场地应平整，距离娱乐设施要近，建设成本要低等。通过本例主要掌握直线距离制图、坡度分析、数据重分类及栅格计算器的使用，以便解决在实际生活中的问题。

9.2.2　数据及流程

本例的数据存放在数据 9/学校选址/学校选址数据. gbd 数据库下，共有 4 个文件，分别为 Landuse（土地利用数据，权重 0.125），Elevation（地面高程数据，权重 0.125），Recreation（娱乐场所分布数据，权重 0.5），Schools（现有学校分布数据，权重 0.25）。其操作流程如图 9-10 所示。

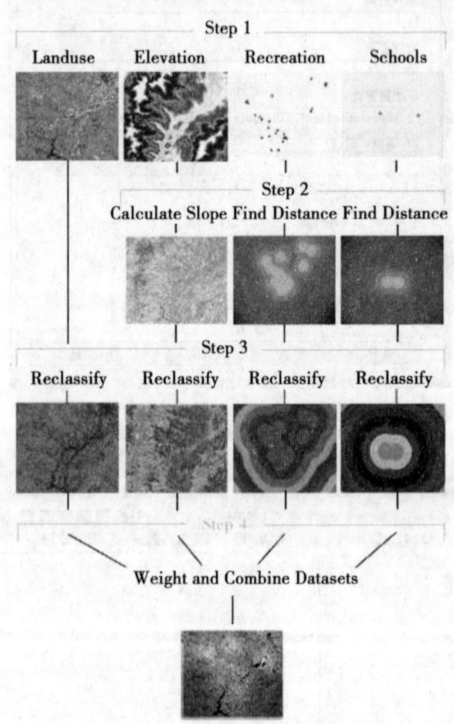

图 9-10　学校选址操作流程

9.2.3　具体操作过程

运行 ArcMap，添加所有数据，在“地理处理”主菜单中选择“环境”工具，打开“环境设置”对话框（见图 9-11），设置生成文件存放路径、文件空间范围和栅格大小。设置空间范围和栅格大小均与 elevation 数据相同。

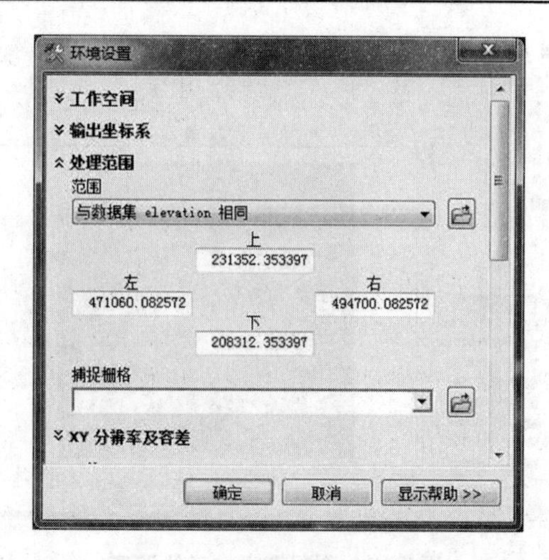

图 9-11 “环境设置”对话框

9.2.3.1 派生数据集

(1)派生到现有学校的距离。具体操作步骤为:“ArcToolbox—Spatial Analyst 工具—距离分析—欧氏距离”,打开“欧氏”距离对话框(见图 9-12),在“输入栅格数据或要素源数据”处选择“schools”,默认输出距离栅格数据和其他参数(见图 9-12),然后点击“确定”,对学校进行欧氏距离分析。到现有学校直线距离见图 9-13。

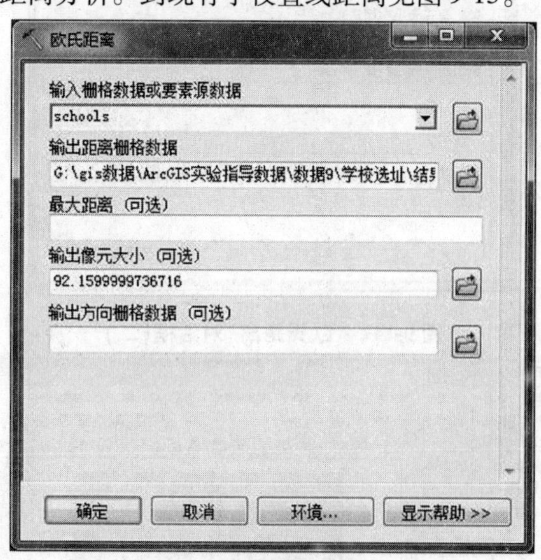

图 9-12 “欧氏距离”对话框(一)

(2)派生到现有娱乐设施的距离。具体操作步骤为:“ArcToolbox—Spatial Analyst 工具—距离分析—欧氏距离”,打开“欧氏距离”对话框(见图 9-14),输入栅格数据为“rec_sites”,默认输出距离栅格数据和其他参数,然后点击“确定”,对现有娱乐设施进行欧氏距离分析,结果见图 9-15。

(3)派生坡度数据。具体操作步骤为:“ArcToolbox—Spatial Analyst 工具—表面分析—坡度”,打开“坡度”分析对话框(见图 9-16),设置输入栅格为 elevation,输出栅格及其他参数保持默认,点击“确定”,进行坡度分析运算,结果见图 9-17。

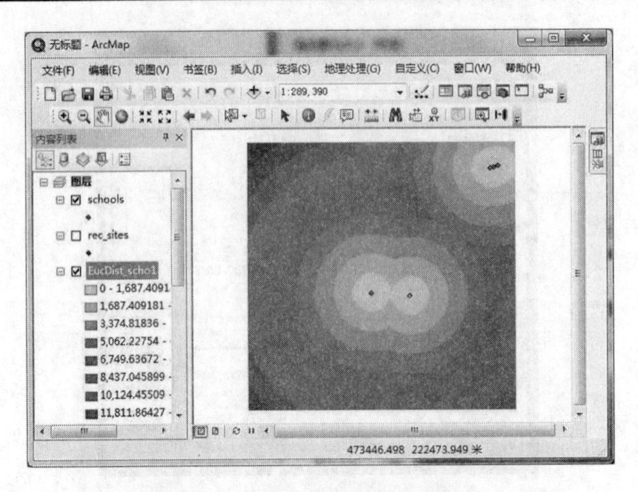

图 9-13　到现有学校直线距离

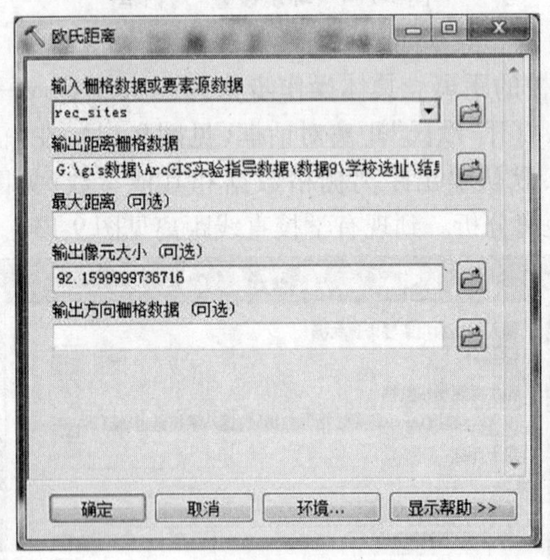

图 9-14　“欧氏距离”对话框(二)

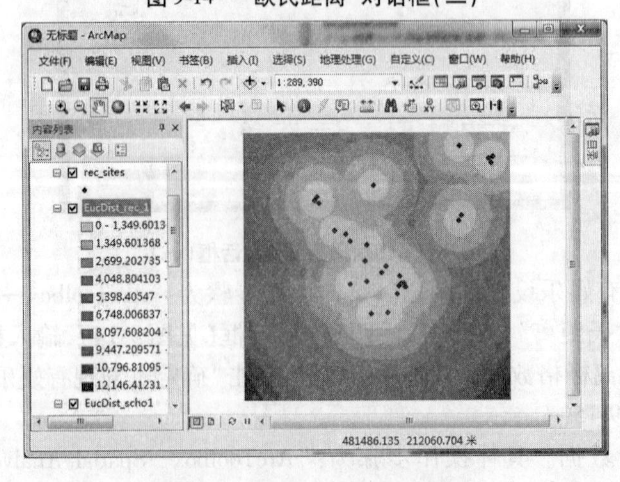

图 9-15　到娱乐设施的直线距离

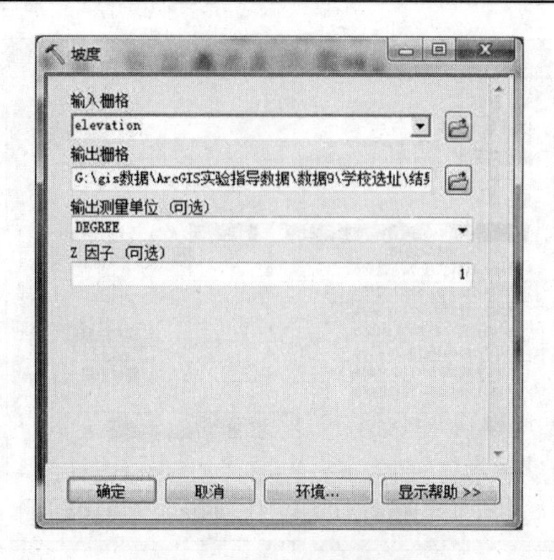

图9-16 “坡度”对话框

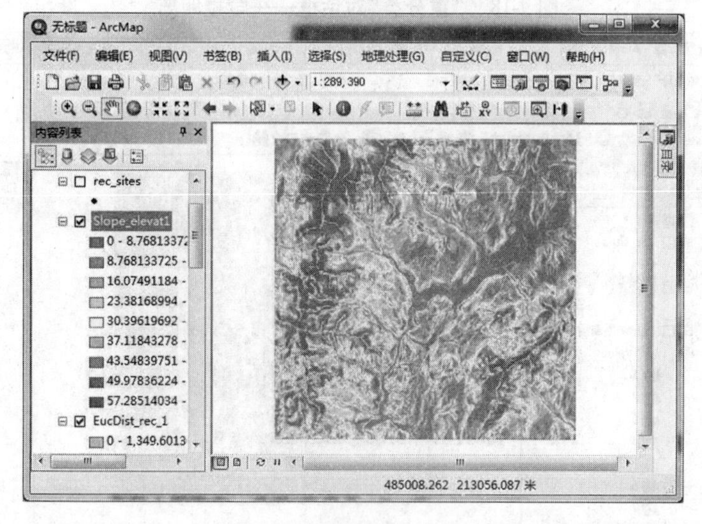

图9-17 坡度分析结果

9.2.3.2 重分类数据集

(1)重分类到学校的距离,按要求距离现有学校越远越好,即越远设置分值越高。

具体操作步骤为:“ArcToolbox—Spatial Analyst工具—重分类”,打开“重分类”对话框(见图9-18),在输入栅格中选择“距离至 school”,重分类旧值越大,新值对应数值越大,将原有距离数据分成10类。学校重分类的结果见图9-19。

(2)重分类到娱乐设施的距离。本例要求距离娱乐设施越近越好,因此需要将重分类值取反。具体操作步骤为:“ArcToolbox—Spatial Analyst 工具—重分类”,打开“重分类”对话框(见图9-20),在输入栅格中,选择“距离至 rec_sites”,在“重分类”对话框中把新值取反,即1变成10,2变成9,3变成8(见图9-21),以此类推重分类结果见图9-22。

(3)重分类坡度数据集。原则:坡度越小,重分类值越高,按照娱乐设施距离重分类的方法,进行对新值取反,1变10,2变9等,具体操作步骤为:“ArcToolbox—Spatial Analyst工具—重分类”,打开“重分类”对话框(见图9-23),在输入栅格中,选择“坡度”,

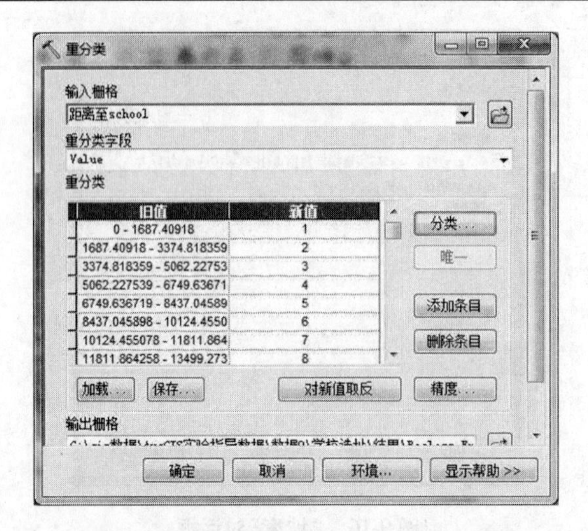

图 9-18　“重分类”对话框——学校距离

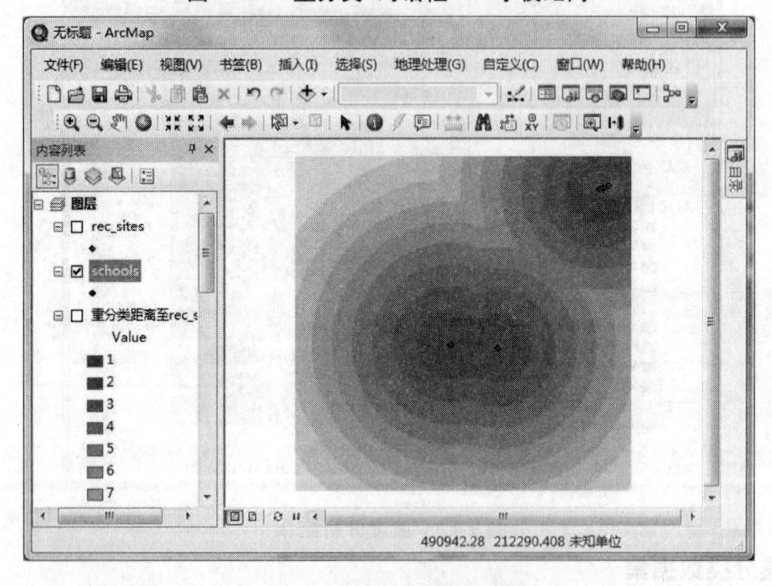

图 9-19　学校重分类的结果

分类类别为 10，对新值进行取反，使得坡度越大，新值越小。坡度重分类结果见图 9-24。

(4)重分类土地利用数据集。根据建设成本的高低对不同的土地类型进行赋值，Agriculture 10，Built up 8，Brush/transitional 6，Forest 4，Barren land 2，由于水域和湿地无法建设学校，将其删除。

具体操作步骤为：“ArcToolbox—Spatial Analyst 工具—重分类”，打开“重分类”对话框（见图 9-25），在“输入栅格”中，选择“landuse”，“重分类字段”选择“LANDUSE”，在重分类设置选项中将“Water”和“Wetland”两个条目选中后点击“删除条目”，分别将 Agriculture、Built up、Brush/transitional、Forest、Barren land 赋予新值 10、8、6、4、2，点击“确定”，运行土地利用重分类，结果见图 9-26。

9.2.3.3　合并数据集

按照给定的权重进行合并数据集，具体权重如下：

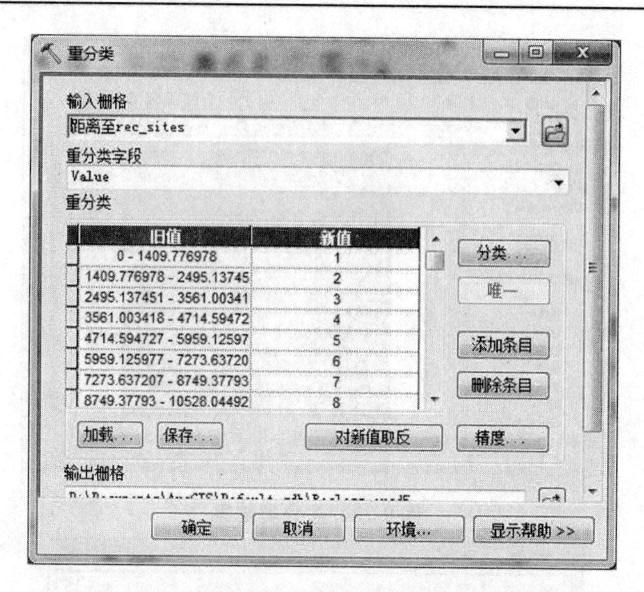

图9-20　“重分类”对话框——取反前

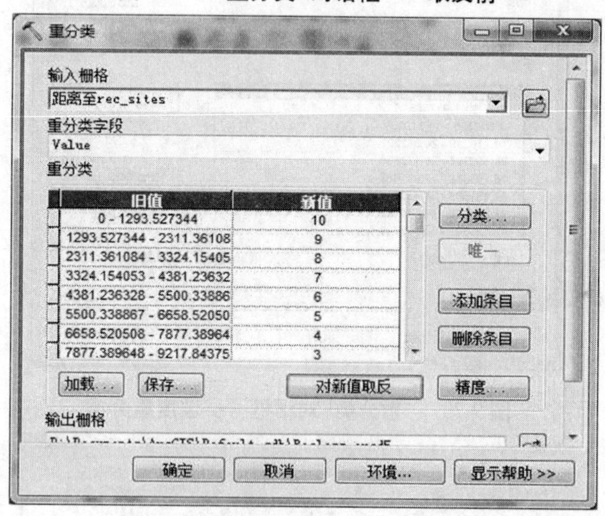

图9-21　“重分类”对话框——取反后

(1)重分类 rec_sites：0.5。

(2)重分类 school：0.25。

(3)重分类 landuse：0.125。

(4)重分类 slope：0.125。

具体操作步骤为：“ArcToolbox—Spatial Analyst 工具—地图代数—栅格计算器”，打开“栅格计算器”对话框(见图9-27)，在地图代数表达式对话框中输入：[重分类 landuse] * 0.125 + [重分类坡度] * 0.125 + [重分类距离至 rec_sites] * 0.5 + [重分类距离至 school] * 0.25，数据集合并的结果见图9-28。

9.2.3.4　重分类合并后的数据集

具体操作步骤为：“ArcToolbox—Spatial Analyst 工具—重分类”，打开“重分类”对话

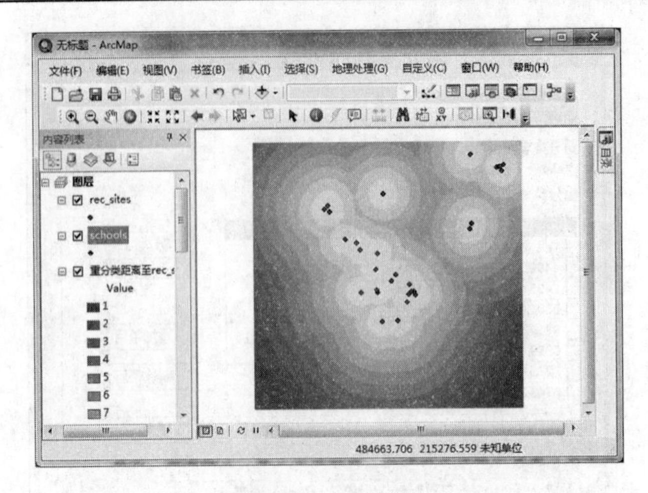

图 9-22　重分类结果

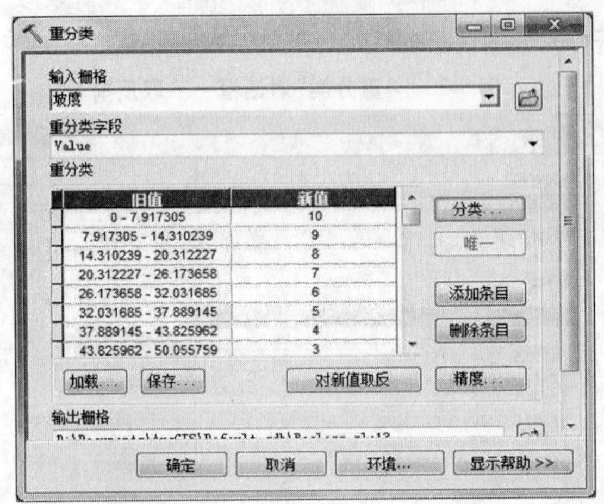

旧值	新值
0 - 7.917305	10
7.917305 - 14.310239	9
14.310239 - 20.312227	8
20.312227 - 26.173658	7
26.173658 - 32.031685	6
32.031685 - 37.889145	5
37.889145 - 43.825962	4
43.825962 - 50.055759	3

图 9-23　“重分类”对话框——坡度重分类

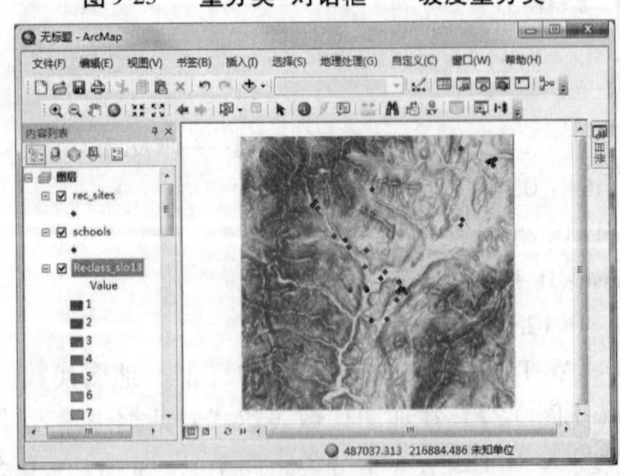

图 9-24　坡度重分类结果

框(见图 9-29),在输入栅格中选择“计算”,将结果分成 15 ~ 20 类均可。

打开重分类结果的属性表,从大到小选择 2 ~ 3 行,同时被选择栅格在图上以蓝色显示。

图 9-25　"重分类"对话框(土地利用数据)

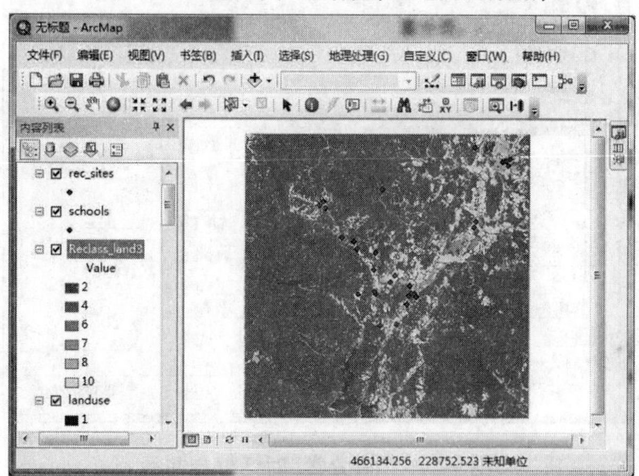

图 9-26　重分类 landuse 结果

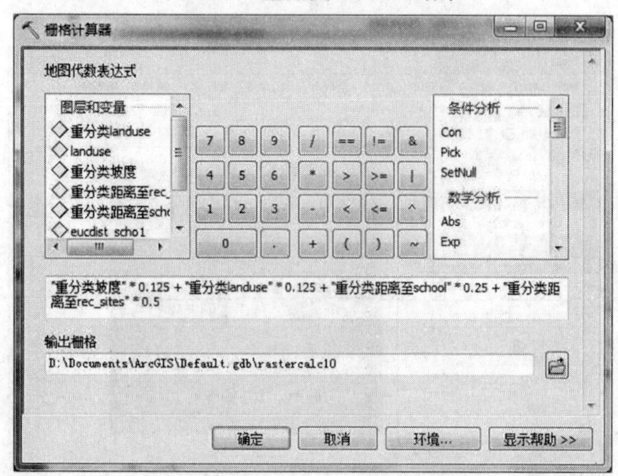

图 9-27　"栅格计算器"对话框

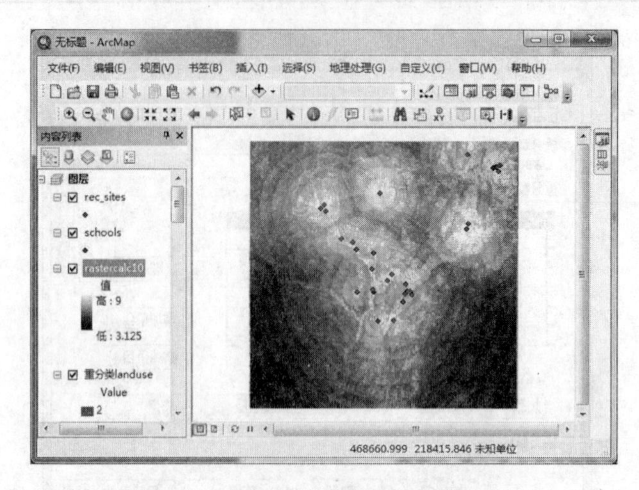

图 9-28　对合并结果重分类对话框

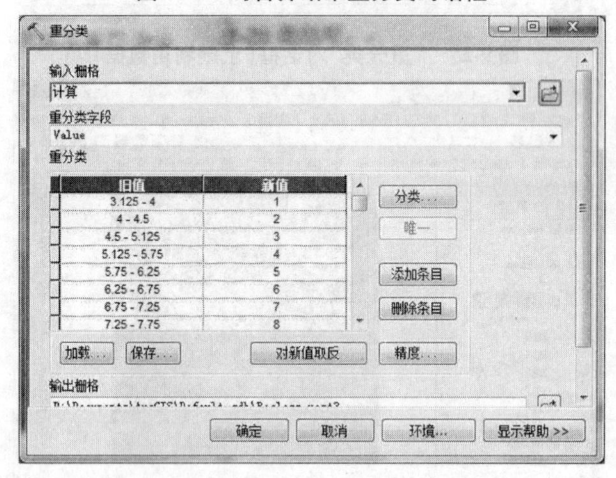

图 9-29　“重分类”对话框合并后

如果结果不合适，可以重新确定权重后，再进行栅格数据合并，重新选择。学校选址结果见图 9-30。

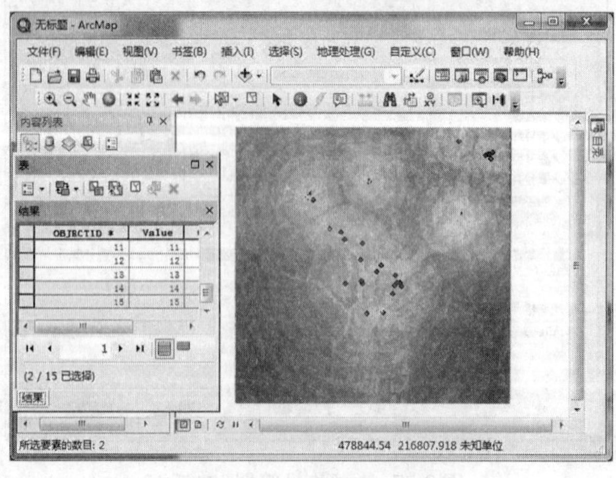

图 9-30　学校选址结果

9.3　洪水淹没损失分析

9.3.1　背景及数据

水灾害是最频发的自然灾害，严重影响国民经济发展、危害人民生命财产安全，因此快速、准确、科学地模拟、预测洪水淹没范围，对防洪减灾具有重要意义。随着地理信息系统技术的发展，利用 GIS 技术进行洪水淹没损失评估越来越受到重视。在本例中有如下已知条件：首先是已知洪水最高水位为 500 m，其次是不同的土地利用类型及所对应的估计财产，再次是地基类型及对应的损失系数。所提供的数据为两个 Shape 文件，一个为“高程”数据（见图 9-31），表示地面的高程；另一个为“地块”数据，有土地利用类型、地基类型（见图 9-32）及对应的损失系数（见图 9-33）。

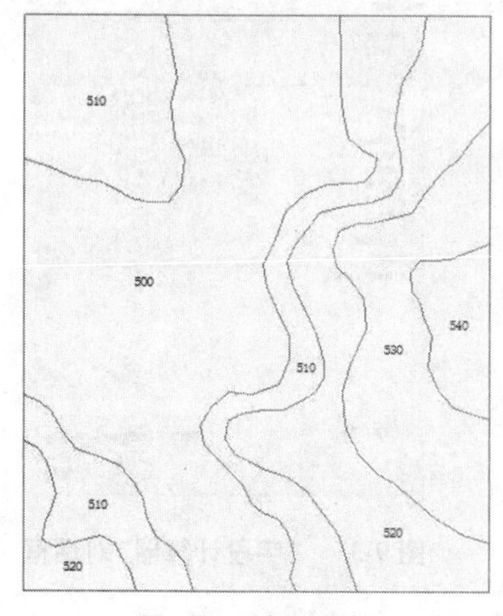

图 9-31　高程数据

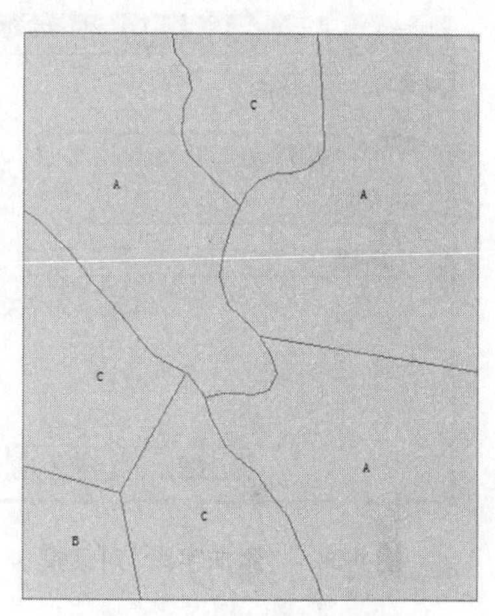

图 9-32　地基类型数据

表

地块

FID	Shape *	AREA	PERIMETER	LAND_ID	LANDUSE	损失系数	估计财产	地基类型
0	面	1570540	5721.62	4	C	.75	90000	A
1	面	578469.9	3081.325	5	R1	.5	100000	C
2	面	1917010	5891.053	6	R1	.75	115000	A
3	面	780979.1	3887.283	7	R2	.5	100000	C
4	面	1509770	5237.156	1	R1	.75	10000	A
5	面	776368.4	3755.407	2	R2	.5	50000	C

0　(0 / 7 已选择)

地块

图 9-33　地块数据所对应的属性表

9.3.2　评估流程

第一，要计算地均财产，即根据每个地块的面积和估计财产计算每平方米土地的财产；第二，进行叠加分析，将两幅数据进行叠加；第三，更新面积，由于 Shape 数据没有拓扑结构,因此叠加后期面积和周长等要素不会进行自动更新;第四,计算损失,估计损失 = 多边形面积 × 地均财产 × 损失系数;第五,根据高程分别统计不同土地利用类型及地基类型的损失。

9.3.2.1　**计算地均财产**

打开地块数据的属性表,添加一个数值型字段,类型为双精度(见图 9-34),字段属性中的精度表示这个数字一共多少位,小数位数表示小数点后位数,如精度为 6,小数位数为 3,意为小数点前有 3 位数,小数点后也有 3 位数,字段属性也可以保持默认不进行设置。

添加字段后,回到属性表,单击鼠标右键,选择新建的地均财产字段——字段计算器,打开“字段计算器”对话框(见图 9-35),在对话框的地均财产 = [估计财产] / [AREA],字段可以通过双击鼠标左键输入,运算符号单击鼠标左键即可输入,点击“确定”后完成地均财产的计算(见图 9-36)。

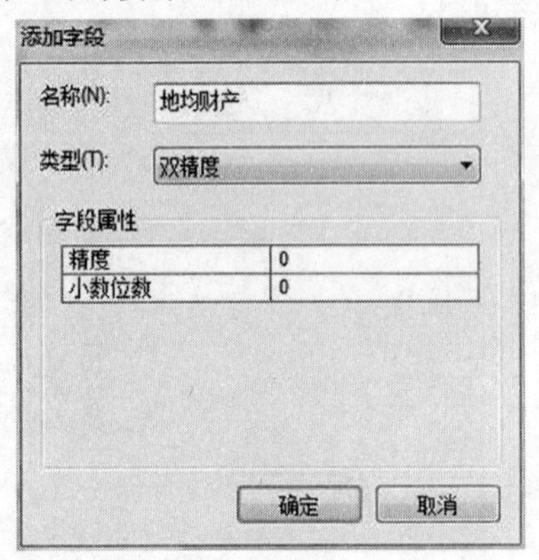

图 9-34　“添加字段”对话框

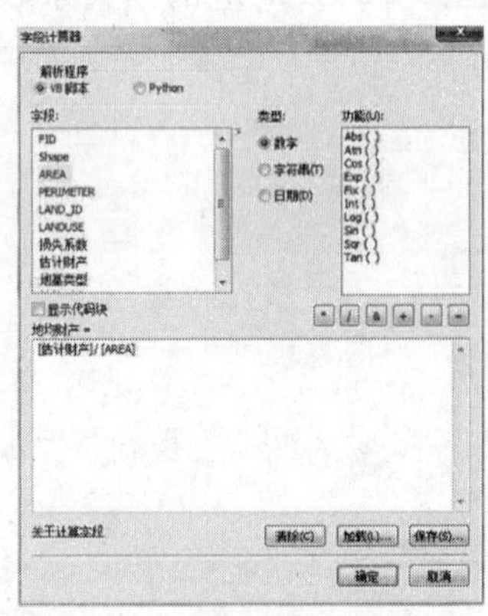

图 9-35　“字段计算器”对话框

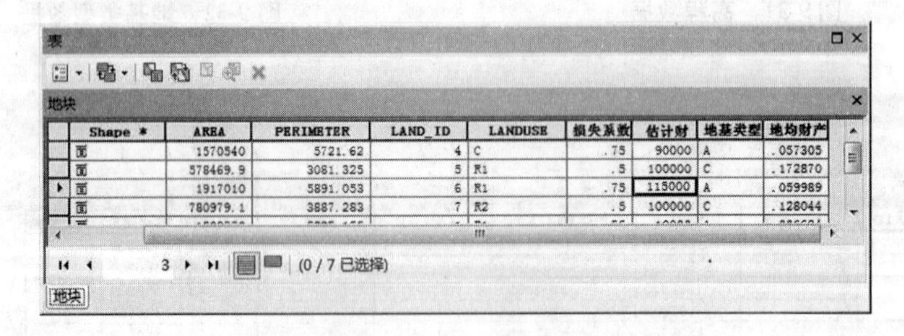

图 9-36　地均财产计算

9.3.2.2　**叠加分析**

具体操作步骤为:“ArcToolbox—分析工具—叠加—相交”,打开“相交”对话框(见图 9-37),输入相交的数据后点击“确定”,完成叠加操作,并生成新的数据(见图 9-38)。

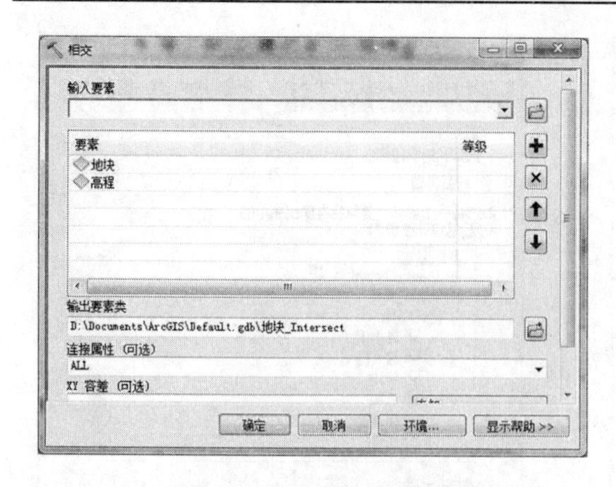
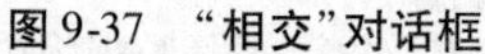

图 9-37　“相交”对话框

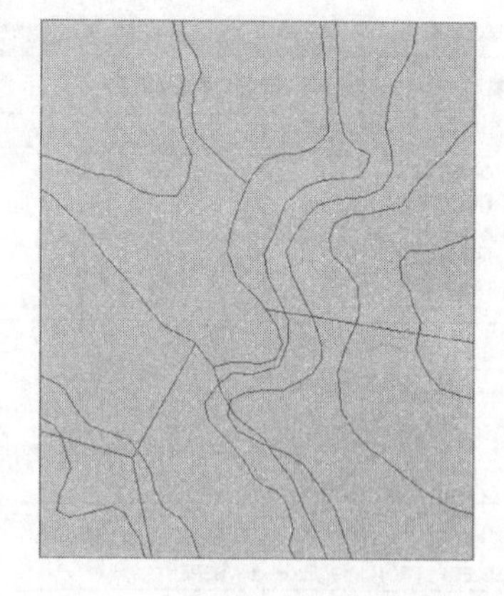

图 9-38　“相交”后生成的新数据

9.3.2.3　**更新面积**

打开新生成数据的属性表,选择字段 area,单击鼠标右键,选择“计算几何体”,在出现的对话框中设置属性为“面积”(见图 9-39),单位为平方米(由于该数据没有投影信息,因此无法设置单位),单击“确定”后更新面积完成。

9.3.2.4　**计算损失**

首先要为新生成的数据添加一个字段,用来存放损失数据,添加字段的方法同 9.3.2.1,只是精度要变得大些,具体精度为 12,比例为 3。在该新建字段处单击鼠标右键,选择“字段计算器”,在计算器中输入公式:估计损失 = [AREA] * [地均财产] * [损失系数](见图 9-40),单击“确定”后完成计算。

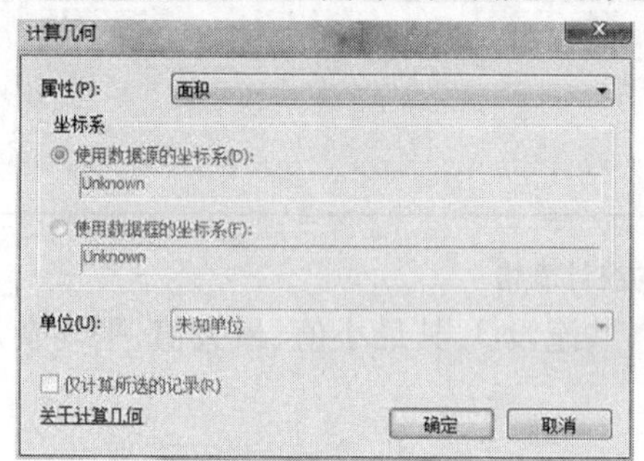

图 9-39　“计算几何体”对话框

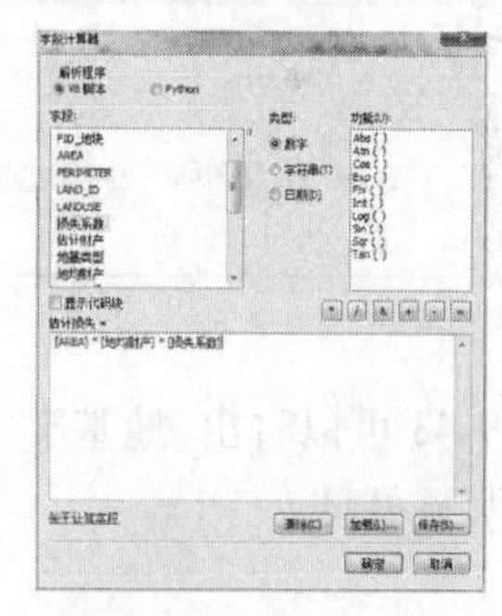

图 9-40　字段计算器

9.3.2.5　**统计损失**

由于淹没地区只限于 500 m 以下的地区,可以先将字段(HIGH)值 < =500 的所有记录选出来(见图 9-41),然后统计损失字段的总和,按照地基字段、土地利用类型字段进行统计。

以地基类型进行统计为例,在 IIIGH < =500 被选择的基础上,选择字段地基类型,然后单击鼠标右键,选择“汇总”,在出现的“汇总”对话框中选择估计损失字段下的最小值、最大值、平均及总和等信息(见图 9-42)。单击“确定”后汇总表会出现在 ArcMap 内容列表中,选择该表,单击鼠标右键选择“打开”,便打开了该属性表(见图 9-43)。

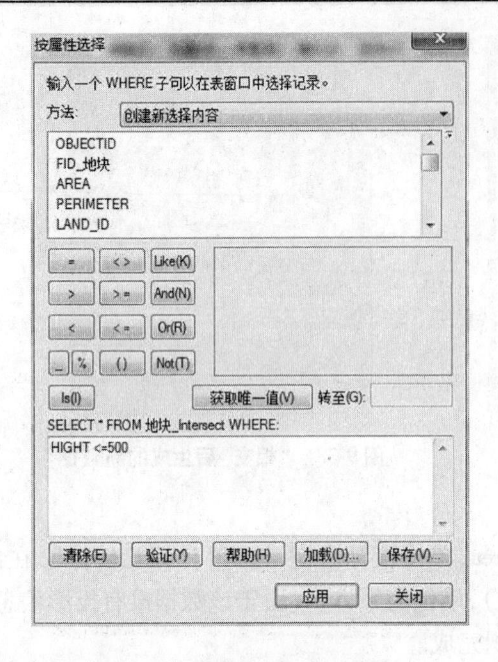

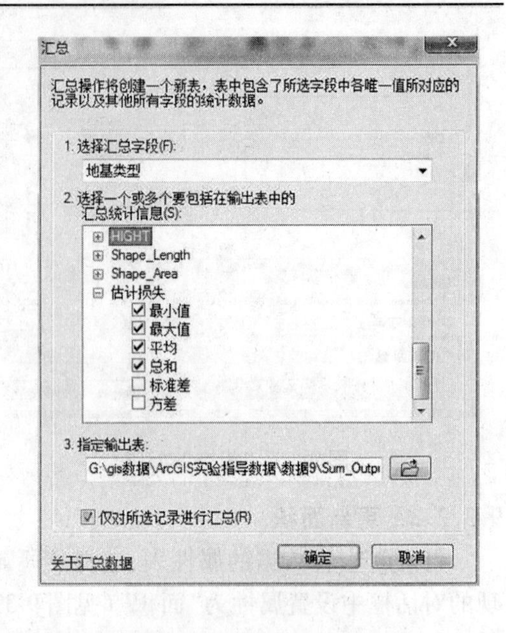

图 9-41　按"属性选择"对话框　　　　图 9-42　"汇总"对话框

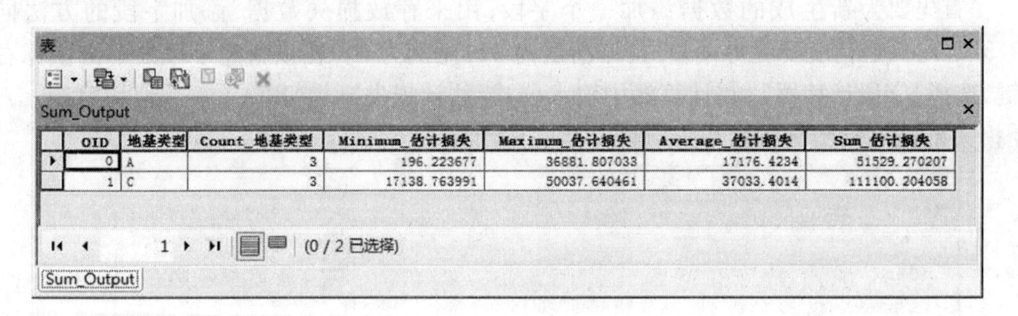
表

Sum_Output

OID	地基类型	Count_地基类型	Minimum_估计损失	Maximum_估计损失	Average_估计损失	Sum_估计损失
0	A	3	196.223677	36881.807033	17176.4234	51529.270207
1	C	3	17138.763991	50037.640461	37033.4014	111100.204058

1 (0 / 2 已选择)

Sum_Output

图 9-43　生成的统计表格

从图 9-43 可以看出,地基类型为 A 的地块,共淹没 3,其最小值、最大值、平均及总和在表中都明显可见。

第 10 章　空间分析模型

10.1　学校选址模型

模型构建器(见图 10-1)是一个用来创建、编辑和管理模型的应用程序。模型是将一系列地理处理工具串联在一起的工作流,它将其中一个工具的输出作为另一个工具的输入。模型构建器除有助于构造和执行简单工作流外,还能通过创建模型并将其共享为工具来提供扩展 ArcGIS 功能的高级方法。

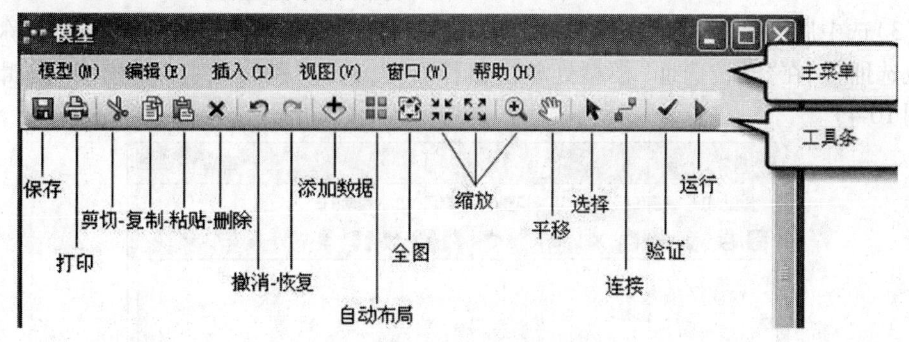

图 10-1　模型构建器

现以学校选址为例,综合讲述模型构建器的用法。

10.1.1　添加数据及设置工作环境

(1)添加选址所需的数据(见图 10-2)。

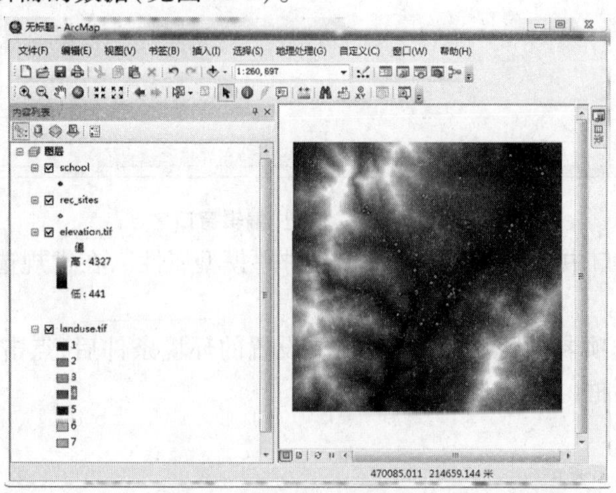

图 10-2　添加数据示意图

(2)在目录中打开"工具箱",在"我的工具箱"(见图 10-3)处单击右键,选择"新建"—"工具箱",在新创建的工具箱上单击鼠标右键,选择"新建 模型",创建模型,同时打开该模型以供编辑。

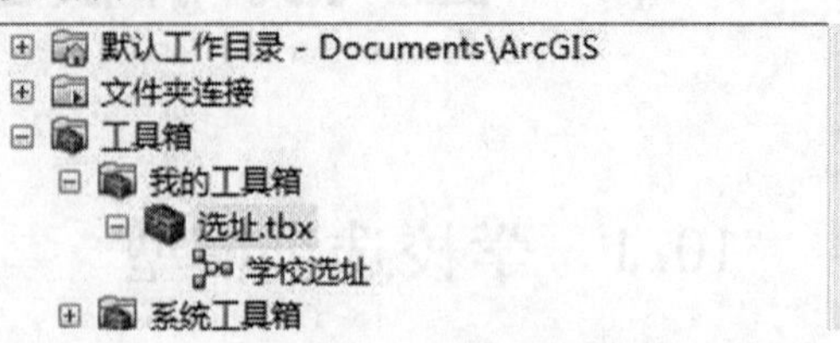

图 10-3　新建工具箱

注:在 9.3 版本之前的版本可以在 ArcToolbox 中单击鼠标右键新建工具箱,而在 ArcGIS10.0以上版本则在目录中单击鼠标右键新建工具箱,也可以在文件夹中建立工具箱。

(3)选中后再单击"工具箱"或"模型",使其名称处于可编辑状态,将模型名称改为"学校选址"。在"学校选址"模型处单击鼠标右键,选择"编辑",打开"模型"编辑窗口(见图 10-4)。

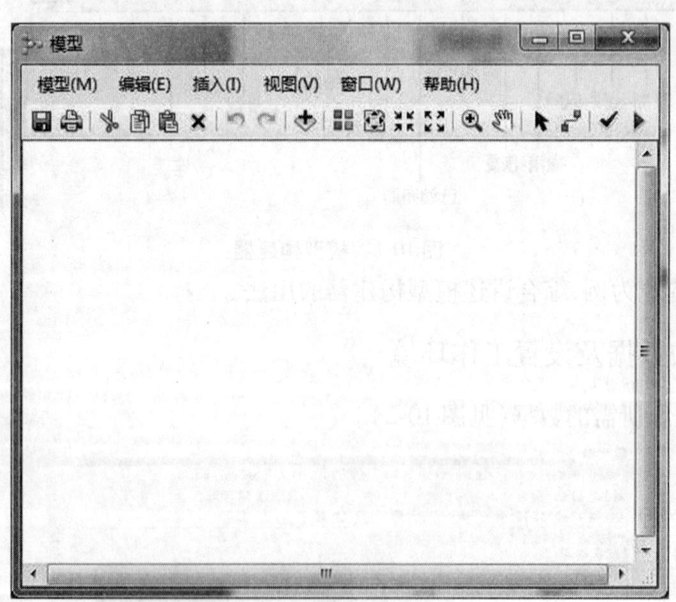

图 10-4　"模型"编辑窗口

在模型编辑窗口中点击模型下拉菜单,选择"模型属性",在常规选项卡中输入"学校选址"(见图 10-5)。

点击"环境"选项卡(见图 10-6),选择要设置的环境条件后,点击下侧"值"按钮,打开"环境设置"对话框(见图 10-7)。

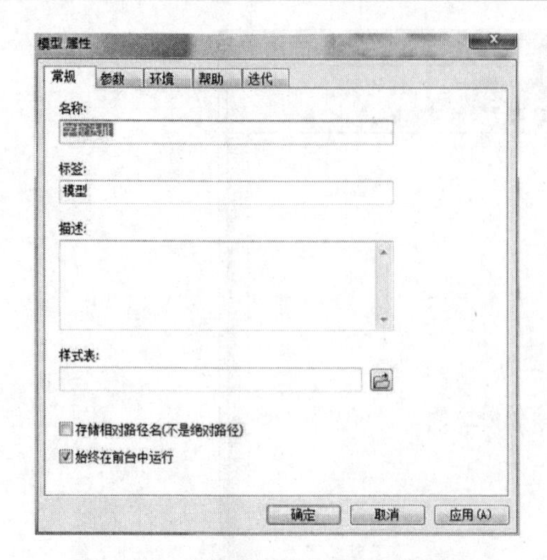

图10-5　“模型属性—常规”选项卡

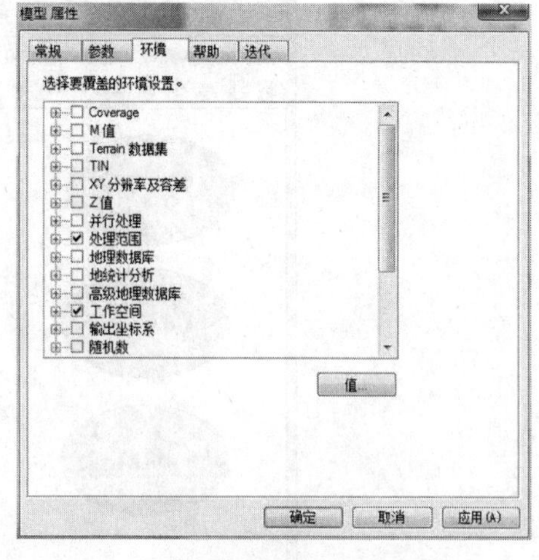

图10-6　“模型属性—环境”选项卡

在“环境设置”对话框中进行工作空间的设置,处理范围选择图层与elevation.tif相同,并可以对输出数据投影、栅格大小等选项进行设置,设置完毕后点击“确定”返回模型构建器对话框。

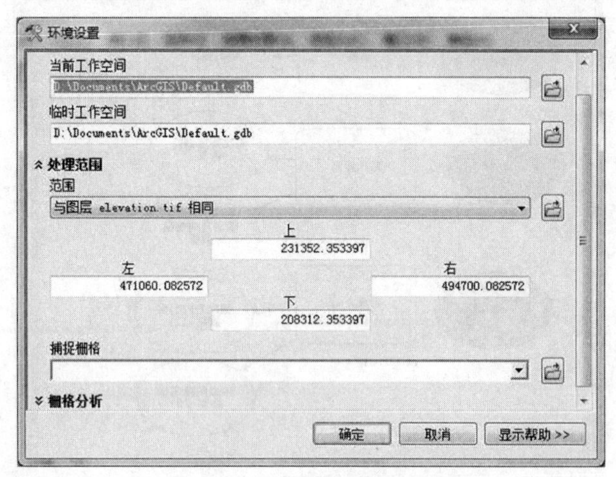

图10-7　“环境设置”对话框

10.1.2　派生数据集

(1)将图层elevation、rec_sittes和school从内容列表中拖动至模型中(见图10-8)。

(2)单击坡度工具并将其从“Spatial Analyst工具—表面分析”工具集中拖动至模型中(见图10-9),然后将该工具与elevation数据对齐。在“Spatial Analyst工具”工具箱的“距离分析”工具集中找到“欧氏距离”工具。选中“欧氏距离”工具并将其拖动至模型中,然后将该工具与rec_sites对齐,再一次选中“欧式距离”工具拖动至模型中,但这次需要将欧氏距离工具与school对齐。

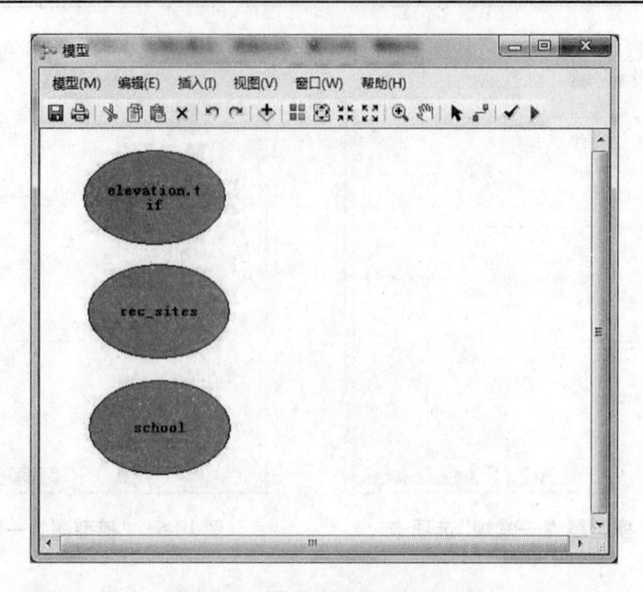

图 10-8　模型构建器添加数据

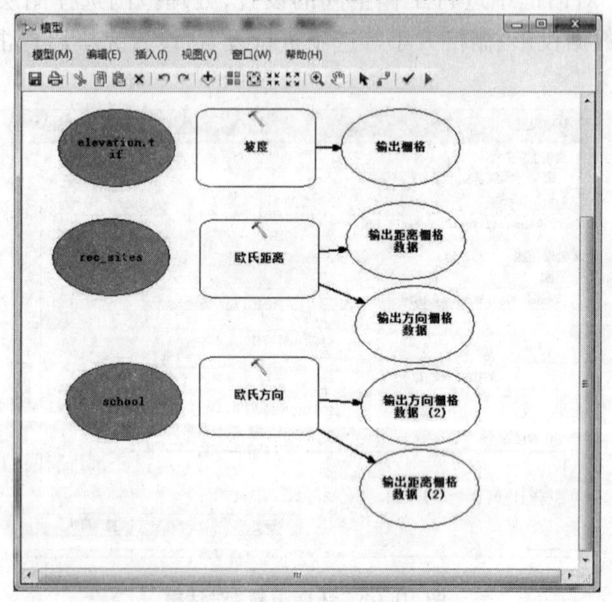

图 10-9　模型构建器添加工具

10.1.3　添加连接工具

用添加连接工具将 elevation 数据集作为输入栅格与坡度工具相连接，将 rec_sites 、school 作为输入数据与欧氏距离工具箱链接。链接后的模型构建器见图 10-10。

单击自动布局按钮▦，然后单击全图按钮▣，将当前逻辑示意图属性应用于元素，并将元素放置在显示窗口内。在工具条上单击保存按钮。重新布局后的模型构建器见图 10-11。

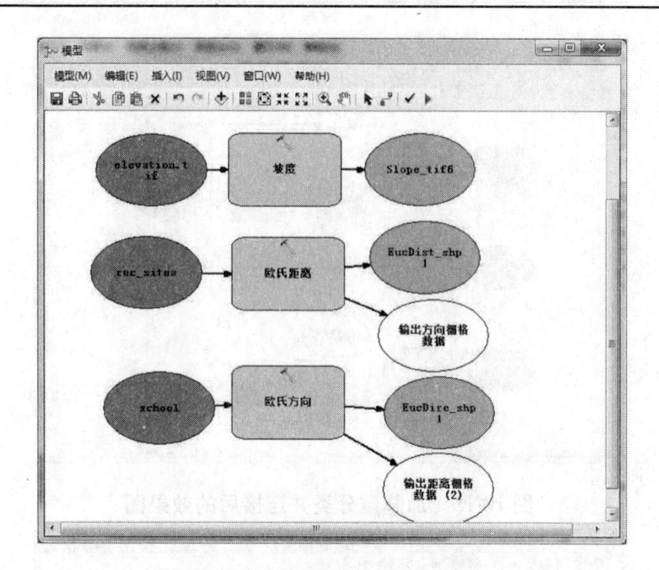

图 10-10　连接后的模型构建器

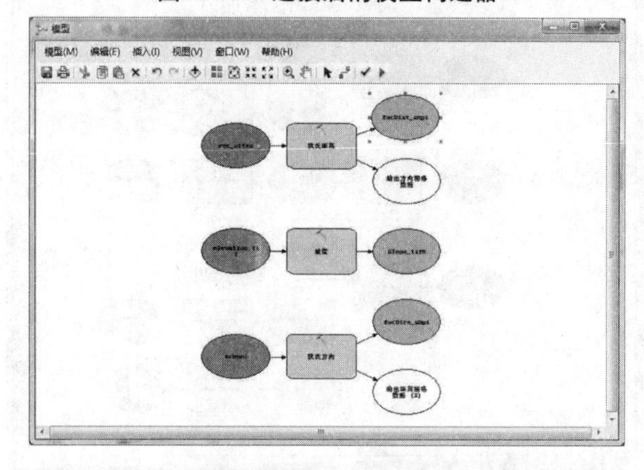

图 10-11　重新布局后的模型构建器

10.1.4　对数据集进行重分类

在“Spatial Analyst 工具”工具箱的“重分类”工具集中找到“重分类”工具。选中重分类工具并将其拖动至模型构建器中,使其分别与输出栅格对齐,单击添加链接工具,使用链接工具将坡度及距离分析结果作为输入栅格与重分类工具进行链接。单击自动布局按钮 ,然后单击全图按钮调整窗口显示。加载重分类并链接后的效果图见图 10-12。

把 landuse 数据加载到模型中,添加重分类工具并链接(见图 10-13)。

在设置之前点击一下模型构建器上的运行按钮 ▶,使模型先运行一遍,否则在重分类工具中没有数据。

(1)双击坡度重分类工具,打开“重分类”对话框,按照坡度越小,得分越高的原则,把坡度从小到大一次赋值为 10、9、8、7、6、5、4、3、2、1(见图 10-14)。

(2)rec_sites 重分类。按照距离娱乐设施越近,得分越高的原则,分别赋予 10、9、8、7、6、5、4、3、2、1(见图 10-15)。

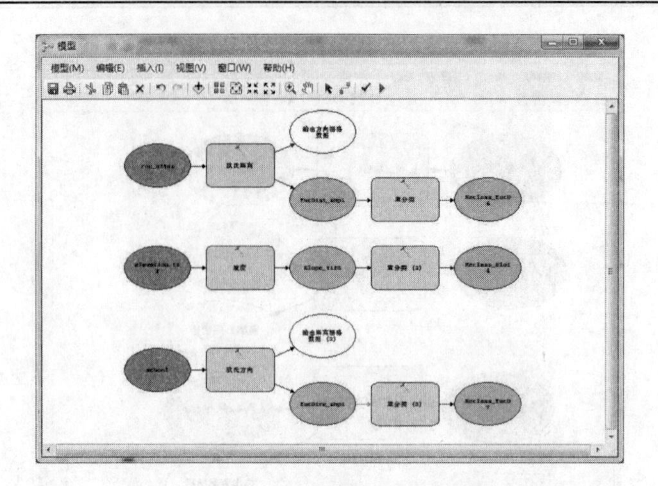

图 10-12　加载重分类并连接后的效果图

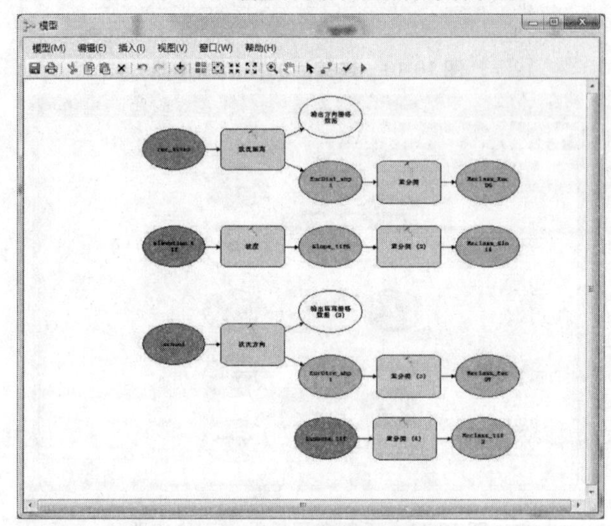

图 10-13　设置重分类

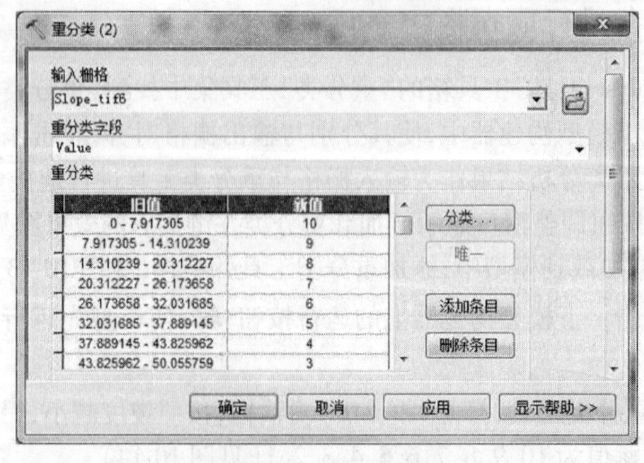

图 10-14　坡度重分类

(3)学校距离重分类。按照距离越远,得分越高的原则分别赋值为 1、2、3、4、5、6、7、

8、9、10(见图 10-16)。

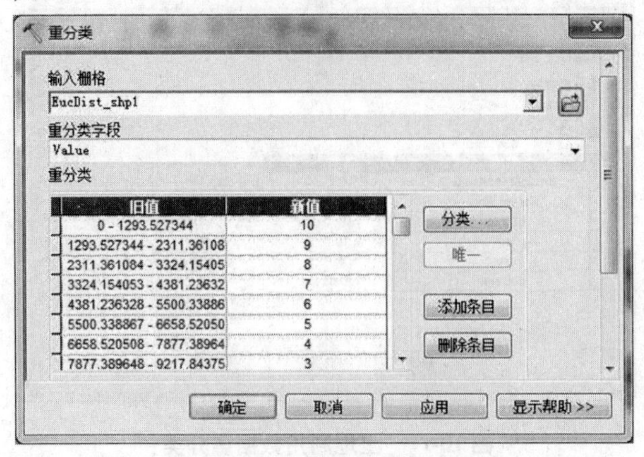

图 10-15　娱乐设施重分类

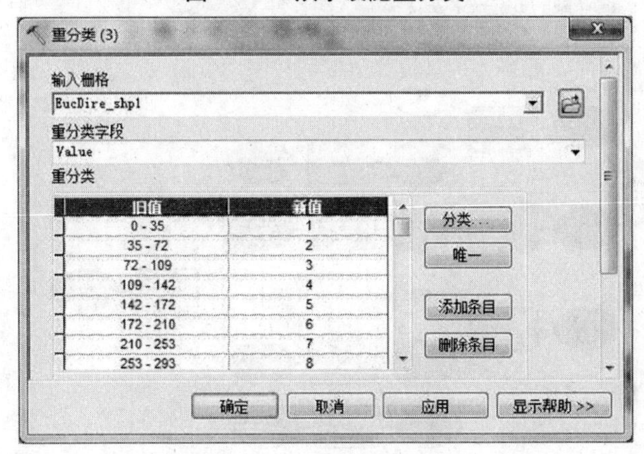

图 10-16　学校距离重分类

(4)土地利用重分类。根据建设成本的高低对不同的土地类型进行赋值,Agriculture 10,Built up 8, Brush/transitional 6,Forest 4,荒地 Barren land 2,由于水域和湿地无法建设学校,将其删除。打开重分类对话框,将重分类字段选择"landuse",在重分类设置选项中将"Water"和"Wetland"两个条目选中后点击"删除条目",分别将 Agriculture、Built up、Brush/tansitional、Forest、Barren land 赋予新值 10、8、6、4、2,点击确定,运行土地利用数据重分类(见图 10-17)。

10.1.5　合并数据集

按照给定的权重进行合并数据集,具体为:重分类距离至 rec_sites: 0.5,重分类距离至 school: 0.25,重分类 landuse: 0.125,重分类 slope: 0.125。在 ArcToolbox 中选择"Spatial Analyst工具—叠加分析—加权总和",选中后将其拖到模型构建器的最右侧,然后用链接器将四个输出栅格都与其链接(见图 10-18)。

双击加权总和工具,出现"加权总和"对话框(见图 10-19),在"加权总和"对话框中设置权重后,点击"确定"。

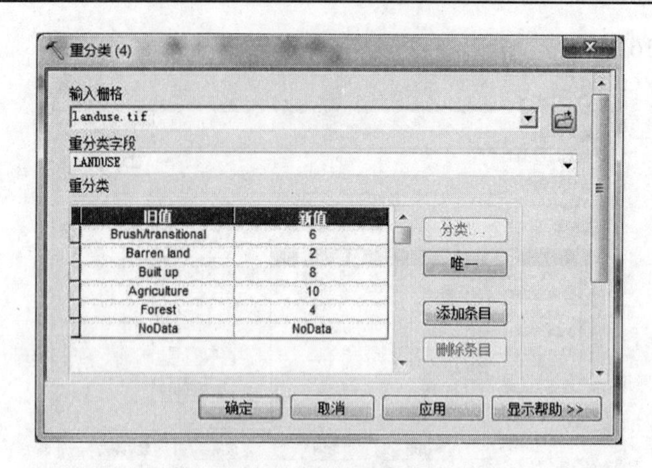

图 10-17　土地利用数据重分类

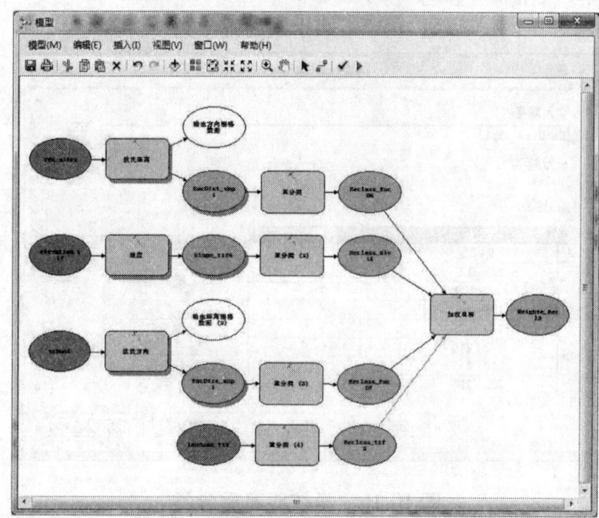

图 10-18　添加权加总和后的模型构建器

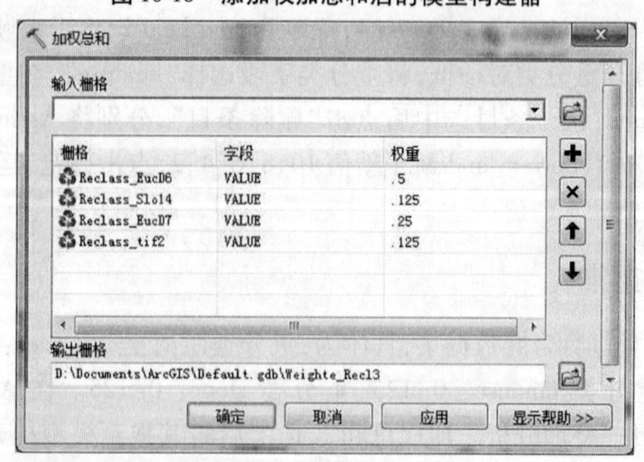

图 10-19　“加权总和”对话框

如果想在运行过程中查看中间结果，可以选择任何一个输出栅格数据，单击鼠标右键,选择添加到显示。所有操作到此结束,单击保存模型。之后可以点击运行工具按钮 ▶ 看看模型是否能够完整运行,查看某阶段运行的结果,可以在该步骤结果的圆框处单击鼠标右键选择“添加至显示”,即可将运行的结果在窗口中显示出来。如果想进一步修改该模型,可以在目录中找到该模型,单击鼠标右键选择“编辑”,便调出“模型构建器”对话框,进行修改。学校选址运行结果显示见图 10-20。

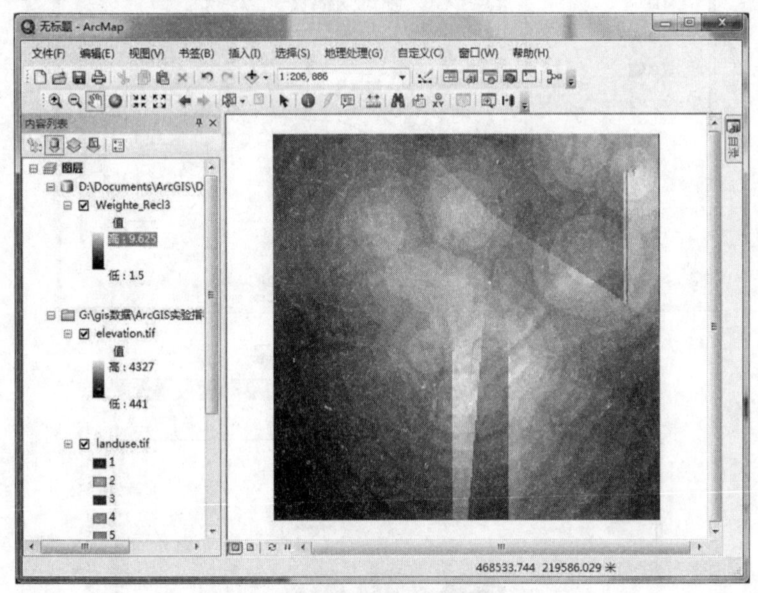

图 10-20　学校选址运行结果显示

10.2　商场选址模型

本例主要利用模型构建工具实现商场选址,所需数据与选址条件同第 9.1 节。

操作步骤如下:

(1)运行 ArcMap,添加所有数据:城市地区主要交通道路图(dl. shp)、城市主要居民区图(jmq. shp)、城市停车场分布图(tcc. shp)、城市主要商场分布图(sc. shp)。结果如图 10-21 所示。

(2)点击工具条上的启动模型构建器按钮 ,打开模型构建器窗口(见图 10-22)。

(3)向模型构建器中添加数据有两种方式:①点击模型构建器上的添加数据工具按钮 ,浏览到数据存放的目录,选择数据后选择添加即可;②在 ArcMap 的内容列表中直接选中数据后按住鼠标左键不放,同时拖动鼠标到“模型构建器”窗口后松开,完成添加数据的操作(见图 10-23)。

模型构建器添加数据的结果,见图 10-24。

可以使用自动设计版面 ,全图显示 ,放大 和缩小 工具按钮对数据图标进行排列,如要删除某个图标,可以用鼠标左键点击(选中)该图标后,用键盘键上的 Delete键删除或右键选择该图标后选择删除。

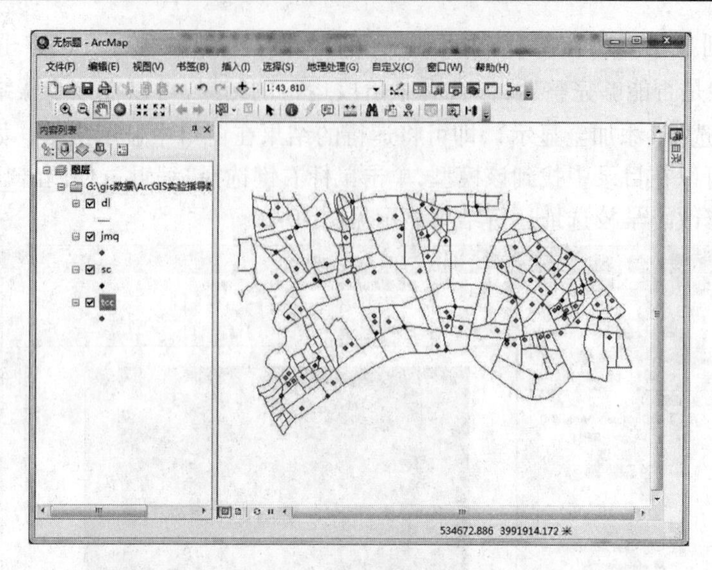

图 10-21　添加数据的结果

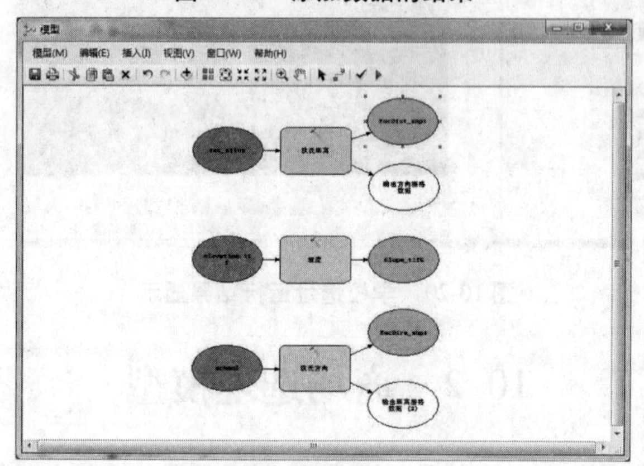

图 10-22　模型构建器

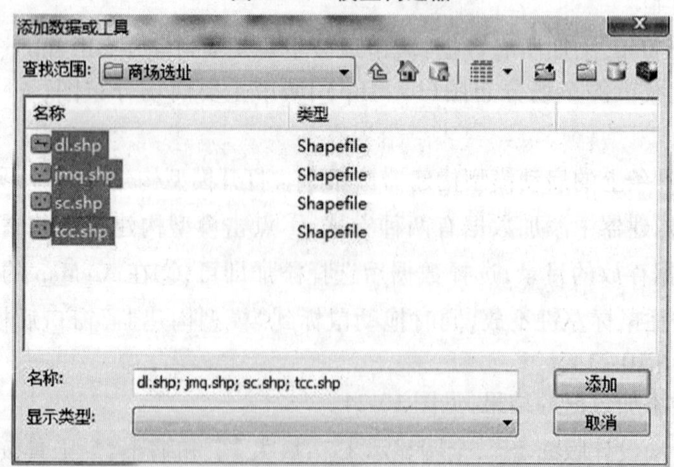

图 10-23　“添加数据或工具”对话框

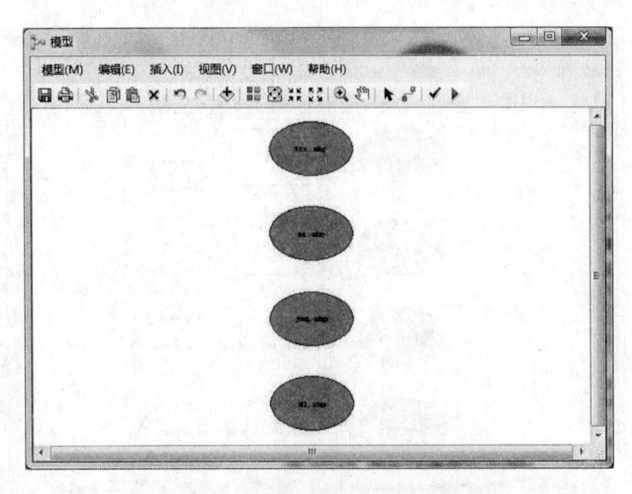

图 10-24　模型构建器添加数据的结果

(4)添加工具。本例首先用到的工具为缓冲区工具,打开 ArcToolbox 工具,在分析工具—邻近分析工具集中选择缓冲区,按住鼠标左键并拖动鼠标直接到模型构建器窗口,连续添加 4 个缓冲区分析工具,结果见图 10-25。

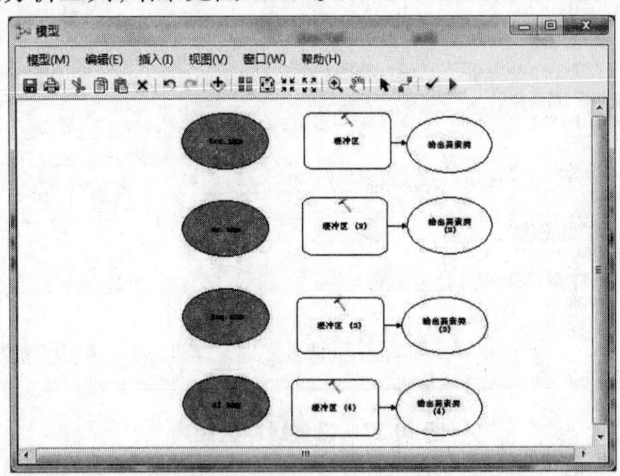

图 10-25　添加工具的结果

(5)数据与模型直接建立链接。点击模型构建器上的添加链接工具按钮,在数据上点击鼠标左键,然后拖动鼠标画出一个蓝色的箭头指向“缓冲区”工具,在弹出的浮动选项中选择“输入要素”,得到添加连接的结果,见图 10-26。

(6)设置工具参数。选择工具条上的选择工具,鼠标左键双击工具(缓冲区),在出现的对话框中设置缓冲区距离(见图 10-27),然后点击“确定”,设置完成后,工具和输出要素的图标颜色将发生变化(见图 10-28)。

用相同的方法把其他缓冲区距离也设置完成。

(7)添加相交分析工具。由于道路、居民地和停车场三个数据是取交集,因此可以重新排列一下图标,把商场数据放到最上边或最下边,然后在 ArcToolboxs 中,“分析工具—叠加分析”中选择相交,拖动到模型构建器的窗口中,利用添加链接工具,将道路、居民

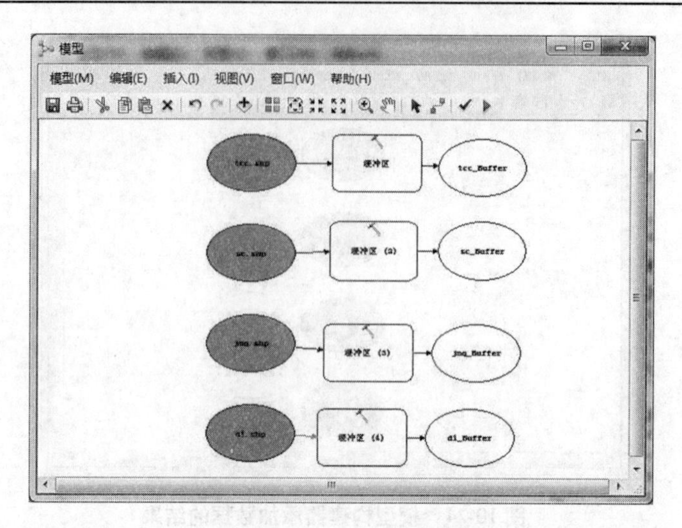

图 10-26　添加链接的结果

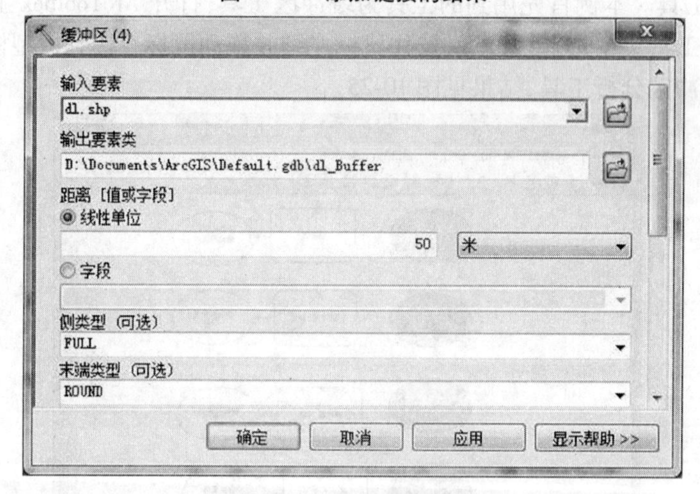

图 10-27　设置缓冲区距离

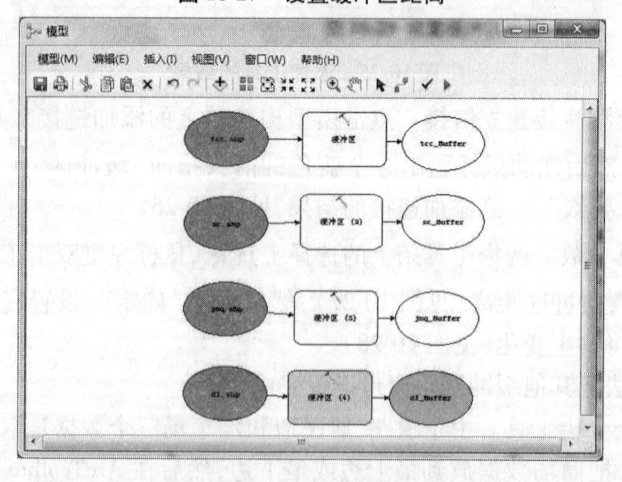

图 10-28　设置缓冲区距离后工具图标和输出数据图标颜色的变化

地和停车场链接到相交工具上，可以用自动设计版面和全屏显示工具重新排列图标。添加相交后的模型见图 10-29。

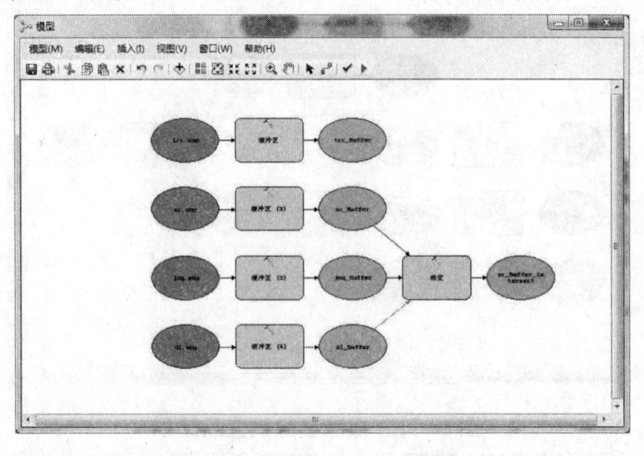

图 10-29　添加相交后的模型

(8) 添加擦除分析工具。在 ArcToolboxs 中，选择“分析工具—叠加分析—擦除”，将其拖动到模型构建器的窗口中，可以用自动设计版面和全屏显示工具重新排列图标。添加擦除工具的结果见图 10-30。

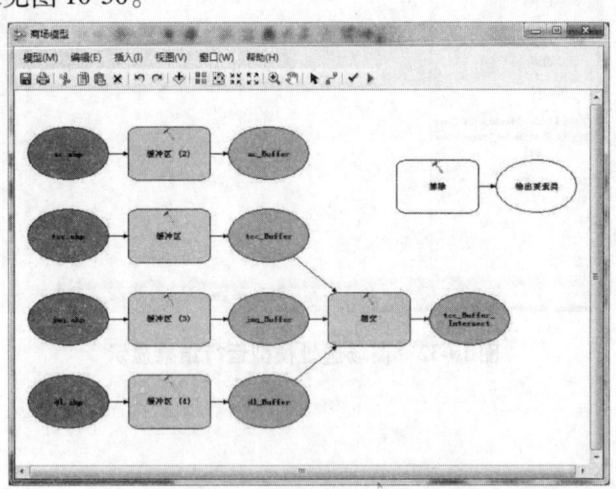

图 10-30　添加擦除工具的结果

(9) 设置擦除工具链接的数据，利用添加连接工具将擦除工具数据之间建立联系，由道路、居民地和停车场三个数据相交生成的结果设置为输入要素，现有商场缓冲区数据设置为擦除要素。擦除参数设置后结果见图 10-31。

(10) 运行模型。点击菜单“模型—运行”或工具条上的运行工具按钮，运行该模型，想要查看某个步骤运行的结果，则在生成文件的椭圆圈处单击鼠标右键，在弹出的菜单中点击“添加至显示”，即可将该步骤的结果在 ArcMap 窗口中显示出来，见图 10-32。

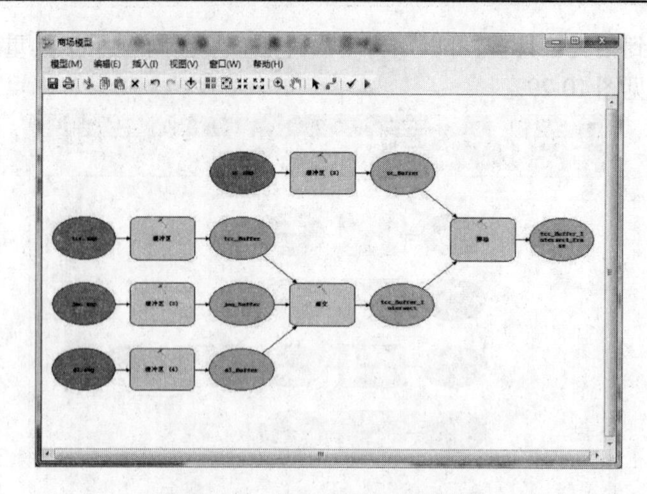

图 10-31　擦除参数设置后结果

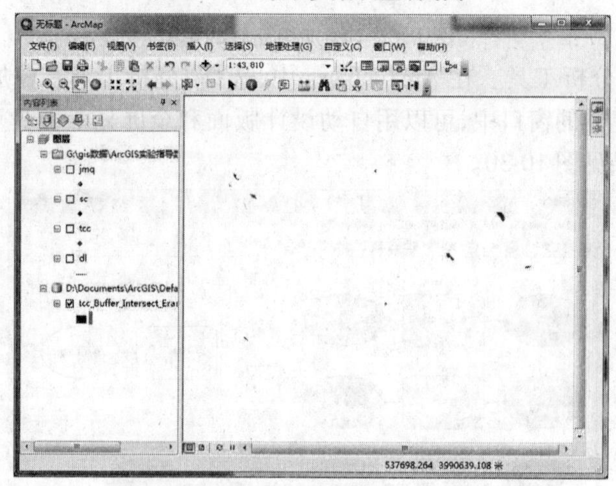

图 10-32　商场选址模型运行结果显示

第 11 章　空间数据库

11.1　ArcGIS 数据库简介

ArcGIS 地理数据库是用于保存数据集集合的“容器”。有以下三种类型：

(1)文件地理数据库。在文件系统中以文件夹形式存储。每个数据集都以文件形式保存，该文件大小最多可扩展至 1 TB。建议使用文件地理数据库而不是个人地理数据库。

(2)个人地理数据库。所有的数据集都存储于 Microsoft Access 数据文件内，该数据文件的大小最大为 2 GB。

(3) ArcSDE 地理数据库。也称作多用户地理数据库。这种类型的数据库使用 Oracle、Microsoft SQL Server、IBM DB2、IBM Informix 或 PostgreSQL 存储于关系数据库中。这些地理数据库需要使用 ArcSDE，并且在大小和用户数量方面没有限制。

文件地理数据库和个人地理数据库是专为支持地理数据库的完整信息模型而设计的，它包含拓扑、栅格目录、网络数据集、terrain 数据集、地址定位器等，ArcGIS for Desktop Basic、Standard 和 Advanced 的所有用户可免费获取这两种地理数据库。单用户可以对文件地理数据库和个人地理数据库进行编辑，这两种地理数据库不支持地理数据库版本管理。使用文件地理数据库，如果要在不同的要素数据集、独立要素类或表中进行编辑，则可以同时存在多个编辑器。

11.2　新建数据库

打开已有 ArcMap 文档或新建一个 ArcMap 文档，则在目录窗口中找到要创建数据库的文件夹，在文件夹处单击右键，在弹出的浮动菜单中选择“新建—文件地理数据库”(见图 11-1)，在该文件夹下即出现一新建文件地理数据库。也可以在 ArcCatalog 左侧目录树中选择一个文件夹单击鼠标右键，选择“新建—文件地理数据库”(见图 11-2)。

在目录中选择该新建数据库，可以对其进行删除、重命名、新建数据、导入数据、导出数据等操作。

11.3　新建要素集

要素集由一组相同空间参考(Spatial Reference)的要素类组成。要素集是指点、线、面等矢量要素的集合，可以是点、线、面的任何一种，也可以是它们的集合。

选择新建文件地理数据库，然后单击鼠标右键，选择“新建—要素数据集”(见

图 11-3)。

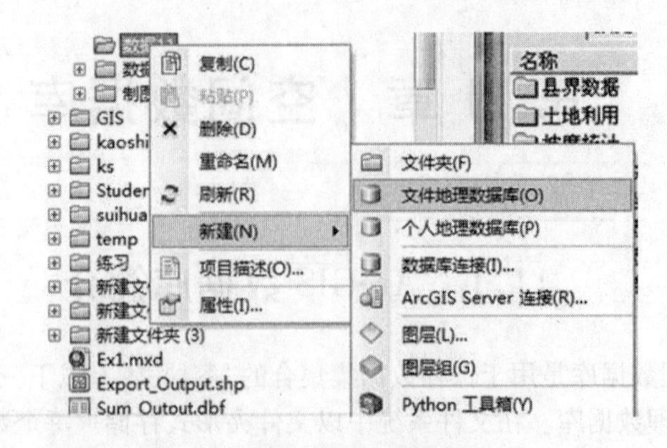

图 11-1　建立文件地理数据库

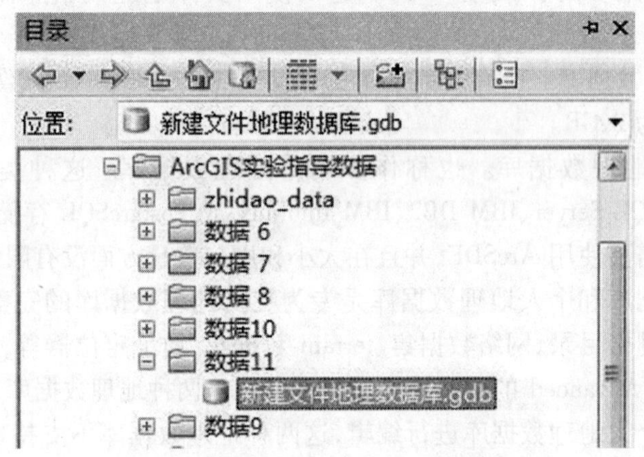

图 11-2　新建的文件地理数据库

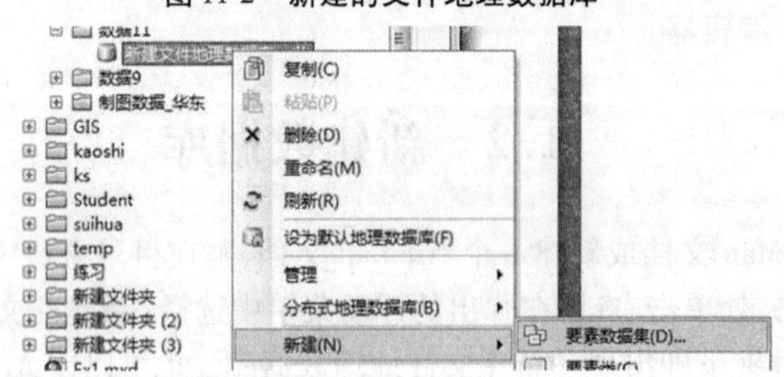

图 11-3　新建要素集操作

出现“新建要素数据集”对话框,在其中输入要素集的名称后点击“下一步”,见图 11-4。

如果知道投影信息可以在其中选择或导入(见图 11-5),如不知道,选择 unknown 后点击“下一步”,直到完成,这样就建立了一个新的要素集(见图 11-6)。

数据库可以看作是一栋摩天大楼,要素集是这个大楼的某一层,而要素类是这个大楼某一层的一个房间。

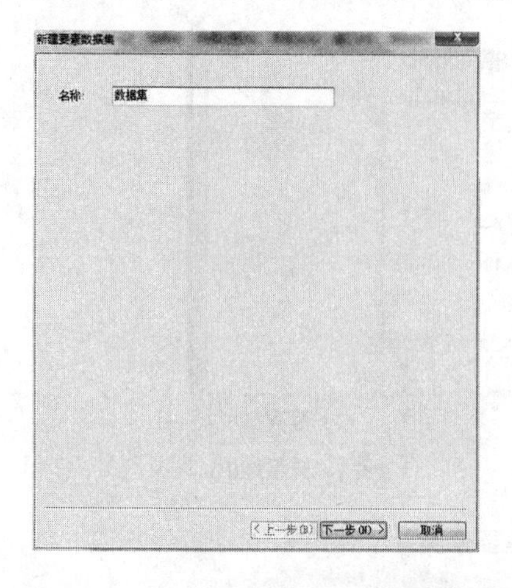

图 11-4　“新建要素数据集”对话框(一)

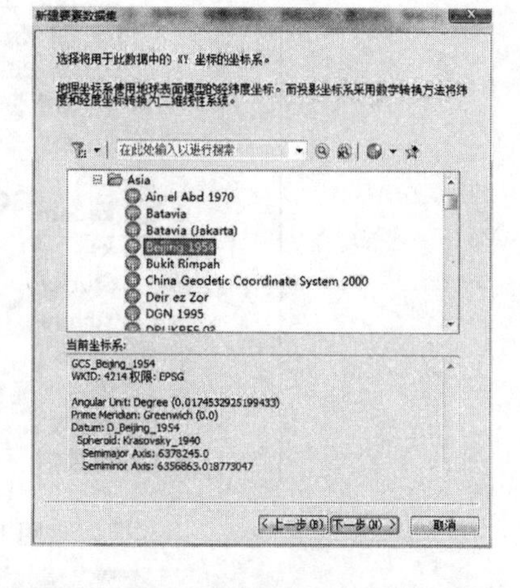

图 11-5　“新建要素数据集”对话框(二)

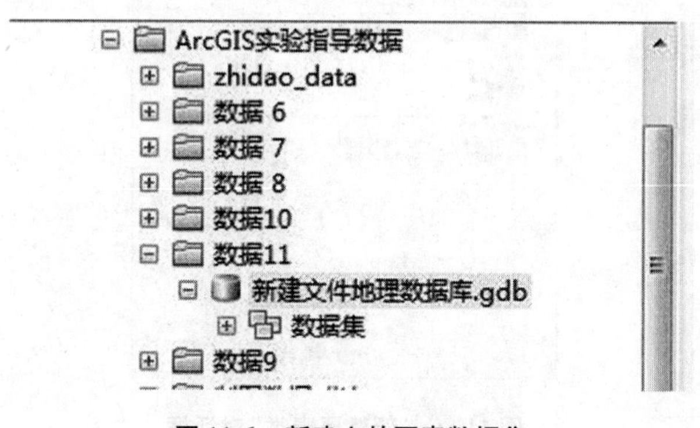

图 11-6　新建立的要素数据集

11.4　新建要素类

在新建的要素集处单击鼠标右键选择“新建—要素类”,可以在数据库中直接新建要素类,也可以在要素数据集下新建要素类,但在要素集下只能新建要素类,而不能再建要素数据集(见图 11-7)。

在“新建要素类”对话框(见图 11-8)中输入名称,以字母开头,不能以数字开头,然后在类型里点击要建立的要素类型,从图 11-8 中可以看出,只能是点、线、面或注记等一种,而不能多选。点击“下一步”后再点“下一步”,出现要素对应的属性表对话框,在该对话框中可以定义要素类的字段名称、字段类型等内容(见图 11-9)。

设置后点击“完成”,新建的要素类便存在于要素集中。一个要素集可以新建多个要素类,同样一个数据库中可以建立多个要素集。新建要素类结果见图 11-10。

新建的要素类实际上是透明的白纸,没有任何数据(点、线、面),可以加载到 ArcMap 中进行编辑。

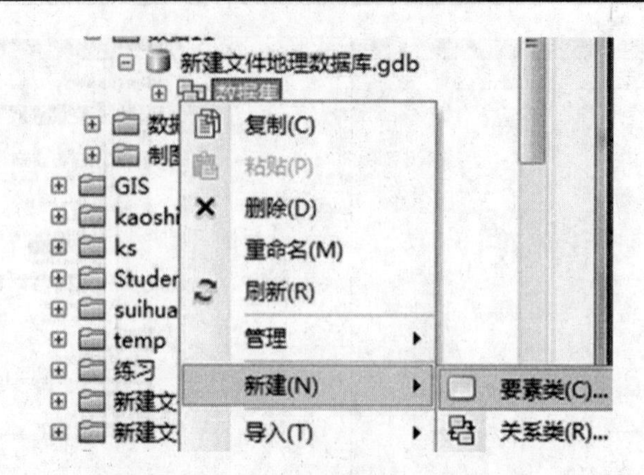

图 11-7　新建要素类

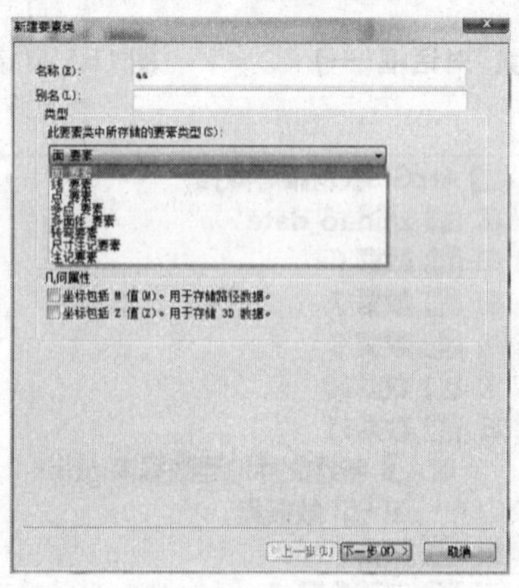

图 11-8　“新建要素类”对话框

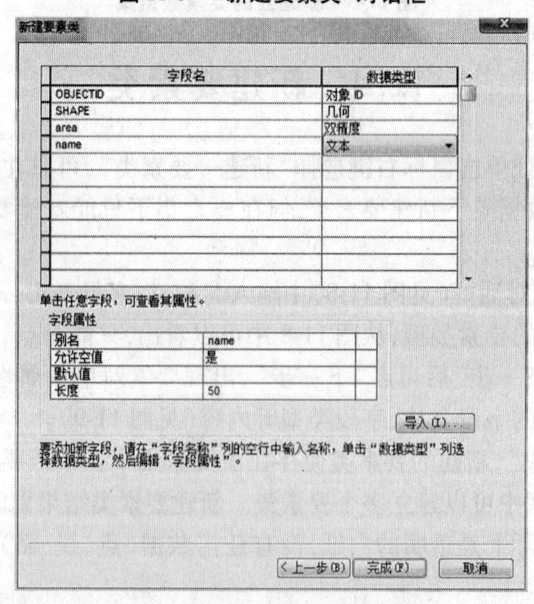

图 11-9　新建要素类属性表设置

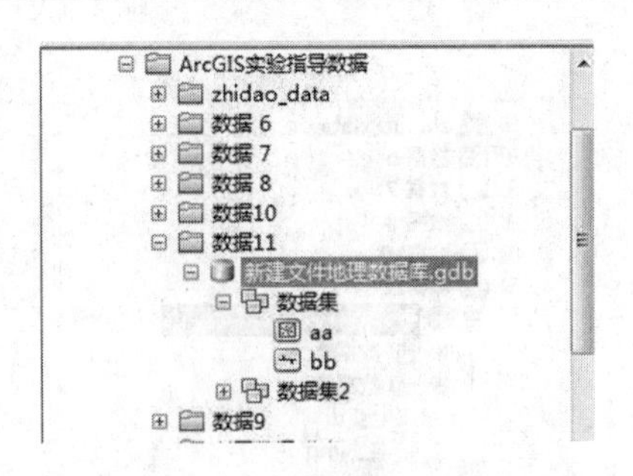

图 11-10　新建要素类结果

11.5　导入已有要素

可以在数据库中直接导入要素，也可以在要素集中直接导入要素，可以一次导入一个要素(见图 11-11)，也可以一次导入多个要素(见图 11-12)，二者区别是导入单个要素时要重新命名，而导入多个要素则以原来要素命名。

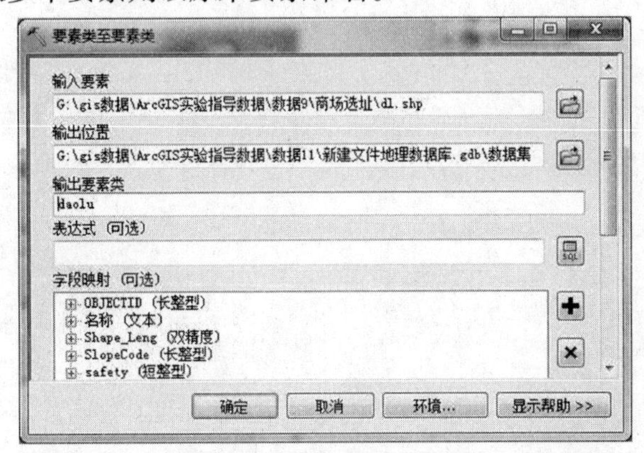

图 11-11　导入单个要素

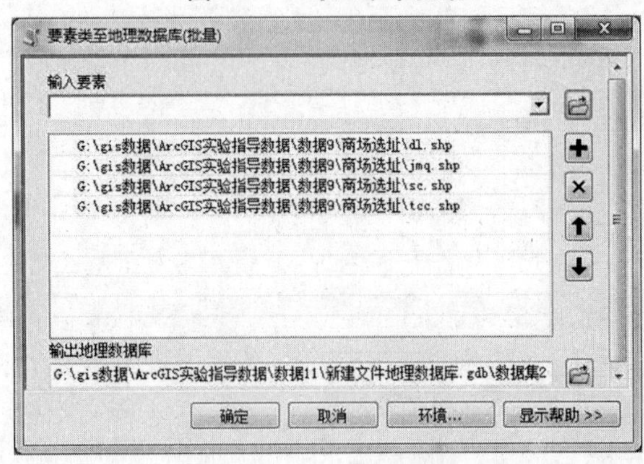

图 11-12　导入多个要素

由图 11-11 可以看出，导入到数据库的文件被重新命名为“daolu”。

由图 11-12 可以看出，导入到数据库的文件名称没有变。批量导入要素的结果见

图 11-13。

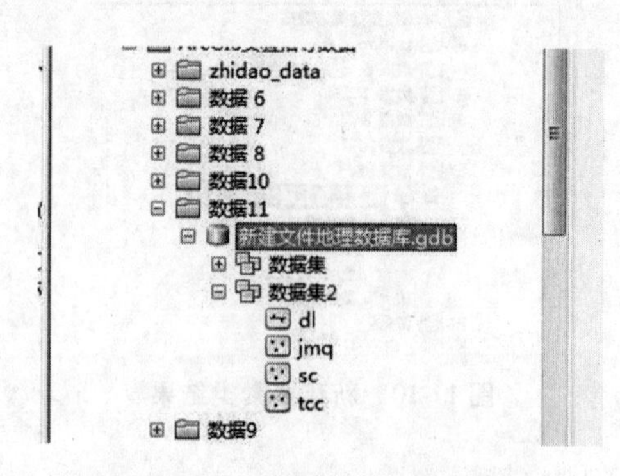

图 11-13　批量导入要素的结果

参考文献

[1] 牟乃夏,刘文宝,王海银,等. ArcGIS10 地理信息系统教程:从初学到精通[M]. 北京:测绘出版社,2012.
[2] 宋小东,钮心毅. 地理信息系统实习教程:ArcGIS9X[M]. 北京:科学出版社,2007.
[3] 汤国安,杨昕. ArcGIS 地理信息系统空间分析实验教程[M]. 北京:清华大学出版社,2006.
[4] 汤国安,杨昕. ArcGIS 地理信息系统空间分析实验教程[M]. 2 版. 北京:科学出版社,2012.
[5] 吴玉红,刘佳. ArcGIS10 基础应用实践教程[M]. 北京:北京交通大学出版社,2015.
[6] 玛丽贝丝. 普赖斯,李玉. ArcGIS 地理信息系统教程[M]. 7 版. 北京:电子工业出版社,2017.
[7] 朱秀芳. ArcGIS 地理信息系统实习教程[M]. 北京:高等教育出版社,2017.
[8] 丁华,李如仁,成谴,等. ArcGIS10. 2 基础实验教程 [M]. 北京:清华大学出版社,2018.
[9] 田洪阵. ArcGIS 基础实例教程[M]. 北京:化学工业出版社,2018.
[10] 赵军. 地理信息系统 ArcGIS 实习教程[M]. 北京:气象出版社,2009.
[11] 乌伦,刘瑜,张晶,等. 地理信息系统:原理、方法和应用 [M]. 北京:科学出版社,2001.
[12] 池建. 精通 ArcGIS 地理信息系统[M]. 北京:清华大学出版社,2011.
[13] 王文宇,杜明义. ArcGIS 制图和空间分析基础实验教程 [M]. 北京:测绘出版社,2011.
[14] 薛在军,马娟娟. ArcGIS 地理信息系统大全 [M]. 北京:清华大学出版社,2013.